TUJIE PLC BIANPINQI
YU CHUMOPING JISHU
WANQUAN ZIXUE SHOUCE

PLC、变频器与触摸屏技术

完全自学手册

蔡杏山　主编

U0228604

化学工业出版社
·北 京·

本书以图文并茂的形式介绍了 PLC 技术、变频器技术、触摸屏技术快速入门知识与综合应用，内容包括 PLC 快速入门、三菱 FX 系列 PLC 介绍、三菱编程与仿真软件的使用、基本指令的使用及实例、步进指令的使用及实例、应用指令使用详解、模拟量模块的使用、PLC 通信、变频器的调速原理与基本组成、变频器的使用、变频器的典型控制功能及应用电路、变频器的选用、安装与维护、触摸屏与 PLC 的综合应用、PLC 与变频器的综合应用。

本书基础起点低，内容由浅入深，非常适合作为 PLC、变频器和触摸屏技术的自学用书，也适合用作大中专院校电气类专业的相关教材。

图书在版编目（CIP）数据

图解 PLC、变频器与触摸屏技术完全自学手册/蔡杏山主编. —北京：化学工业出版社，2015.4 （2023.4重印）
ISBN 978-7-122-22863-5

Ⅰ.①图… Ⅱ.①蔡… Ⅲ.①PLC 技术-图解②变频器-图解③触摸屏-图解 Ⅳ.①TM571.6-64②TN773-64③TP334.1-64

中国版本图书馆 CIP 数据核字（2015）第 016408 号

责任编辑：李军亮 文字编辑：吴开亮
责任校对：吴 静 装帧设计：史利平

出版发行：化学工业出版社（北京市东城区青年湖南街 13 号 邮政编码 100011）
印 装：三河市延风印装有限公司
787mm×1092mm 1/16 印张 24¼ 字数 595 千字 2023 年 4 月北京第 1 版第 18 次印刷

购书咨询：010-64518888 售后服务：010-64518899
网 址：http://www.cip.com.cn
凡购买本书，如有缺损质量问题，本社销售中心负责调换。

定 价：88.00 元

前言

FOREWORD

　　PLC 是一种具有输入、输出端子的控制器，其输出除了与输入有关外，还与内部控制程序有关，PLC 的内部程序可用专门的编程软件编写，学习 PLC 最关键的内容就是编写符合控制要求的程序。程序是由一个个指令组成的，就像文章是由一个个词语组成一样，要编写出符合要求的程序，必须要了解有关指令的功能与用法。

　　变频器是一种三相异步电动机调速及驱动设备，它利用三相异步电动机转速与电源频率成正比的原理，将 50Hz 交流电转换成频率可变的三相交流电提供给电动机作为电源，只要改变电源频率就可以对电动机进行调速。学习变频器的关键内容是输入输出端子与外部电路的连接和设置变频器内部的运行参数。

　　触摸屏是一种操作与监视设备，当它与 PLC 连接后，通过操作触摸屏画面上的按键或输入数据，可以给 PLC 发送指令或改变 PLC 中软元件的数据，另外，在触摸屏画面上也可以查看 PLC 的运行情况。学习触摸屏的关键内容是用专门的画面设计软件绘制触摸屏画面，并将画面中的触摸元件与 PLC 中的软元件对应起来。

　　本书共分 14 章，各章内容简介如下。

　　第 1 章　PLC 快速入门　本章首先介绍了 PLC 定义、分类、特点、组成结构、工作原理和一款小型 PLC 编程软件的使用，再以一个实例来说明 PLC 控制系统的开发方法与开发流程。

　　第 2 章　三菱 FX 系列 PLC 介绍　本章先介绍了三菱 FX 系列 PLC 的特点、型号命名方法和面板组成部分，然后对三菱 FX 系列 PLC 的硬件接线、软元件和技术规格进行了说明。

　　第 3 章　三菱编程与仿真软件的使用　本章主要介绍了编程基础知识、三菱 GX Developer 编程软件的使用和三菱 GX Simulator 仿真软件的使用。

　　第 4 章　基本指令的使用及实例　本章主要介绍了三菱 FX PLC 基本指令说明、PLC 基本控制线路与梯形图、喷泉的 PLC 控制系统开发实例和交通信号灯的 PLC 控制系统开发实例。

　　第 5 章　步进指令的使用及实例　本章主要介绍了状态转移图与步进指令、液体混合装置的 PLC 控制系统开发实例、简易机械手的 PLC 控制系统开发实例、大小铁球分拣机的 PLC 控制系统开发实例和交通信号灯的 PLC 控制系统开发实例。

　　第 6 章　应用指令使用详解　本章先介绍了 PLC 应用指令的格式与规则，然后对应用指令的使用进行详细的说明。

　　第 7 章　模拟量模块的使用　本章介绍了三菱 FX PLC 的一些常用功能模块，具体有模拟量输入模块 FX_{2N}-4AD、模拟量输出模块 FX_{2N}-4DA 和温度模拟量输入模块 FX_{2N}-4AD-PT。

　　第 8 章　PLC 通信　本章先介绍了通信基础知识，再以实例方式对 PLC 三种通信方式（无协议通信、并联连接通信和 N：N 网络通信）进行了详细说明。

　　第 9 章　变频器的调速原理与基本组成　本章主要介绍了三相异步电动机的两种调速方式和交-直-交型变频器及交-交型变频器的基本结构与原理。

第 10 章　变频器的使用　本章主要介绍了三菱 FR-500 变频器的外形与结构、端子功能与接线、操作面板的使用、三种操作运行方式、常用控制功能与参数设置，并对三菱 FR-700 系列变频器特点和与 FR-500 系列变频器的异同进行了说明。

第 11 章　变频器的典型控制功能及应用电路　本章主要介绍了电动机正转控制功能及电路、电动机正反转控制功能及电路、工频与变频切换功能及电路、多挡速控制功能及电路、程序控制功能及应用和 PID 控制功能及应用。

第 12 章　变频器的选用、安装与维护　本章主要介绍了变频器的种类、变频器的选用与容量计算、变频器外围设备的选用、变频器的安装调试与维护。

第 13 章　触摸屏与 PLC 的综合应用　本章主要介绍了触摸屏结构与类型、三菱触摸屏型号参数及硬件连接、三菱 GT Designer 触摸屏软件的使用、用触摸屏操作 PLC 实现电动机正反转控制的开发实例。

第 14 章　PLC 与变频器的综合应用　本章主要介绍了 PLC 以开关量方式控制变频器的硬件连接与实例、PLC 以模拟量方式控制变频器的硬件连接与实例、PLC 以 RS-485 通信方式控制变频器的硬件连接与实例。

PLC、变频器和触摸屏技术是中、高级电气控制技术，本书可让读者轻松快速掌握 PLC、变频器和触摸屏技术。为了让读者能逐渐成为电气控制领域的高手，可以继续学习后续推出的图书。

本书由蔡杏山主编，蔡玉山、詹春华、何慧、黄晓玲、朱球辉、蔡春霞、邓艳姣、黄勇、刘凌云、邵永亮、刘元能、何彬、刘海峰、蔡理峰、李清荣、万四香、蔡任英、邵永明、蔡理刚、何丽、梁云、唐颖、蔡华山、王娟和戴艳花等参与了部分章节的编写工作。

由于笔者水平有限，书中的不足之处在所难免，望广大读者和同仁予以批评指正。

编　者

目 录

CONTENTS

第③章　三菱编程与仿真软件的使用　　49

第 ⑦ 章 模拟量模块的使用   195

第8章 通信 213

第9章 变频器的调速原理与基本组成 234

第10章 变频器的使用 237

第⑪章　变频器的典型控制功能及应用电路　　272

第⑫章　变频器的选用、安装与维护　287

第⑬章　触摸屏与PLC的综合应用　302

第⑭章　PLC与变频器的综合应用　　329

第1章　PLC快速入门

1.1　认识 PLC

1.1.1　什么是 PLC

PLC 是英文 Programmable Logic Controller 的缩写，意为可编程逻辑控制器，是一种专为工业应用而设计的控制器。世界上第一台 PLC 于 1969 年由美国数字设备公司（DEC）研制成功，随着技术的发展，PLC 的功能越来越强大，不仅限于逻辑控制，因此美国电气制造协会 NEMA 于 1980 年对它进行重命名，称为可编程控制器（Programmable Controller），简称 PC，但由于 PC 容易和个人计算机 PC（Personal Computer）混淆，故人们仍习惯将 PLC 当作可编程控制器的缩写。

图 1-1 列出了几种常见的 PLC。

图 1-1　几种常见的 PLC

由于可编程控制器一直在发展中，因此至今尚未对其下最后的定义。国际电工学会（IEC）对 PLC 最新定义为：

可编程控制器是一种数字运算操作电子系统，专为在工业环境下应用而设计，它采用了可编程的存储器，用来在其内部存储执行逻辑运算、顺序控制、定时、计数和算术运算等操作的指令，并通过数字的、模拟的输入和输出，控制各种类型的机械或生产过程，可编程控制器及其有关的外围设备，都应按易于与工业控制系统形成一个整体、易于扩充其功能的原则设计。

1.1.2　PLC控制与继电器控制比较

PLC控制是在继电器控制基础上发展起来的，为了让读者能初步了解PLC控制方式，下面以电动机正转控制为例对两种控制系统进行比较。

（1）继电器正转控制

图1-2是一种常见的继电器正转控制线路，可以对电动机进行正转和停转控制，右图为主电路，左图为控制电路。

图1-2　继电器正转控制线路

电路工作原理说明如下。

按下启动按钮SB1，接触器KM线圈得电，主电路中的KM主触点闭合，电动机得电运转，与此同时，控制电路中的KM常开自锁触点也闭合，锁定KM线圈得电（即SB1断开后KM线圈仍可得电）。

按下停止按钮SB2，接触器KM线圈失电，KM主触点断开，电动机失电停转，同时KM常开自锁触点也断开，解除自锁（即SB2闭合后KM线圈无法得电）。

（2）PLC正转控制

图1-3是PLC正转控制线路，它可以实现图1-2所示的继电器正转控制线路相同的功能。PLC正转控制线路也可分作主电路和控制电路两部分，PLC与外接的输入、输出部件构成控制电路，主电路与继电器正转控制主线路相同。

图1-3　PLC正转控制线路

在组建PLC控制系统时，先要进行硬件连接，再编写控制程序。PLC正转控制线路的硬件接线如图1-3所示，PLC输入端子连接SB1（启动）、SB2（停止）和电源，输出端子连接接触器线圈KM和电源。PLC硬件连接完成后，再在电脑中使用专门的PLC编程软件编写图示的梯形图程序，然后通过电脑与PLC之间的连接电缆将程序写入PLC。

PLC软、硬件准备好后就可以操作运行。操作运行过程说明如下。

按下启动按钮SB1，PLC端子X0、COM之间的内部电路与24V电源、SB1构成回路，有电流流过X0、COM端子间的电路，PLC内部程序运行，运行结果使PLC的Y0、COM端子之间的内部电路导通，接触器线圈KM得电，主电路中的KM主触点闭合，电动机运转，松开SB1后，内部程序维持Y0、COM端子之间的内部电路导通，让KM线圈继续得电（自锁）。

按下停止按钮SB2，PLC端子X1、COM之间的内部电路与24V电源、SB2构成回路，有电流流过X1、COM端子间的电路，PLC内部程序运行，运行结果使PLC的Y0、COM端子之间的内部电路断开，接触器线圈KM失电，主电路中的KM主触点断开，电动机停转，松开SB2后，内部程序让Y0、COM端子之间的内部电路维持断开状态。

（3）PLC控制、继电器和单片机控制的比较

PLC控制与继电器控制相比，具有改变程序就能变换控制功能的优点，但在简单控制时成本较高，另外，利用单片机也可以实现控制。PLC、继电器和单片机控制系统比较见表1-1。

表1-1 PLC、继电器和单片机控制系统的比较

比较内容	PLC控制系统	继电器控制系统	单片机控制系统
功能	用程序可以实现各种复杂控制	用大量继电器布线逻辑实现循序控制	用程序实现各种复杂控制，功能最强
改变控制内容	修改程序较简单容易	改变硬件接线、工作量大	修改程序，技术难度大
可靠性	平均无故障工作时间长	受机械触点寿命限制	一般比PLC差
工作方式	顺序扫描	顺序控制	中断处理，响应最快
接口	直接与生产设备相连	直接与生产设备相连	要设计专门的接口
环境适应性	可适应一般工业生产现场环境	环境差，会降低可靠性和寿命	要求有较好的环境，如机房、实验室、办公室
抗干扰	一般不用专门考虑抗干扰问题	能抗一般电磁干扰	要专门设计抗干扰措施；否则易受干扰影响
维护	现场检查，维修方便	定期更换继电器，维修费时	技术难度较高
系统开发	设计容易、安装简单、调试周期短	图样多，安装接线工作量大，调试周期长	系统设计复杂，调试技术难度大，需要有系统的计算机知识
通用性	较好，适应面广	一般是专用	要进行软、硬件技术改造才能作其他用
硬件成本	比单片机控制系统高	少于30个继电器时成本较低	一般比PLC低

1.2 PLC分类与特点

1.2.1 PLC的分类

PLC的种类很多，下面按结构形式、控制规模和实现功能对PLC进行分类。

（1）按结构形式分类

按硬件的结构形式不同，PLC可分为整体式和模块式。

整体式PLC又称箱式PLC，图1-1所示的3个PLC均为整体式PLC，其外形像一个方形的箱体，这种PLC的CPU、存储器、I/O接口等都安装在一个箱体内。整体式PLC的结构简单、体积小、价格低。小型PLC一般采用整体式结构。

模块式 PLC 又称组合式 PLC，图 1-4 列出了两种常见的模块式 PLC。模块式 PLC 有一个总线基板，基板上有很多总线插槽，其中由 CPU、存储器和电源构成的一个模块通常固定安装在某个插槽中，其他功能模块可随意安装在其他不同的插槽内。模块式 PLC 配置灵活，可通过增减模块而组成不同规模的系统，安装维修方便，但价格较贵。大、中型 PLC 一般采用模块式结构。

图 1-4　模块式 PLC

（2）按控制规模分类

I/O 点数（输入/输出端子的个数）是衡量 PLC 控制规模的重要参数，根据 I/O 点数多少，可将 PLC 分为小型、中型和大型三类。

① 小型 PLC。其 I/O 点数小于 256 点，采用 8 位或 16 位单 CPU，用户存储器容量 4KB 以下。

② 中型 PLC。其 I/O 点数在 256 点～2048 点之间，采用双 CPU，用户存储器容量 2～8KB。

③ 大型 PLC。其 I/O 点数大于 2048 点，采用 16 位、32 位多 CPU，用户存储器容量 8～16KB。

（3）按功能分类

根据 PLC 具有的功能不同，可将 PLC 分为低档、中档、高档三类。

① 低档 PLC。它具有逻辑运算、定时、计数、移位以及自诊断、监控等基本功能，有些还有少量模拟量输入/输出、算术运算、数据传送和比较、通信等功能。低档 PLC 主要用于逻辑控制、顺序控制或少量模拟量控制的单机控制系统。

② 中档 PLC。它具有低档 PLC 的功能外，还具有较强的模拟量输入/输出、算术运算、数据传送和比较、数制转换、远程 I/O、子程序、通信联网等功能，有些还增设有中断控制、PID 控制等功能。中档 PLC 适用于比较复杂的控制系统。

③ 高档 PLC。它除了具有中档机的功能外，还增加了带符号算术运算、矩阵运算、位逻辑运算、平方根运算及其他特殊功能函数的运算、制表及表格传送功能等。高档 PLC 机具有很强的通信联网功能，一般用于大规模过程控制或构成分布式网络控制系统，实现工厂控制自动化。

1.2.2　PLC 的特点

PLC 是一种专为工业应用而设计的控制器，它主要有以下特点。

（1）可靠性高，抗干扰能力强

为了适应工业应用要求，PLC从硬件和软件方面采用了大量的技术措施，以便能在恶劣环境下长时间可靠运行。现在大多数PLC的平均无故障运行时间已达到几十万小时，如三菱公司的F1、F2系列PLC平均无故障运行时间可达30万小时。

（2）通用性强，控制程序可变，使用方便

PLC可利用齐全的各种硬件装置来组成各种控制系统，用户不必自己再设计和制作硬件装置。用户在硬件确定以后，在生产工艺流程改变或生产设备更新的情况下，无需大量改变PLC的硬件设备，只需更改程序就可以满足要求。

（3）功能强，适用范围广

现代PLC不仅有逻辑运算、计时、计数、顺序控制等功能，还具有数字和模拟量的输入输出、功率驱动、通信、人机对话、自检、记录显示等功能，既可控制一台生产机械、一条生产线，又可控制一个生产过程。

（4）编程简单，易用易学

目前，大多数PLC采用梯形图编程方式，梯形图语言的编程元件符号和表达方式与继电器控制电路原理图相当接近，这样使大多数工厂企业电气技术人员非常容易接受和掌握。

（5）系统设计、调试和维修方便

PLC用软件来取代继电器控制系统中大量的中间继电器、时间继电器、计数器等器件，使控制柜的设计安装接线工作量大为减少。另外，PLC的用户程序可以通过电脑在实验室仿真调试，减少了现场的调试工作量。此外，由于PLC结构模块化及很强的自我诊断能力，维修也极为方便。

1.3 PLC 的基本组成

1.3.1 PLC 的组成方框图

PLC种类很多，但结构大同小异，典型的PLC控制系统组成方框图如图1-5所示。在组建PLC控制系统时，需要给PLC的输入端子接有关的输入设备（如按钮、触点和行程开关等），给输出端子接有关的输出设备（如指示灯、电磁线圈和电磁阀等），另外，还需要将

图 1-5 典型的 PLC 控制系统组成方框图

编好的程序通过通信接口输入 PLC 内部存储器，如果希望增强 PLC 的功能，可以将扩展单元通过扩展接口与 PLC 连接。

1.3.2　PLC 各部分说明

从图 1-5 可以看出，PLC 内部主要由 CPU、存储器、输入接口、输出接口、通信接口和扩展接口等组成。

（1）CPU

CPU 又称中央处理器，它是 PLC 的控制中心，通过总线（包括数据总线、地址总线和控制总线）与存储器和各种接口连接，以控制它们有条不紊地工作。CPU 的性能对 PLC 工作速度和效率有较大的影响，故大型 PLC 通常采用高性能的 CPU。

CPU 的主要功能有：

① 接收通信接口送来的程序和信息，并将它们存入存储器；

② 采用循环检测（即扫描检测）方式不断检测输入接口送来的状态信息，以判断输入设备的状态；

③ 逐条运行存储器中的程序，并进行各种运算，再将运算结果存储下来，然后经输出接口对输出设备进行有关的控制；

④ 监测和诊断内部各电路的工作状态。

（2）存储器

存储器的功能是存储程序和数据。PLC 通常配有 ROM（只读存储器）和 RAM（随机存储器）两种存储器，ROM 用来存储系统程序，RAM 用来存储用户程序和程序运行时产生的数据。

系统程序由厂家编写并固化在 ROM 存储器中，用户无法访问和修改系统程序。系统程序主要包括系统管理程序和指令解释程序。系统管理程序的功能是管理整个 PLC，让内部各个电路能有条不紊地工作。指令解释程序的功能是将用户编写的程序翻译成 CPU 可以识别和执行的程序。

用户程序是用户通过编程器输入存储器的程序，为了方便调试和修改，用户程序通常存放在 RAM 中，由于断电后 RAM 中的程序会丢失，因此 RAM 专门配有后备电池供电。有些 PLC 采用 EEPROM（电可擦写只读存储器）来存储用户程序，由于 EEPROM 存储器中的内部可用电信号进行擦写，并且掉电后内容不会丢失，因此采用这种存储器后可不要备用电池。

（3）输入/输出接口

输入/输出接口又称 I/O 接口或 I/O 模块，是 PLC 与外围设备之间的连接部件。PLC 通过输入接口检测输入设备的状态，以此作为对输出设备控制的依据，同时 PLC 又通过输出接口对输出设备进行控制。

PLC 的 I/O 接口能接收的输入和输出信号个数称为 PLC 的 I/O 点数。I/O 点数是选择 PLC 的重要依据之一。

PLC 外围设备提供或需要的信号电平是多种多样的，而 PLC 内部 CPU 只能处理标准电平信号，所以 I/O 接口要能进行电平转换。另外，为了提高 PLC 的抗干扰能力，I/O 接口一般采用光电隔离和滤波功能。此外，为了便于了解 I/O 接口的工作状态，I/O 接口还带有状态指示灯。

① 输入接口　PLC 的输入接口分为开关量输入接口和模拟量输入接口，开关量输入接口用于接收开关通断信号，模拟量输入接口用于接收模拟量信号。模拟量输入接口通常采用 A/D 转换电路，将模拟量信号转换成数字信号。开关量输入接口采用的电路形式较多，根据使用电源不同，可分为内部直流输入接口、外部交流输入接口和外部交/直流输入接口。三种类型开关量输入接口如图 1-6 所示。

(a) 内部直流输入接口

(b) 外部交流输入接口

(c) 外部直/交流输入接口

图 1-6　三种类型开关量输入接口

图 1-6（a）为内部直流输入接口，输入接口的电源由 PLC 内部直流电源提供。当闭合输入开关后，有电流流过光电耦合器和指示灯，光电耦合器导通，将输入开关状态送给内部电路，由于光电耦合器内部是通过光线传递的，故可以将外部电路与内部电路有效隔离开来，输入指示灯点亮用于指示输入端子有输入。R2、C 为滤波电路，用于滤除输入端子窜入的干扰信号，R1 为限流电阻。

图 1-6（b）为外部交流输入接口，输入接口的电源由外部的交流电源提供。为了适应交流电源的正负变化，接口电路采用了发光管正负极并联的光电耦合器和指示灯。

图 1-6（c）为外部直/交流输入接口，输入接口的电源由外部的直流或交流电源提供。

② 输出接口　PLC 的输出接口也分为开关量输出接口和模拟量输出接口。模拟量输出接口通常采用 D/A 转换电路。将数字量信号转换成模拟量信号。开关量输出接口采用的电路形式较多，根据使用的输出开关器件不同可分为：继电器输出接口、晶体管输出接口和双向晶闸管输出接口。三种类型开关量输出接口如图 1-7 所示。

图 1-7（a）为继电器输出接口，当 PLC 内部电路产生电流流经继电器 KA 线圈时，继电器常开触点 KA 闭合，负载有电流通过。继电器输出接口可驱动交流或直流负载，但其响应时间长，动作频率低。

图 1-7（b）为晶体管输出接口，它采用光电耦合器与晶体管配合使用。晶体管输出接

(a) 继电器输出接口

(b) 晶体管输出接口

(c) 双向晶闸管输出接口

图 1-7　三种类型开关量输出接口

口反应速度快，动作频率高，但只能用于驱动直流负载。

图 1-7（c）为双向晶闸管输出接口，它采用双向晶闸管型光电耦合器，在受光照射时，光电耦合器内部的双向晶闸管可以双向导通。双向晶闸管输出接口的响应速度快，动作频率高，用于驱动交流负载。

（4）通信接口

PLC 配有通信接口，PLC 可通过通信接口与监视器、打印机、其他 PLC、计算机等设备实现通信。PLC 与编程器或写入器连接，可以接收编程器或写入器输入的程序；PLC 与打印机连接，可将过程信息、系统参数等打印出来；PLC 与人机界面（如触摸屏）连接，可以在人机界面直接操作 PLC 或监视 PLC 工作状态；PLC 与其他 PLC 连接，可组成多机系统或连成网络，实现更大规模控制；与计算机连接，可组成多级分布式控制系统，实现控制与管理相结合。

（5）扩展接口

为了提升 PLC 的性能，增强 PLC 控制功能，可以通过扩展接口给 PLC 增接一些专用功能模块，如高速计数模块、闭环控制模块、运动控制模块、中断控制模块等。

（6）电源

PLC 一般采用开关电源供电，与普通电源相比，PLC 电源的稳定性好、抗干扰能力强。

PLC 的电源对电网提供的电源稳定度要求不高，一般允许电源电压在其额定值±15％的范围内波动。有些 PLC 还可以通过端子往外提供直流 24V 稳压电源。

1.4 PLC 的工作原理

1.4.1 PLC 的工作方式

PLC 是一种由程序控制运行的设备，其工作方式与微型计算机不同，微型计算机运行到结束指令 END 时，程序运行结束。PLC 运行程序时，会按顺序依次逐条执行存储器中的程序指令，当执行完最后的指令后，并不会马上停止，而是又重新开始再次执行存储器中的程序，如此周而复始，PLC 的这种工作方式称为循环扫描方式。

PLC 的工作过程如图 1-8 所示。

PLC 通电后，首先进行系统初始化，将内部电路恢复到起始状态，然后进行自我诊断，检测内部电路是否正常，以确保系统能正常运行，诊断结束后对通信接口进行扫描，若接有外设则与其通信。通信接口无外设或通信完成后，系统开始进行输入采样，检测输入设备（开关、按钮等）的状态，然后根据输入采样结果依次执行用户程序，程序运行结束后对输出进行刷新，即输出

图 1-8 PLC 的工作过程

程序运行时产生的控制信号。以上过程完成后，系统又返回，重新开始自我诊断，以后不断重复上述过程。

PLC 有两个工作状态：RUN（运行）状态和 STOP（停止）状态。当 PLC 工作在 RUN 状态时，系统会完整执行图 1-8 过程，当 PLC 工作在 STOP 状态时，系统不执行用户程序。PLC 正常工作时应处于 RUN 状态，而在编制和修改程序时，应让 PLC 处于 STOP 状态。PLC 的两种工作状态可通过开关进行切换。

PLC 工作在 RUN 状态时，完整执行图 1-8 过程所需的时间称为扫描周期，一般为 1～100ms。扫描周期与用户程序的长短、指令的种类和 CPU 执行指令的速度有很大的关系。

1.4.2 PLC 用户程序的执行过程

PLC 的用户程序执行过程很复杂，下面以 PLC 正转控制线路为例进行说明。图 1-9 是 PLC 正转控制线路，为了便于说明，图中画出了 PLC 内部等效图。

图 1-9 中 PLC 内部等效图中的 X0、X1、X2 称为输入继电器，它由线圈和触点两部分组成，由于线圈与触点都是等效而来，故又称为软线圈和软触点，Y0 称为输出继电器，它也包括线圈和触点。PLC 内部中间部分为用户程序（梯形图程序），程序形式与继电器控制电路相似，两端相当于电源线，中间为触点和线圈。

用户程序执行过程说明如下。

当按下启动按钮 SB1 时，输入继电器 X0 线圈得电，它使用户程序中的 X0 常开触点闭

图 1-9　PLC 正转控制线路（用户程序执行过程说明图）

合，输出继电器 Y0 线圈得电，它一方面使用户程序中的 Y0 常开触点闭合，对 Y0 线圈供电锁定外，另一方面使输出端的 Y0 常开触点闭合，接触器 KM 线圈得电，主电路中的 KM 主触点闭合，电动机得电运转。

当按下停止按钮 SB2 时，输入继电器 X1 线圈得电，它使用户程序中的 X1 常闭触点断开，输出继电器 Y0 线圈失电，用户程序中的 Y0 常开触点断开，解除自锁，另外输出端的 Y0 常开触点断开，接触器 KM 线圈失电，KM 主触点断开，电动机失电停转。

若电动机在运行过程中电流过大，热继电器 FR 动作，FR 触点闭合，输入继电器 X2 线圈得电，它使用户程序中的 X2 常闭触点断开，输出继电器 Y0 线圈失电，输出端的 Y0 常开触点断开，接触器 KM 线圈失电，KM 主触点断开，电动机失电停转，从而避免电动机长时间过流运行。

1.5　三菱 FXGP/WIN-C 编程软件的使用

要让 PLC 实现控制功能，须编写控制程序，并将程序写入 PLC。不同厂家生产的 PLC 通常需要配套的软件进行编程。下面介绍三菱 FXGP/WIN-C 编程软件的使用，该软件可对三菱 FX 系列 PLC 进行编程。

1.5.1　软件的安装和启动

（1）软件的安装

在购买三菱 FX 系列 PLC 时会配带编程软件。打开 fxgpwinC 文件夹，找到安装文件 SETUP32.EXE，双击该文件即开始安装 FXGP/WIN-C 软件，如图 1-10 所示。

（2）软件的启动

FXGP/WIN-C 软件安装完成后，从开始菜单的“程序”项中找到“FXGP _ WIN-C”图标，如图 1-11 所示，单击该图标即开始启动 FXGP/WIN-C 软件。启动完成的软件界面如图 1-12 所示。

图 1-10　双击 SETUP32. EXE 文件开始安装 FXGP/WIN-C 软件

图 1-11　启动 FXGP/WIN-C 软件

图 1-12　FXGP/WIN-C 软件界面

1.5.2　程序的编写

（1）新建程序文件

要编写程序，须先新建程序文件。新建程序文件过程如下：

执行菜单命令"文件→新文件"，也可单击"⬜"图标，弹出"PLC 类型设置"对话框，如图 1-13 所示，选择"FX₂N/FX₂NC"类型，单击"确认"，即新建一个程序文件，如图1-14所示，它提供了"指令表"和"梯形图"两种编程方式，若要编写梯形图程序，可单击"梯形图"编辑窗口右上方的"最大化"按钮，可将该窗口最大化。

在窗口的右方有一个浮置的工具箱，如图 1-15 所示，它包含有各种编写梯形图程序的工具，各工具功能如图标注说明。

图 1-13 "PLC 类型设置"对话框

图 1-14 新建了一个程序文件

图 1-15 工具箱各工具功能说明

（2）程序的编写

编写程序过程如下。

① 单击浮置的工具箱上的"**┤├**"工具，弹出"输入元件"对话框，如图 1-16 所示，在该框中输入"X000"，确认后，在程序编写区出现常开触点符号 X000，高亮光标自动后移。

② 单击工具箱上的"**◇**"工具，弹出输入元件对话框，如图 1-17 所示，在该框中输入"T2 K200"，确认后，在程序编写区出现线圈符号，符号内的"T2 K200"表示 T2 线圈是一个延时动作线圈，延迟时间为 0.1s×200＝20s。

③ 再依次使用工具箱上的"**┤├**"输入"X001"，用"**◇**"输入"RST T2"，用"**┤├**"输入"T2"，用"**◇**"输入"Y000"。

编写完成的梯形图程序如图 1-18 所示。

若需要对程序内容进行编辑，可用鼠标选中要操作的对象，再执行"编辑"菜单下的各种命令，就可以对程序进行复制、粘贴、删除、插入等操作。

图 1-16 "输入元件"对话框

图 1-17 在对话框内输入"T2 K200"

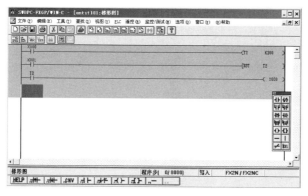

图 1-18 编写完成的梯形图程序

1.5.3 程序的转换与传送

梯形图程序编写完成后，需要先转换成指令表程序，然后将计算机与 PLC 连接好，再将程序传送到 PLC 中。

（1）程序的转换

单击工具栏中的"⬛"工具，也可执行菜单命令"工具→转换"，软件自动将梯形图程序转换成指令表程序。执行菜单命令"视图→指令表",程序编程区就切换到指令表形式,如图 1-19 所示。

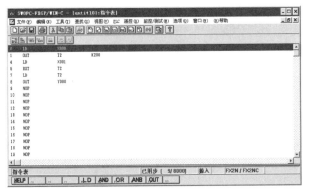

图 1-19　编程区切换到指令表形式

（2）计算机与 PLC 的连接

要将编写好的程序传送给 PLC,须先用指定的电缆线和转换器将计算机 RS-232C 端口（COM 口）与 PLC 之间连接好。计算机与三菱 FX 系列 PLC 常见的连接方式如图 1-20 所示。

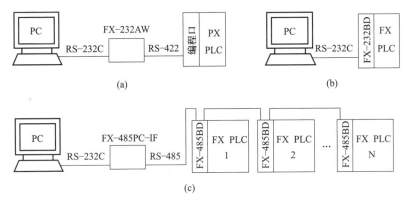

图 1-20　计算机与三菱 FX 系列 PLC 常见的连接方式

图 1-20（a）、（b）为点对点连接方式。图（a）采用 FX-232AW 转换器将 RS-232C 接口转换成 RS-422 接口,实现计算机与 PLC 编程接口的连接;图（b）采用 PLC 内置的通信功能扩展板 FX-232BD 与计算机连接。

图 1-20（c）为多点连接方式,即一台计算机与多台 PLC 连接,它先通过 FX-485PC-IF 转换器将 RS-232C 转换成 RS-485 接口,然后与多个内置 FX-485BD 功能扩展板的 PLC 连接。

（3）程序的传送

要将编写好的程序传送到 PLC 中,可执行菜单命令"PLC→传送→写出",出现"PC 程序写入"对话框,如图 1-21 所示,选择"所有范围",确认后,编写的程序就会全部送入 PLC。

图 1-21　"PC 程序写入"对话框

如果要修改 PLC 中的程序，可执行菜单命令"PLC→传送→读入"，PLC 中的程序就会读入计算机编程软件中，然后就可以对程序进行修改。

1.6 PLC 控制系统开发举例

1.6.1 PLC 控制系统开发的一般流程

PLC 控制系统开发的一般流程如图 1-22 所示。

1.6.2 电动机正反转的 PLC 应用系统开发举例

（1）明确系统的控制要求

系统要求通过 3 个按钮分别控制电动机连续正转、反转和停转，还要求采用热继电器对电动机进行过载保护，另外要求正反转控制联锁。

（2）确定输入/输出设备，并为其分配合适的 I/O 端子

表 1-2 列出了系统要用到的输入/输出设备及对应的 PLC 端子。

图 1-22 PLC 控制系统开发流程

表 1-2 系统用到的输入/输出设备和对应的 PLC 端子

输入			输出		
输入设备	对应 PLC 端子	功能说明	输出设备	对应 PLC 端子	功能说明
SB2	X000	正转控制	KM1 线圈	Y000	驱动电动机正转
SB3	X001	反转控制	KM2 线圈	Y001	驱动电动机反转
SB1	X002	停转控制			
FR 常开触点	X003	过载保护			

（3）绘制系统控制线路图

图 1-23 为 PLC 控制电动机正、反转线路图。

图 1-23 PLC 控制电动机正、反转线路图

图1-24 控制电动机正反转的PLC
梯形图程序

（4）编写PLC控制程序

启动三菱PLC编程软件，编写图1-24所示的梯形图控制程序。

下面对照图1-23线路图来说明图1-24梯形图程序的工作原理。

① 正转控制 当按下PLC的X000端子外接按钮SB2时，该端子对应的内部输入继电器X000得电→程序中的X000常开触点闭合→输出继电器Y000线圈得电，一方面使程序中的Y000常开自锁触点闭合，锁定Y000线圈供电，另一方面使程序中的Y000常闭触点断开，Y001线圈无法得电，此外还使Y000端子内部的硬触点闭合→Y000端子外接的KM1线圈得电，它一方面使KM1常闭联锁触点断开，KM2线圈无法得电，另一方面使KM1主触点闭合→电动机得电正向运转。

② 反转控制 当按下X001端子外接按钮SB3时，该端子对应的内部输入继电器X001得电→程序中的X001常开触点闭合→输出继电器Y001线圈得电，一方面使程序中的Y001常开自锁触点闭合，锁定Y001线圈供电，另一方面使程序中的Y001常闭触点断开，Y000线圈无法得电；还使Y001端子内部的硬触点闭合→Y001端子外接的KM2线圈得电，它一方面使KM2常闭联锁触点断开，KM1线圈无法得电，另一方面使KM2主触点闭合→电动机两相供电切换，反向运转。

③ 停转控制 当按下X002端子外接按钮SB1时，该端子对应的内部输入继电器X002得电→程序中的两个X002常闭触点均断开→Y000、Y001线圈均无法得电，Y000、Y001端子内部的硬触点均断开→KM1、KM2线圈均无法得电→KM1、KM2主触点均断开→电动机失电停转。

④ 过载保护 当电动机过载运行时，热继电器FR发热元件使X003端子外接的FR常开触点闭合→该端子对应的内部输入继电器X003得电→程序中的两个X003常闭触点均断开→Y000、Y001线圈均无法得电，Y000、Y001端子内部的硬触点均断开→KM1、KM2线圈均无法得电→KM1、KM2主触点均断开→电动机失电停转。

（5）将程序写入PLC

在计算机中用编程软件编好程序后，如果要将程序写入PLC，须做以下工作。

① 用专用编程电缆将计算机与PLC连接起来，再给PLC接好工作电源，如图1-25所示。

② 将PLC的RUN/STOP开关置于"STOP"位置，再在计算机编程软件中执行PLC程序写入操作，将写好的程序由计算机通过电缆传送到PLC中。

（6）模拟运行

程序写入PLC后，将PLC的RUN/STOP开关置于"RUN"位置，然后用导线将PLC的X000端子和COM端子短接一下，相当于按下正转按钮，在短接时，PLC的X000端子的对应指示灯正常应该会亮，表示X000端子有输入信号，根据梯形图分析，在短接X000端子和COM端子时，Y000端子应该有输出，即Y000端子的对应指示灯应该会亮，如果X000端指示灯亮，而Y000端指示灯不亮，可能是程序有问题，也可能是PLC不正常。

图 1-25 PLC 与计算机的连接

若 X000 端子模拟控制的运行结果正常，再对 X001、X002、X003 端子进行模拟控制，并查看运行结果是否与控制要求一致。

（7）安装系统控制线路，并进行现场调试

模拟运行正常后，就可以按照绘制的系统控制线路图，将 PLC 及外围设备安装在实际现场，线路安装完成后，还要进行现场调试，观察是否达到控制要求，若达不到要求，需检查是硬件问题还是软件问题，并解决这些问题。

（8）系统投入运行

系统现场调试通过后，可试运行一段时间，若无问题发生可正式投入运行。

Chapter 02

第2章 三菱FX系列PLC介绍

2.1 概述

三菱 FX 系列 PLC 是三菱公司推出的小型整体式 PLC，在我国应用量非常大，它可分为 FX_{1S}、FX_{1N}、FX_{1NC}、FX_{2N}、FX_{2NC}、FX_{3U}、FX_{3UC}、FX_{3G} 等多个子系列，FX_{1S}、FX_{1N} 为一代机，FX_{2N}、FX_{2NC} 为二代机，FX_{3U}、FX_{3UC}、FX_{3G} 为三代机，目前社会上使用最多的为一、二代机，由于三代机性能强大且价格与二代机相差不大，故越来越多的用户开始选用三代机。

FX_{1NC}、FX_{2NC}、FX_{3UC} 分别是三菱 FX 系列的一、二、三代机变形机种，变形机种与普通机种区别主要在于：变形机种较普通机种体积小，适合在狭小空间安装；变形机种的端子采用插入式连接，普通机种的端子采用接线端子连接；变形机种的输入电源只能是 24V DC，普通机种的输入电源可以使用 24V DC 或 AC 电源。

2.1.1 三菱 FX 系列各类型 PLC 的特点

三菱 FX 系列各类型 PLC 的特点与控制规模说明见表 2-1。

表 2-1 三菱 FX 系列各类型 PLC 的特点与控制规模

类　　型	特点与控制规模	类　　型	特点与控制规模
 FX_{1S}	追求低成本和节省安装空间 　控制规模：10～30点，基本单元的点数有 10/14/20/30	 FX_{1NC}	追求省空间和扩展性 　控制规模：16～128点，基本单元的点数有 16/32

18

续表

类 型	特点与控制规模	类 型	特点与控制规模
FX_{2NC}	追求省空间和处理速度 控制规模：16～256点，基本单元的点数有16/32/64/96	FX_{2N}	追求扩展性和处理速度 控制规模：16～256点，基本单元的点数有16/32/48/64/80/128
FX_{3UC}	追求高速性、省配线和省空间 控制规模：16～384点（包含CC-Link I/O），基本单元的点数有16/32/64/96	FX_{3U}	追求高速性、高性能和扩展性 控制规模：16～384点（包含CC-Link I/O在内），基本单元的点数有16/32/48/64/80/128
FX_{1N}	追求扩展性和低成本 控制规模：14～128点，基本单元的点数有14/24/40/60	FX_{3G}	追求高速性、扩展性和低成本 控制规模：14～256点（含CC-Link I/O），基本单元的点数有14/24/40/64

2.1.2　三菱 FX 系列 PLC 型号的命名方法

三菱 FX 系列 PLC 型号的命名方法如下：

序号	区分	内 容
①	系列名称	FX$_{1S}$,FX$_{1N}$,FX$_{2N}$,FX$_{3G}$,FX$_{3U}$,FX$_{1NC}$,FX$_{2NC}$,FX$_{3UC}$
②	输入输出合计点数	8,16,32,48,64 等
③	单元区分	M:基本单元 E:输入输出混合扩展设备 EX:输入扩展模块 EY:输出扩展模块
④	输出形式	R:继电器 S:双向晶闸管 T:晶体管
⑤	连接形式等	T:FX$_{2NC}$的端子排方式 LT(−2):内置 FX$_{3UC}$的 CC-Link/LT 主站功能
⑥	电源、输出方式	无:AC 电源,漏型输出 E:AC 电源,漏型输入、漏型输出 ES:AC 电源,漏型/源型输入,漏型/源型输出 ESS:AC 电源,漏型/源型输入,源型输出(仅晶体管输出) UA1:AC 电源,AC 输入 D:DC 电源,漏型输入,漏型输出 DS:DC 电源,漏型/源型输入,漏型输出 DSS:DC 电源,漏型/源型输入,源型输出(仅晶体管输出)
⑦	UL 规格 (电气部件安全性标准)	无:不符合的产品 UL:符合 UL 规格的产品 即使是⑦未标注 UL 的产品,也有符合 UL 规格的机型
⑧	电源、输出方式	ES:AC 电源,漏型/源型输入(晶体管输出型为漏型输出) ESS:AC 电源,漏型/源型输入,源型输出(仅晶体管输出) D:DC 电源,漏型输入,漏型输出 DS:DC 电源,漏型/源型输入(晶体管输出型为漏型输出) DSS:DC 电源,漏型/源型输入,源型输出(仅晶体管输出)

2.1.3 三菱 FX$_{2N}$ PLC 基本单元面板说明

(1) 两种 PLC 形式

PLC 的基本单元又称 CPU 单元或主机单元,对于整体式 PLC,PLC 的基本单元自身带有一定数量的 I/O 端子(输入和输出端子),可以作为一个 PLC 独立使用。在组建 PLC 控制系统时,如果基本单元的 I/O 端子不够用,除了可以选用点数更多的基本单元外,也可以给点数少的基本单元连接其他的 I/O 单元,以增加 I/O 端子,如果希望基本单元具有一些特殊处理功能(如温度处理功能),而基本单元本身不具备该功能,给基本单元连接温度模块就可解决这个问题。

图 2-1 (a) 是一种形式的 PLC,它是一台能独立使用的基本单元,图 2-1 (b) 是另一种形式的 PLC,它由基本单元连接扩展单元组成。一个 PLC 既可以是一个能独立使用的基本单元,也可以是基本单元与扩展单元的组合体,由于扩展单元不能单独使用,故单独的扩展单元不能称作 PLC。

(2) 三菱 FX$_{2N}$ PLC 基本单元面板说明

(a) PLC形式一(基本单元)　　　　　　　(b) PLC形式二(基本单元+扩展单元)

图 2-1　两种形式的 PLC

　　三菱 FX 系列 PLC 类型很多，其基本单元面板大同小异，这里以三菱 FX$_{2N}$基本单元为例说明。三菱 FX$_{2N}$基本单元（型号为 FX$_{2N}$-32MR）外形如图 2-2（a）所示，该面板各部分名称如图 2-2（b）标注所示。

(a)

电源端子、接地端子和输入端子

(b)

图 2-2　三菱 FX$_{2N}$基本单元面板及说明

2.2 三菱 FX PLC 的硬件接线

2.2.1 电源端子的接线

三菱 FX 系列 PLC 工作时需要提供电源，其供电电源类型有 AC（交流）和 DC（直流）两种。AC 供电型 PLC 有 L、N 两个端子（旁边有一个接地端子），DC 供电型 PLC 有＋、－两个端子，在型号中还含有"D"字母，如图 2-3 所示。

(a) AC供电型PLC有L、N端子

(b) DC供电型PLC有+、−端子

图 2-3 两种供电类型的 PLC

（1）AC 供电型 PLC 的电源端子接线

AC 供电型 PLC 的电源端子接线如图 2-4 所示。AC 100～240V 交流电源接到 PLC 基本单元和扩展单元的 L、N 端子，交流电压在内部经 AC/DC 电源电路转换得到 DC 24V 和 DC 5V 直流电压，这两个电压一方面通过扩展电缆提供给扩展模块，另一方面 DC 24V 电压还会从 24＋、COM 端子往外输出。

扩展单元和扩展模块的区别在于：扩展单元内部有电源电路，可以往外部输出电压，而扩展模块内部无电源电路，只能从外部输入电压。由于基本单元和扩展单元内部的电源电路功率有限，因此不要用一个单元的输出电压提供给所有扩展模块。

（2）DC 供电型 PLC 的电源端子接线

DC 供电型 PLC 的电源端子接线如图 2-5 所示。DC 24V 电源接到 PLC 基本单元和扩展单元的＋、－端子，该电压在内部经 DC/DC 电源电路转换得 DC 5V 和 DC 24V，这两个电压一方面通过扩展电缆提供给扩展模块，另一方面 DC 24V 电压还会从 24＋、COM 端子往外输出。为了减轻基本单元或扩展单元内部电源电路的负担，扩展模块所需的 DC 24V 可以直接由外部 DC 24V 电源提供。

2.2.2 三菱 FX₁ₛ、FX₁ₙ、FX₁ₙ𝒸、FX₂ₙ、FX₂ₙ𝒸、FX₃ᵤ𝒸 PLC 的输入端子接线

PLC 输入端子接线方式与 PLC 的供电类型有关，具体可分为 AC 电源 DC 输入、DC 电源 DC 输入、AC 电源 AC 输入三种方式，在这三种方式中，AC 电源 DC 输入型 PLC 最为常用，AC 电源 AC 输入型 PLC 使用较少。

图 2-4　AC 供电型 PLC 的电源端子接线

　　三菱 FX$_{1NC}$、FX$_{2NC}$、FX$_{3UC}$ PLC 主要用于空间狭小的场合，为了减小体积，其内部未设较占空间的 AC/DC 电源电路，只能从电源端子直接输入 DC 电源，即这些 PLC 只有 DC 电源 DC 输入型。

　　（1）AC 电源 DC 输入型 PLC 的输入接线

　　AC 电源 DC 输入型 PLC 的输入接线如图 2-6 所示，由于这种类型的 PLC（基本单元和扩展单元）内部有电源电路，它为输入电路提供 DC 24V 电压，因此在输入接线时只需在输入端子与 COM 端子之间接入开关，开关闭合时输入电路就会形成电源回路。

　　（2）DC 电源 DC 输入型 PLC 的输入接线

　　DC 电源 DC 输入型 PLC 的输入接线如图 2-7 所示，该类型 PLC 的输入电路所需的 DC 24V 由电源端子在内部提供，在输入接线时只需在输入端子与 COM 端子之间接入开关。

　　（3）AC 电源 AC 输入型 PLC 的输入接线

　　AC 电源 AC 输入型 PLC 的输入接线如图 2-8 所示，这种类型的 PLC（基本单元和扩展单元）采用 AC 100～120V 供电，该电压除了供给 PLC 的电源端子外，还要在外部提供给

图 2-5 DC 供电型 PLC 的电源端子接线

图 2-6 AC 电源 DC 输入型 PLC 的输入接线

图 2-7 DC 电源 DC 输入型 PLC 的输入接线

输入电路，在输入接线时将 AC 100～120V 接在 COM 端子和开关之间，开关另一端接输入端子。

（4）扩展模块的输入接线

扩展模块的输入接线如图 2-9 所示，由于扩展模块内部没有电源电路，它只能由外部为输入电路提供 DC 24V 电压，在输入接线时将 DC 24V 正极接扩展模块的 24＋端子，DC 24V 负极接开关，开关另一端接输入端子。

图 2-8　AC 电源 AC 输入型 PLC 的输入接线

图 2-9　扩展模块的输入接线

2.2.3　三菱 FX$_{3U}$、FX$_{3G}$ PLC 的输入端子接线

在三菱 FX$_{1S}$、FX$_{1N}$、FX$_{1NC}$、FX$_{2N}$、FX$_{2NC}$、FX$_{3UC}$ PLC 的输入端子中，COM 端子既作公共端，又作 0V 端，而在三菱 FX$_{3U}$、FX$_{3G}$ PLC 的输入端子取消了 COM 端子，增加了 S/S 端子和 0V 端子，其中 S/S 端子用作公共端。三菱 FX$_{3U}$、FX$_{3G}$ PLC 只有 AC 电源 DC 输入、DC 电源 DC 输入两种类型，在每种类型中又可分为漏型输入接线和源型输入接线。

（1）AC 电源 DC 输入型 PLC 的输入接线

① 漏型输入接线　AC 电源型 PLC 的漏型输入接线如图 2-10 所示。在漏型输入接线时，将 24V 端子与 S/S 端子连接，再将开关接在输入端子和 0V 端子之间，开关闭合时有电流流过输入电路，电流途径是：24V 端子→S/S 端子→PLC 内部光电耦合器→输入端子→0V 端子。电流由 PLC 输入端的公共端子（S/S 端）输入，将这种输入方式称为漏型输入，为了方便记忆理解，可将公共端子理解为漏极，电流从公共端输入就是漏型输入。

② 源型输入接线　AC 电源型 PLC 的源型输入接线如图 2-11 所示。在源型输入接线时，将 0V 端子与 S/S 端子连接，再将开关接在输入端子和 24V 端子之间，开关闭合时有电流流过输入电路，电流途径是：24V 端子→开关→输入端子→PLC 内部光电耦合器→S/S 端子→0V 端子。电流由 PLC 的输入端子输入，将这种输入方式称为源型输入，为了方便记忆理解，可将输入端子理解为源极，电流从输入端子输入就是源型输入。

（2）DC 电源 DC 输入型 PLC 的输入接线

① 漏型输入接线　DC 电源型 PLC 的漏型输入接线如图 2-12 所示。在漏型输入接线时，将外部 24V 电源正极与 S/S 端子连接，将开关接在输入端子和外部 24V 电源的负极，

图 2-10　AC 电源型 PLC 的漏型输入接线

图 2-11　AC 电源型 PLC 的源型输入接线

输入电流从公共端子输入（漏型输入）。也可以将 24V 端子与 S/S 端子连接起来，再将开关接在输入端子和 0V 端子之间，但这样做会使从电源端子进入 PLC 的电流增大，从而增加 PLC 出现故障的概率。

　　② 源型输入接线　DC 电源型 PLC 的源型输入接线如图 2-13 所示。在源型输入接线时，将外部 24V 电源负极与 S/S 端子连接，再将开关接在输入端子和外部 24V 电源正极之间，输入电流从输入端子输入（源型输入）。

图 2-12　DC 电源型 PLC 的漏型输入接线

图 2-13　DC 电源型 PLC 的源型输入接线

2.2.4　无触点接近开关与 PLC 输入端子的接线

　　PLC 的输入端子除了可以接普通有触点的开关外，还可以接一些无触点开关，如无触点接近开关，如图 2-14（a）所示，当金属体靠近探测头时，内部的晶体管导通，相当于开关闭合。根据晶体管不同，无触点接近开关可分为 NPN 型和 PNP 型，根据引出线数量不同，可分为 2 线式和 3 线式，无触点接近开关常用图 2-14（b）、（c）所示符号表示。

　　（1）3 线式无触点接近开关的接线

　　3 线式无触点接近开关的接线如图 2-15 所示。

　　图 2-15（a）为 3 线 NPN 型无触点接近开关的接线，它采用漏型输入接线，在接线时将 S/S 端子与 24V 端子连接，当金属体靠近接近开关时，内部的 NPN 型晶体管导通，X000 输入电路有电流流过，电流途径是：24V 端子→S/S 端子→PLC 内部光电耦合器→X000 端子→接近开关→0V 端子，电流由公共端子（S/S 端子）输入，此为漏型输入。

(a) 无触点接近开关

(b) 2线式   (c) 3线式

图 2-14　无触点接近开关的实物及符号

(a) 3线NPN型接近开关的漏型输入接线

(b) 3线PNP型接近开关的源型输入接线

图 2-15　3线式无触点接近开关的接线

图 2-15（b）为 3 线 PNP 型无触点接近开关的接线，它采用源型输入接线，在接线时将 S/S 端子与 0V 端子连接，当金属体靠近接近开关时，内部的 PNP 型晶体管导通，X000 输入电路有电流流过，电流途径是：24V 端子→接近开关→X000 端子→PLC 内部光电耦合器→S/S 端子→0V 端子，电流由输入端子（X000 端子）输入，此为源型输入。

（2）2 线式无触点接近开关的接线

2 线式无触点接近开关的接线如图 2-16 所示。

图 2-16（a）为 2 线式 NPN 型无触点接近开关的接线，它采用漏型输入接线，在接线时将 S/S 端子与 24V 端子连接，再在接近开关的一根线（内部接 NPN 型晶体管集电极）与 24V 端子间接入一个电阻 R，R 值的选取如图所示。当金属体靠近接近开关时，内部的 NPN 型晶体管导通，X000 输入电路有电流流过，电流途径是：24V 端子→S/S 端子→PLC

(a) 2 线 NPN 型接近开关的漏型输入接线   (b) 2 线 PNP 型接近开关的源型输入接线

图 2-16   2 线式无触点接近开关的接线

内部光电耦合器→X000 端子→接近开关→0V 端子，电流由公共端子（S/S 端子）输入，此为漏型输入。

图 2-16（b）为 2 线式 PNP 型无触点接近开关的接线，它采用源型输入接线，在接线时将 S/S 端子与 0V 端子连接，再在接近开关的一根线（内部接 PNP 型晶体管集电极）与 0V 端子间接入一个电阻 R，R 值的选取如图所示。当金属体靠近接近开关时，内部的 PNP 型晶体管导通，X000 输入电路有电流流过，电流途径是：24V 端子→接近开关→X000 端子→PLC 内部光电耦合器→S/S 端子→0V 端子，电流由输入端子（X000 端子）输入，此为源型输入。

2.2.5   三菱 FX 系列 PLC 的输出端子接线

PLC 的输出类型有继电器输出、晶体管输出和晶闸管输出，对于不同输出类型的 PLC，其输出端子接线应按照相应的接线方式。

（1）继电器输出型 PLC 的输出端子接线

继电器输出型是指 PLC 输出端子内部采用继电器触点开关，当触点闭合时表示输出为 ON，触点断开时表示输出为 OFF。继电器输出型 PLC 的输出端子接线如图 2-17 所示。

由于继电器的触点无极性，故输出端使用的负载电源既可使用交流电源（AC 100～240V），也可使用直流电源（DC 30V 以下）。在接线时，将电源与负载串接起来，再接在输出端子和公共端子之间，当 PLC 输出端内部的继电器触点闭合时，输出电路形成回路，有电流流过负载（如线圈、灯泡等）。

（2）晶体管输出型 PLC 的输出端子接线

晶体管输出型是指 PLC 输出端子内部采用晶体管，当晶体管导通时表示输出为 ON，晶体管截止时表示输出为 OFF。由于晶体管是有极性的，故输出端使用的负载电源必须是直流电源（DC 5～30V），晶体管输出型具体又可分为漏型输出和源型输出。

漏型输出型 PLC 输出端子接线如图 2-18（a）所示。在接线时，漏型输出型 PLC 的公共端接电源负极，电源正极串接负载后接输出端子，当输出为 ON 时，晶体管导通，有电流流过负载，电流途径是：电源正极→负载→输出端子→PLC 内部晶体管→COM 端→电源负

图 2-17　继电器输出型 PLC 的输出端子接线

极。电流从 PLC 输出端的公共端子输出，称之为漏型输出。

源型输出型 PLC 输出端子接线如图 2-18（b）所示，三菱 FX_{3U}/FX_{3UC}/FX_{3G} 的晶体管输出型 PLC 的输出公共端不用 COM 表示，而是用＋V＊表示。在接线时，源型输出型 PLC 的公共端（＋V＊）接电源正极，电源负极串接负载后接输出端子，当输出为 ON 时，晶体管导通，有电流流过负载，电流途径是：电源正极→＋V＊端子→PLC 内部晶体管→输出端子→负载→电源负极。电流从 PLC 的输出端子输出，称之为源型输出。

（3）晶闸管输出型 PLC 的输出端子接线

晶闸管输出型是指 PLC 输出端子内部采用双向晶闸管（又称双向可控硅），当晶闸管导通时表示输出为 ON，晶闸管截止时表示输出为 OFF。晶闸管是无极性的，输出端使用的负载电

(a) 晶体管漏型输出接线　　　　　　　　　(b) 晶体管源型输出接线

图 2-18　晶体管输出型 PLC 的输出端子接线

源必须是交流电源（AC 100～240V）。晶闸管输出型 PLC 的输出端子接线如图 2-19 所示。

图 2-19　晶闸管输出型 PLC 的输出端子接线

2.3　三菱 FX 系列 PLC 的软元件说明

PLC 是在继电器控制线路基础上发展起来的，继电器控制线路有时间继电器、中间继电器等，而 PLC 内部也有类似的器件，由于这些器件以软件形式存在，故称为软元件。PLC 程序由指令和软元件组成，指令的功能是发出命令，软元件是指令的执行对象，比如，SET 为置 1 指令，Y000 是 PLC 的一种软元件（输出继电器），"SET Y000" 就是命令 PLC 的输出继电器 Y000 的状态变为 1。由此可见，编写 PLC 程序必须要了解 PLC 的指令及软元件。

PLC 的软元件很多，主要有输入继电器、输出继电器、辅助继电器、定时器、计数器、数据寄存器和常数等。三菱 FX 系列 PLC 分很多子系列，越高档的子系列，其支持指令和软元件数量越多。

2.3.1　输入继电器(X)和输出继电器（Y）

（1）输入继电器（X）

输入继电器用于接收 PLC 输入端子送入的外部开关信号，它与 PLC 的输入端子连接，其表示符号为 X，按八进制方式编号，输入继电器与外部对应的输入端子编号是相同的。三菱 FX_{2N}-48M 型 PLC 外部有 24 个输入端子，其编号为 X000～X007、X010～X017、X020～X027，相应地内部有 24 个相同编号的输入继电器来接收这样端子输入的开关信号。

一个输入继电器可以有无数个编号相同的常闭触点和常开触点，当某个输入端子（如 X000）外接开关闭合时，PLC 内部相同编号输入继电器（X000）状态变为 ON，那么程序中相同编号的常开触点处于闭合，常闭触点处于断开。

（2）输出继电器（Y）

输出继电器（常称输出线圈）用于将 PLC 内部开关信号送出，它与 PLC 输出端子连接，其表示符号为 Y，也按八进制方式编号，输出继电器与外部对应的输出端子编号是相同的。三菱 FX_{2N}-48M 型 PLC 外部有 24 个输出端子，其编号为 Y000～Y007、Y010～Y017、Y020～Y027，相应地内部有 24 个相同编号的输出继电器，这些输出继电器的状态由相同编号的外部输出端子送出。

一个输出继电器只有一个与输出端子连接的常开触点（又称硬触点），但在编程时可使用无数个编号相同的常开触点和常闭触点。当某个输出继电器（如 Y000）状态为 ON 时，它除了会使相同编号的输出端子内部的硬触点闭合外，还会使程序中的相同编号的常开触点闭合，常闭触点断开。

三菱 FX 系列 PLC 支持的输入继电器、输出继电器如表 2-2 所示。

表 2-2　三菱 FX 系列 PLC 支持的输入继电器、输出继电器

型号	FX_{1S}	FX_{1N}、FX_{1NC}	FX_{2N}、FX_{2NC}	FX_{3G}	FX_{3U}、FX_{3UC}
输入继电器	X000～X017 （16 点）	X000～X177 （128 点）	X000～X267 （184 点）	X000～X177 （128 点）	X000～X367 （248 点）
输出继电器	Y000～Y015 （14 点）	Y000～Y177 （128 点）	Y000～Y26 7(184 点)	Y000～Y177 （128 点）	Y000～Y367 （248 点）

2.3.2　辅助继电器（M）

辅助继电器是 PLC 内部继电器，它与输入、输出继电器不同，不能接收输入端子送来的信号，也不能驱动输出端子。辅助继电器表示符号为 M，按十进制方式编号，如 M0～M499、M500～M1023 等。一个辅助继电器可以有无数个编号相同的常闭触点和常开触点。

辅助继电器分为四类：一般型、停电保持型、停电保持专用型和特殊用途型。三菱 FX 系列 PLC 支持的辅助继电器如表 2-3 所示。

表 2-3　三菱 FX 系列 PLC 支持的辅助继电器

型号	FX_{1S}	FX_{1N}、FX_{1NC}	FX_{2N}、FX_{2NC}	FX_{3G}	FX_{3U}、FX_{3UC}
一般型	M0～M383 （384 点）	M0～M383 （384 点）	M0～M499 （500 点）	M0～M383 （384 点）	M0～M499 （500 点）
停电保持型 （可设成一般型）	无	无	M500～M1023 （524 点）	无	M500～M1023 （524 点）
停电保持专用型	M384～M511 （128 点）	M384～M511 （128 点，EEPROM 长久保持） M512～M1535 （1024 点， 电容 10 天保持）	M1024～M3071 （2048 点）	M384～M1535 （1152 点）	M1024～M7679 （6656 点）
特殊用途型	M8000～M8255 （256 点）	M8000～M8255 （256 点）	M8000～M8255 （256 点）	M8000～M8511 （512 点）	M8000～M8511 （512 点）

（1）一般型辅助继电器

一般型（又称通用型）辅助继电器在 PLC 运行时，如果电源突然停电，则全部线圈状态均变为 OFF。当电源再次接通时，除了因其他信号而变为 ON 的以外，其余的仍将保持 OFF 状态，它们没有停电保持功能。

三菱 FX$_{2N}$ 系列 PLC 的一般型辅助继电器点数默认为 M0～M499，也可以用编程软件将一般型设为停电保持型，设置方法如图 2-20 所示，在 GX Developer 软件（该编程软件的使用将在后续章节介绍）的工程列表区双击参数项中的"PLC 参数"，弹出参数设置对话框，切换到"软元件"选项卡，从辅助继电器一栏可以看出，系统默认 M500（起始）～M1023（结束）范围内的辅助继电器具有锁存（停电保持）功能，如果将起始值改为 550，结束值仍为 1023，那么 M0～M550 范围内的都是一般型辅助继电器。

从图 2-20 所示对话框不难看出，不但可以设置辅助继电器停电保持点数，还可以设置状态继电器、定时器、计数器和数据寄存器的停电保持点数，编程时选择的 PLC 类型不同，该对话框的内容有所不同。

图 2-20　软元件停电保持（锁存）点数设置

（2）停电保持型辅助继电器

停电保持型辅助继电器与一般型辅助继电器的区别主要在于：前者具有停电保持功能，即能记忆停电前的状态，并在重新通电后保持停电前的状态。FX$_{2N}$ 系列 PLC 的停电保持型辅助继电器可分为停电保持型（M500～M1023）和停电保持专用型（M1024～3071），停电保持专用型辅助继电器无法设成一般型。

下面以图 2-21 来说明一般型和停电保持型辅助继电器的区别。

图 2-21（a）程序采用了一般型辅助继电器，在通电时，如果 X000 常开触点闭合，辅助继电器 M0 状态变为 ON（或称 M0 线圈得电），M0 常开触点闭合，在 X000 触点断开后

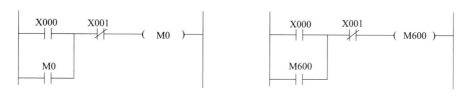

(a) 采用一般型辅助继电器　　　　(b) 采用停电保持型辅助继电器

图 2-21　一般型和停电保持型辅助继电器的区别说明

锁住 M0 继电器的状态值，如果 PLC 出现停电，M0 继电器状态值变为 OFF，在 PLC 重新恢复供电时，M0 继电器状态仍为 OFF，M0 常开触点处于断开。

图 2-21 (b) 程序采用了停电保持型辅助继电器，在通电时，如果 X000 常开触点闭合，辅助继电器 M600 状态变为 ON，M600 常开触点闭合，如果 PLC 出现停电，M600 继电器状态值保持为 ON，在 PLC 重新恢复供电时，M600 继电器状态仍为 ON，M600 常开触点处于闭合。若重新供电时 X001 触点处于开路，则 M600 继电器状态为 OFF。

(3) 特殊用途型辅助继电器

FX$_{2N}$ 系列中有 256 个特殊辅助继电器，可分成触点型和线圈型两大类。

① 触点型特殊用途辅助继电器　触点型特殊用途辅助继电器的线圈由 PLC 自动驱动，用户只可使用其触点，即在编写程序时，只能使用这种继电器的触点，不能使用其线圈。常用的触点型特殊用途辅助继电器如下。

M8000：运行监视 a 触点（常开触点），在 PLC 运行中，M8000 触点始终处于接通状态，M8001 为运行监视 b 触点（常闭触点），它与 M8000 触点逻辑相反，在 PLC 运行时，M8001 触点始终断开。

M8002：初始脉冲 a 触点，该触点仅在 PLC 运行开始的一个扫描周期内接通，以后周期断开，M8003 为初始脉冲 b 触点，它与 M8002 逻辑相反。

M8011、M8012、M8013 和 M8014 分别是产生 10ms、100ms、1s 和 1min 时钟脉冲的特殊辅助继电器触点。

M8000、M8002、M8012 的时序关系如图 2-22 所示。从图中可以看出，在 PLC 运行（RUN）时，M8000 触点始终是闭合的（图中用高电平表示），而 M8002 触点仅闭合一个扫描周期，M8012 闭合 50ms、接通 50ms，并且不断重复。

② 线圈型特殊用途辅助继电器　线圈型特殊用途辅助继电器由用户程序驱动其线圈，使 PLC 执行特定的动作。常用的线圈型特殊用途辅助继电器如下。

M8030：电池 LED 熄灯。当 M8030 线圈得电（M8030 继电器状态为 ON）时，电池电压降低发光二极管熄灭。

M8033：存储器保持停止。若 M8033 线圈得电（M8033 继电器状态值为 ON），PLC

图 2-22　M8000、M8002、M8012 的时序关系图

停止时保持输出映象存储器和数据寄存器的内容。以图 2-23 所示的程序为例，当 X000 常开触点处于断开时，M8034 辅助继电器状态为 OFF，X001～X003 常闭触点处于闭合使 Y000～Y002 线圈均得电，如果 X000 常开触点闭合，M8034 辅助继电器状态变为 ON，

PLC马上让所有的输出线圈失电，故 Y000～Y002 线圈都失电，即使 X001～X003 常闭触点仍处于闭合。

M8034：所有输出禁止。若 M8034 线圈得电（即 M8034 继电器状态为 ON），PLC 的输出全部禁止。

M8039：恒定扫描模式。若 M8039 线圈得电（即 M8039 继电器状态为 ON），PLC 按数据寄存器 D8039 中指定的扫描时间工作。

更多特殊用途型辅助继电器的功能请参见附录 A。

2.3.3　状态继电器（S）

状态继电器是编制步进程序的重要软元件，与辅助继电器一样，可以有无数个常开触点和常闭触点，其表示符号为 S，按十进制方式编号，如 S0～S9、S10～S19、S20～S499 等。

状态继电器可分为初始状态型、一般型和报警用途型。对于未在步进程序中使用的状态继电器，可以当成辅助继电器一样使用，如图 2-24 所示，当 X001 触点闭合时，S10 线圈得电（即 S10 继电器状态为 ON），S10 常开触点闭合。状态器继电器主要用在步进顺序程序中，其详细用法见后面的章节。

图 2-23　线圈型特殊用途辅助继电器的使用举例

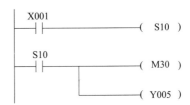

图 2-24　未使用的状态继电器可以
当成辅助继电器一样使用

三菱 FX 系列 PLC 支持的状态继电器如表 2-4 所示。

表 2-4　三菱 FX 系列 PLC 支持的状态继电器

型号	FX1S	FX1N、FX1NC	FX2N、FX2NC	FX3G	FX3U、FX3UC
初始状态用	S0～S9（停电保持专用）	S0～S9（停电保持专用）	S0～S9	S0～S9（停电保持专用）	S0～S9
一般用	S10～S127（停电保持专用）	S10～S127（停电保持专用）S128～S999（停电保持专用，电容 10 天保持）	S10～S499 S500～S899（停电保持）	S10～S999（停电保持专用）S1000～S4095	S10～S499 S500～S899（停电保持）S1000～S4095（停电保持专用）
信号报警用	无		S900～S999（停电保持）	无	S900～S999（停电保持）
说明	停电保持型可以设成非停电保持型，非停电保持型也可设成停电保持型（FX3G型需安装选配电池，才能将非停电保持型设成停电保持型）；停电保持专用型采用 EEPROM 或电容供电保存，不可设成非停电保持型				

2.3.4　定时器（T）

定时器是用于计算时间的继电器，它可以有无数个常开触点和常闭触点，其定时单位有 1ms、10ms、100ms 三种。定时器表示符号为 T，编号也按十进制，定时器分为普通型定时器（又称一般型）和停电保持型定时器（又称累计型或积算型定时器）。

三菱 FX 系列 PLC 支持的定时器如表 2-5 所示。

表 2-5　三菱 FX 系列 PLC 支持的定时器

PLC 系列	FX$_{1S}$	FX$_{1N}$、FX$_{1NC}$、FX$_{2N}$、FX$_{2NC}$	FX$_{3G}$	FX$_{3U}$、FX$_{3UC}$
1ms 普通型定时器 （0.001～32.767s）	T31，1 点	—	T256～T319，64 点	T256～T511，256 点
100ms 普通型定时器 （0.1～3276.7s）	T0～62，63 点	T0～199，200 点		
10ms 普通型定时器 （0.01～327.67s）	T32～C62，31 点	T200～T245，46 点		
1ms 停电保持型定时器 （0.001～32.767s）	—	T246～T249，4 点		
100ms 停电保持型定时器 （0.1～3276.7s）	—	T250～T255，6 点		

普通型定时器和停电保持型定时器的区别说明如图 2-25 所示。

(a) 一般型定时器的使用

(b) 停电保持型定时器的使用

图 2-25　普通型定时器和停电保持型定时器的区别说明

图 2-25（a）梯形图中的定时器 T0 为 100ms 普通型定时器，其设定计时值为 123（123×0.1s＝12.3s）。当 X000 触点闭合时，T0 定时器输入为 ON，开始计时，如果当前计时值未到 123 时 T0 定时器输入变为 OFF（X000 触点断开），定时器 T0 马上停止计时，并

且当前计时值复位为 0，当 X000 触点再闭合时，T0 定时器重新开始计时，当计时值达到123 时，定时器 T0 的状态值变为 ON，T0 常开触点闭合，Y000 线圈得电。普通型定时器的计时值达到设定值时，如果其输入仍为 ON，定时器的计时值保持设定值不变，当输入变为 OFF 时，其状态值变为 OFF，同时当前计时变为 0。

图 2-25（b）梯形图中的定时器 T250 为 100ms 停电保持型定时器，其设定计时值为123（123×0.1s＝12.3s）。当 X000 触点闭合时，T250 定时器开始计时，如果当前计时值未到 123 时出现 X000 触点断开或 PLC 断电，定时器 T250 停止计时，但当前计时值保持，当X000 触点再闭合或 PLC 恢复供电时，定时器 T250 在先前保持的计时值基础上继续计时，直到累积计时值达到 123 时，定时器 T250 的状态值变为 ON，T250 常开触点闭合，Y000线圈得电。停电保持型定时器的计时值达到设定值时，不管其输入是否为 ON，其状态值仍保持为 ON，当前计时值也保持设定值不变，直到用 RST 指令对其进行复位，状态值才变为 OFF，当前计时值才复位为 0。

2.3.5　计数器（C）

计数器是一种具有计数功能的继电器，它可以有无数个常开触点和常闭触点。计数器可分为加计数器和加/减双向计数器。计数器表示符号为 C，编号按十进制方式，计数器可分为普通型计数器和停电保持型计数器。

三菱 FX 系列 PLC 支持的计数器如表 2-6 所示。

表 2-6　三菱 FX 系列 PLC 支持的计数器

PLC 系列	FX₁ₛ	FX₁ₙ，FX₁ₙc，FX₃ɢ	FX₂ₙ，FX₂ₙc，FX₃ᵤ，FX₃ᵤc
普通型 16 位加计数器（0～32767）	C0～C15，16 点	C0～C15，16 点	C0～C99，100 点
停电保持型 16 位加计数器（0～32767）	C16～C31，16 点	C16～C199，184 点	C100～C199，100 点
普通型 32 位加减计数器（−2147483648～＋2147483647）	—	C200～C219，20 点	
停电保持型 32 位加减计数器（−2147483648～＋2147483647）	—	C220～C234，15 点	

（1）加计数器的使用

加计数器的使用如图 2-26 所示，C0 是一个普通型的 16 位加计数器。当 X010 触点闭合时，RST 指令将 C0 计数器复位（状态值变为 OFF，当前计数值变为 0），X010 触点断开后，X011 触点每闭合断开一次（产生一个脉冲），计数器 C0 的当前计数值就递增 1，X011触点第 10 次闭合时，C0 计数器的当前计数值达到设定计数值 10，其状态值马上变为 ON，C0 常开触点闭合，Y000 线圈得电。当计数器的计数值达到设定值后，即使再输入脉冲，其状态值和当前计数值都保持不变，直到用 RST 指令将计数器复位。

停电保持型计数器的使用方法与普通型计数器基本相似，两者的区别主要在于：普通型计数器在 PLC 停电时状态值和当前计数值会被复位，上电后重新开始计数，而停电保持型计数器在 PLC 停电时会保持停电前的状态值和计数值，上电后会在先前保持的计数值基础上继续计数。

图 2-26 加计数器的使用说明

（2）加/减计数器的使用

三菱 FX 系列 PLC 的 C200～C234 为加/减计数器，这些计数器既可以加计数，也可以减计数，进行何种计数方式分别受特殊辅助继电器 M8200～M8234 控制，即 C200 计数器的计数方式受 M8200 辅助继电器控制，M8200＝1（M8200 状态为 ON）时，C200 计数器进行减计数，M8200＝0 时，C200 计数器进行加计数。

加/减计数器在计数值达到设定值后，如果仍有脉冲输入，其计数值会继续增加或减少，在加计数达到最大值 2147483647 时，再来一个脉冲，计数值会变为最小值－2147483648，在减计数达到最小值－2147483648 时，再来一个脉冲，计数值会变为最大值 2147483647，所以加/减计数器是环形计数器。在计数时，不管加/减计数器进行的是加计数或是减计数，只要其当前计数值小于设定计数值，计数器的状态就为 OFF，若当前计数值大于或等于设定计数值，计数器的状态为 ON。

加/减计数器的使用如图 2-27 所示。

图 2-27 加/减计数器的使用说明

当 X012 触点闭合时，M8200 继电器状态为 ON，C200 计数器工作方式为减计数，X012 触点断开时，M8200 继电器状态为 OFF，C200 计数器工作方式为加计数。当 X013 触点闭合时，RST 指令对 C200 计数器进行复位，其状态变为 OFF，当前计数值也变为 0。

C200 计数器复位后，将 X013 触点断开，X014 触点每闭合断开一次（产生一个脉冲），C200 计数器的计数值就加 1 或减 1。在进行加计数时，当 C200 计数器的当前计数值达到设定值（图中－6 增到－5）时，其状态变为 ON；在进行减计数时，当 C200 计数器的当前计数值减到小于设定值（图中－5减到－6）时，其状态变为OFF。

（3）计数值的设定方式

计数器的计数值可以直接用常数设定（直接设定），也可以将数据寄存器中的数值设为计数值（间接设定）。计数器的计数值设定如图2-28所示。

(a) 16位计数器的计数值设定　　　　(b) 32位计数器的计数值设定

图2-28　计数器的计数值设定

16位计数器的计数值设定如图2-28（a）所示，C0计数器的计数值采用直接设定方式，直接将常数6设为计数值，C1计数器的计数值采用间接设定方式，先用MOV指令将常数10传送到数据寄存器D5中，然后将D5中的值指定为计数值。

32位计数器的计数值设定如图2-28（b）所示，C200计数器的计数值采用直接设定方式，直接将常数43210设为计数值，C201计数器的计数值采用间接设定方式，由于计数值为32位，故需要先用DMOV指令（32位数据传送指令）将常数68000传送到2个16位数据寄存器D6、D5中，然后将D6、D5中的值指定为计数值，在编程时只需输入低编号数据寄存器，相邻高编号数据寄存器会自动占用。

2.3.6　高速计数器

前面介绍的普通计数器的计数速度较慢，它与PLC的扫描周期有关，一个扫描周期内最多只能增1或减1，如果一个扫描周期内有多个脉冲输入，也只能计1，这样会出现计数不准确，为此PLC内部专门设置了与扫描周期无关的高速计数器（HSC），用于对高速脉冲进行计数。三菱FX₃U/FX₃UC型PLC最高可对100kHz高速脉冲进行计数，其他型号PLC最高计数频率也可达60kHz。

三菱FX系列PLC有C235～C255共21个高速计数器（均为32位加/减环形计数器），这些计数器使用X000～X007共8个端子作为计数输入或控制端子，这些端子对不同的高速计数器有不同的功能定义，一个端子不能被多个计数器同时使用。三菱FX系列PLC的高速计数器及使用端子的功能定义见表2-7。

表2-7　三菱FX系列PLC的高速计数器及使用端子的功能定义

高速计数器及使用端子	单相单输入计数器											单相双输入计数器				双相双输入计数器				
	无启动/复位控制功能						有启动/复位控制功能													
	C235	C236	C237	C238	C239	C240	C241	C242	C243	C244	C245	C246	C247	C248	C249	C250	C251	C252	C253	C254	C255
X000	U/D						U/D			U/D		U	U		U		A	A		A	
X001		U/D					R			R		D	D		D		B	B		B	
X002			U/D				U/D			U/D			R		R			R		R	
X003				U/D			R			R			U		U			A		A	

续表

高速计数器及使用端子	单相单输入计数器											单相双输入计数器					双相双输入计数器				
	无启动/复位控制功能						有启动/复位控制功能														
	C235	C236	C237	C238	C239	C240	C241	C242	C243	C244	C245	C246	C247	C248	C249	C250	C251	C252	C253	C254	C255
X004					U/D				U/D					D		D			B		B
X005						U/D			R					R		R			R		R
X006										S					S					S	
X007											S					S					S

注：U/D——加计数输入/减计数输入；R——复位输入；S——启动输入；A——A相输入；B——B相输入。

（1）单相单输入高速计数器（C235~C245）

单相单输入高速计数器可分为无启动/复位控制功能的计数器（C235~C240）和有启动/复位控制功能的计数器（C241~C245）。C235~C245计数器的加、减计数方式分别由M8235~M8245特殊辅助继电器的状态决定，状态为ON时计数器进行减计数，状态为OFF时计数器进行加计数。

单相单输入高速计数器的使用举例如图2-29所示。

图2-29 单相单输入高速计数器的使用举例

在计数器C235输入为ON（X012触点处于闭合）期间，C235对X000端子（程序中不出现）输入的脉冲进行计数；如果辅助继电器M8235状态为OFF（X010触点处于断开），C235进行加计数，若M8235状态为ON（X010触点处于闭合），C235进行减计数；在计数时，不管C235进行加计数还是减计数，如果当前计数值小于设定计数值−5，C235的状态值就为OFF，如果当前计数值大于或等于−5，C235的状态值就为ON；如果X011触点闭合，RST指令会将C235复位，C235当前值变为0，状态值变为OFF。

从图2-29（a）程序可以看出，计数器C244采用与C235相同的触点控制，但C244属于有专门启动/复位控制的计数器，当X012触点闭合时，C235计数器输入为ON马上开始计数，而同时C244计数器输入也为ON但不会开始计数，只有X006端子（C244的启动控制端）输入为ON时，C244才开始计数，数据寄存器D1D0中的值被指定为C244的设定计数值，高速计数器是32位计数器，其设定值占用两个数据寄存器，编程时只要输入低位寄存器。对C244计数器复位有两种方法，一是执行RST指令（让X011触点闭合），二是让X001端子（C244的复位控制端）输入为ON。

（2）单相双输入高速计数器（C246~C250）

单相双输入高速计数器有两个计数输入端，一个为加计数输入端，一个为减计数输入端，当加计数端输入上升沿时进行加计数，当减计数端输入上升沿时进行减计数。C246～C250 高速计数器当前的计数方式可通过分别查看 M80246～M80250 的状态来了解，状态为 ON 表示正在进行减计数，状态为 OFF 表示正在进行加计数。

图 2-30 单相双输入高速计数器的使用举例

单相双输入高速计数器的使用举例如图 2-30 所示。当 X012 触点闭合时，C246 计数器启动计数，若 X000 端子输入脉冲，C246 进行加计数，若 X001 端子输入脉冲，C246 进行减计数。只有在 X012 触点闭合并且 X006 端子（C249 的启动控制端）输入为 ON 时，C249 才开始计数，X000 端子输入脉冲时 C249 进行加计数，X001 端子输入脉冲时 C249 进行减计数。C246 计数器可使用 RST 指令复位，C249 既可使用 RST 指令复位，也可以让 X002 端子（C249 的复位控制端）输入为 ON 来复位。

（3）双相双输入高速计数器（C251～C255）

双相双输入高速计数器有两个计数输入端，一个为 A 相输入端，一个为 B 相输入端，在 A 相输入为 ON 时，B 相输入上升沿进行加计数，B 相输入下降沿进行减计数。

双相双输入高速计数器的使用举例如图 2-31 所示。

(a) 梯形图   (b) 时序图

图 2-31 双相双输入高速计数器的使用举例

当 C251 计数器输入为 ON（X012 触点闭合）时，启动计数，在 A 相脉冲（由 X000 端子输入）为 ON 时对 B 相脉冲（由 X001 端子输入）进行计数，B 相脉冲上升沿来时进行加计数，B 相脉冲下降沿来时进行减计数。如果 A、B 相脉冲由两相旋转编码器提供，编码器正转时产生的 A 相脉冲相位超前 B 相脉冲，在 A 相脉冲为 ON 时 B 相脉冲只会出现上升沿，如图 2-31（b）所示，即编码器正转时进行加计数，在编码器反转时产生的 A 相脉冲相位落后 B 相脉冲，在 A 相脉冲为 ON 时 B 相脉冲只会出现下降沿，即编码器反转时进行减计数。

C251 计数器进行减计数时，M8251 继电器状态为 ON，M8251 常开触点闭合，Y003

线圈得电。在计数时，若 C251 计数器的当前计数值大于或等于设定计数值，C251 状态为 ON，C251 常开触点闭合，Y002 线圈得电。C251 计数器可用 RST 指令复位，让状态变为 OFF，将当前计数值清 0。

C254 计数器的计数方式与 C251 基本类似，但启动 C254 计数除了要求 X012 触点闭合（让 C254 输入为 ON）外，还须 X006 端子（C254 的启动控制端）输入为 ON。C254 计数器既可使用 RST 指令复位，也可以让 X002 端子（C254 的复位控制端）输入为 ON 来复位。

2.3.7 数据寄存器（D）

数据寄存器是用来存放数据的软元件，其表示符号为 D，按十进制编号。一个数据寄存器可以存放 16 位二进制数，其最高位为符号位（符号位为 0：正数；符号位为 1：负数），一个数据寄存器可存放 −32768～+32767 范围的数据。16 位数据寄存器的结构如下：

两个相邻的数据寄存器组合起来可以构成一个 32 位数据寄存器，能存放 32 位二进制数，其最高位为符号位（0——正数；1——负数），两个数据寄存器组合构成的 32 位数据寄存器可存放 −2147483648～+2147483647 范围的数据。32 位数据寄存器的结构如下：

三菱 FX 系列 PLC 的数据寄存器可分为一般型、停电保持型、文件型和特殊型数据寄存器。三菱 FX 系列 PLC 支持的数据寄存器点数如表 2-8 所示。

表 2-8 三菱 FX 系列 PLC 支持的数据寄存器点数

PLC 系列	FX₁S	FX₁N、FX₁NC、FX₃G	FX₂N、FX₂NC、FX₃U、FX₃UC
一般型数据寄存器	D0～D127,128 点	D0～D127,128 点	D0～D199,200 点
停电保持型数据寄存器	D128～D255,128 点	D128～D7999,7872 点	D200～D7999,7800 点
文件型数据寄存器	D1000～D2499,1500 点	D1000～D7999,7000 点	
特殊型数据寄存器	D8000～D8255,256 点（FX₁S/FX₁N/FX₁NC/FX₂N/FX₂NC） D8000～D8511,512 点（FX₃G/FX₃U/FX₃UC）		

（1）一般型数据寄存器

当 PLC 从 RUN 模式进入 STOP 模式时，所有一般型数据寄存器的数据全部清 0，如果特殊辅助继电器 M8033 为 ON，则 PLC 从 RUN 模式进入 STOP 模式时，一般型数据寄存器的值保持不变。程序中未用的定时器和计数器可以作为数据寄存器使用。

（2）停电保持型数据寄存器

停电保持型数据寄存器具有停电保持功能，当 PLC 从 RUN 模式进入 STOP 模式时，停电保持型寄存器的值保持不变。在编程软件中可以设置停电保持型数据寄存器的范围。

（3）文件型数据寄存器

文件寄存器用来设置具有相同软元件编号的数据寄存器的初始值。PLC 上电时和由 STOP 转换至 RUN 模式时，文件寄存器中的数据被传送到系统的 RAM 的数据寄存器区。在 GX Developer 软件的"FX 参数设置"对话框，切换到"内存容量设置"选项卡，从中可以设置文件寄存器容量（以块为单位，每块 500 点）。

（4）特殊型数据寄存器

特殊型数据寄存器的作用是用来控制和监视 PLC 内部的各种工作方式和软元件，如扫描时间、电池电压等。在 PLC 上电和由 STOP 转换至 RUN 模式时，这些数据寄存器会被写入默认值。特殊数据寄存器功能可参见附录 A。

2.3.8 变址寄存器（V、Z）

三菱 FX 系列 PLC 有 V0～V7 和 Z0～Z7 共 16 个变址寄存器，它们都是 16 位寄存器。变址寄存器 V、Z 实际上是一种特殊用途的数据寄存器，其作用是改变元件的编号（变址），例如 V0＝5，若执行 D20V0，则实际被执行的元件为 D25（D20＋5）。变址寄存器可以像其他数据寄存器一样进行读写，需要进行 32 位操作时，可将 V、Z 串联使用（Z 为低位，V 为高位）。变址寄存器（V、Z）的详细使用见第 6 章。

2.3.9 常数（K、H）

常数有两种表示方式，一种是用十进制数表示，其表示符号为 K，如"K234"表示十进制数 234，另一种是用十六进制数表示，其表示符号为 H，如"H1B"表示十六进制数 1B，相当于十进制数 27。

在用十进制数表示常数时，数值范围为：－32768～＋32767（16 位），－2147483648～＋2147483647（32 位）。在用十六进制数表示常数时，数值范围为：0～FFFF（16 位），0～FFFFFFFF（32 位）。

2.4 三菱 FX 系列 PLC 规格概要

三菱 FX 系列 PLC 又可分为 FX1S、FX1N、FX1NC、FX2N、FX2NC、FX3U、FX3UC、FX3G 等多个子系列，其中 FX1□ 系列为一代机，FX2□ 系列为二代机，FX3□ 系列为三代机，一代机已停产，二代机在社会上有较广泛的使用，三代机在几年前推出，由于其具有比二代机更好的性能和更快的运行速度，而价格与二代机相差不大，故已慢慢被更多的用户接受。在目前的三代机中，FX3U 系列 PLC 功能最为强大，FX3G 系列 PLC 为 FX 最新系列，但其功能不如 FX3U，但价格略低于 FX3U。

PLC 是靠程序指令驱动运行的，三菱 FX 一代机、二代机和三代机有很多相同的指令，高代机可使用的指令数量更多，这使得高代机功能更为强大，可以做一些低代机不能做的事情。对于已掌握一代机指令编程的用户，只需再学习二、三代机新增的指令，就可以使用二、三代机。

本节对三菱 FX1S、FX1N、FX1NC、FX2N、FX2NC、FX3U、FX3UC、FX3G 系列 PLC 的规格进行简单说明，以便读者能大致了解各系列的异同，初学者如果暂时看不懂这些规格，可跳过本节内容直接学习后续章节，待以后理解能力提高，在需要时再阅读这些内容。

2.4.1 三菱 FX$_{1S}$、FX$_{1N}$、FX$_{1NC}$ PLC 规格概要

三菱 FX$_{1S}$ PLC 规格概要见表 2-9。三菱 FX$_{1N}$ PLC 规格概要见表 2-10。三菱 FX$_{1NC}$
PLC 规格概要见表 2-11。

表 2-9　三菱 FX$_{1S}$ PLC 规格概要

项　目		规　格　概　要
电源输入输出	电源规格	AC 电源型：AC 100～240V　DC 电源型：DC 24V
	耗电量①	AC 电源型：19W(10M,14M),20W(20M),21W(30M)　DC 电源型：6W(10M),6.5W(14M),7W(20M),8W(30M)
	冲击电流	AC 电源型：最大 15A　5ms 以下/AC 100V,最大 25A　5ms 以下/AC 200V　DC 电源型：最大 10A　100μs/DC 24V
	24V 供电电源	AC 电源型：DC 24V400mA
	输入规格	DC 24V 7mA/5mA 无电压触点、或者 NPN 开集电极晶体管输入
	输出规格	继电器输出型：2A/1 点、8A/4 点 COM　AC 250V,DC 30V 以下　晶体管输出型：0.5A/1 点、0.8A/4 点 COM　DC 5～30V
	输入输出扩展、特殊扩展	通过安装功能扩展板,可以扩展少量点数的输入输出或者扩展模拟量输入输出
性能	程序内存	内置 2000 步(无需电池支持的 EEPROM)、注释输入、可 RUN 中写入　可安装带程序传送功能的存储盒(最大 2000 步)
	时钟功能	内置实时时钟(有时间设定指令、时间比较指令)
	指令	基本指令 27 个、步进梯形图指令 2 个、应用指令 85 种
	运算处理速度	基本指令：0.55～0.7μs/指令,应用指令：3.7～数百微秒/指令
	高速处理	有输入输出刷新指令、输入滤波调整指令、输入中断功能、脉冲捕捉功能
	最大输入输出点数	30 点(可通过功能扩展板扩展少量点数)
	辅助继电器、定时器	辅助继电器 512 点、定时器 64 点
	计数器	一般用 16 位增计数器：32 点　高速用 32 位增计数,减计数器：[1 相]60kHz/2 点、10kHz/4 点[2 相]30kHz/1 点、5kHz/1 点
	数据寄存器	一般用 256 点、变址用 16 点、文件用最多可设定到 1500 点
其他	模拟电位器	内置 2 点,通过 FX$_{1N}$-8AV-BD 型的功能扩展板可以扩展 8 点
	功能扩展板	可以安装 FX$_{1N}$-□□-BD 型功能扩展板
	特殊适配器	可以通过 FX$_{1N}$-CNV-BD 连接
	显示模块	可内置 FX$_{1N}$-5DM。可外装 FX-10DM(也可以直接连接 GOT,ET 系列人机界面)
	对应数据通信对应数据连接	RS-232C、RS-485、RS-422、N∶N 网络、并联连接、计算机连接
	外围设备的机型选择	选择[FX$_{1S}$]、或者[FX$_{2(C)}$]。但是选择[FX$_{2(C)}$]时使用有限制

① 包含输入电流量（1 点 7mA，或 5mA）。

表 2-10　三菱 FX$_{1N}$ PLC 规格概要

项　目		规　格　概　要
电源输入输出	电源规格	AC 电源型：AC 100～240V　DC 电源型：DC 24V
	耗电量	AC 电源型：30W(24M),32W(40M),35W(60M)　DC 电源型：15W(24M),18W(40M),20W(60M)
	冲击电流	AC 电源型：最大 30A　5ms 以下/AC 100V,最大 50A　5ms 以下/AC 200V　DC 电源型：最大 25A　1ms 以下/DC 24V,最大 22A　0.3ms 以下/DC 12V
	24V 供电电源	AC 电源型：DC 24V　400mA
	输入规格	DC 24V　7mA/5mA　无电压触点、或者 NPN 开集电极晶体管输入
	输出规格	继电器输出型：2A/1 点、8A/4 点 COM　AC 250V～DC 30V 以下　晶体管输出型：0.5A/1 点、0.8A/4 点 COM　DC5～30V
	输入输出扩展	可连接 FX$_{0N}$,FX$_{2N}$ 系列用的输入输出扩展设备。通过安装功能扩展板,可以扩展少量点数的输入输出或者扩展模拟量输入输出

续表

项 目		规 格 概 要
性能	程序内存	内置 8000 步(无需电池支持的 EEPROM)、注释输入 可 RUN 中写入可安装带程序传送功能的存储盒(最大 8000 步)
	时钟功能	内置实时时钟(有时间设定指令、时间比较指令,具有闰年校正功能)
	指令	基本指令 27 个、步进梯图指令 2 个、应用指令 89 种
	运算处理速度	基本指令:0.55~0.7μs/指令,应用指令:3.7~数百微秒/指令
	高速处理	有输入输出刷新指令、输入滤波调整指令、输入中断功能、脉冲捕捉功能
	最大输入输出点数	128 点
	辅助继电器、定时器	辅助继电器 1536 点、定时器:256 点
	计数器	一般用 16 位增计数器:200 点,一般用 32 位增减计数器:35 点 高速用 32 位增计数·减计数器:[1 相]60kHz/2 点,10kHz/4 点[2 相]30kHz/1 点、5kHz/1 点
	数据寄存器	一般用 8000 点、变址用 16 点、文件用在程序区域中最多可设定到 7000 点
其他	模拟电位器	内置 2 点,通过 FX₁N-8AV-BD 型的功能扩展板可以扩展 8 点
	功能扩展板	可以安装 FX₁N-□□□-BD 型功能扩展板
	特殊适配器	可以通过 FX₁N-CNV-BD 连接
	特殊扩展	6 种(FX₀N-3A、FX₂N-16CCL-M、FX₂N-32CCL、FX₂N-64CL-M、FX₂N-16LNK-M、FX₂N-32ASI-M)
	显示模块	可内置 FX₁N-5DM。可外装 FX-10DM(也可以直接连接 GOT,ET 系列人机界面)
	对应数据通信	RS-232C、RS-485、RS-422、N∶N 网络、并联连接、计算机连接
	对应数据连接	CC-Link、CC-Link/LT、MELSEC-I/O 连接
	外围设备的机型选择	选择[FX₁N(C)]或[FX₂N(C)]、[FX₂(C)]。但是选择[FX₂N(C)][FX₂(C)]时使用有限制

表 2-11 三菱 FN₁NC PLC 规格概要

项 目		规 格 概 要
电源输入输出	电源规格	DC 24V
	耗电量①	6W(16M),8W(32M)
	冲击电流	最大 30A 0.5ms 以下/DC 24V
	24V 供电电源	无
	输入规格	DC 24V 7mA/5mA(无电压触点,或者 NPN 开集电极晶体管输入)
	输出规格	晶体管输出型:0.1A/1 点、0.8A/8 点 COM DC 5~30V
	输入输出扩展	可连接 FX₂NC、FX₂N② 系列用扩展模块
性能	程序内存	内置 8000 步(无需电池支持的 EEPROM)、注释输入、可 RUN 中写入
	时钟功能	内置实时时钟(有时间设定指令、时间比较指令,具有闰年修正功能)
	命令	基本指令 27 个、步进梯图指令 2 个、应用指令 89 种
	运算处理速度	基本指令:0.55~0.7μs/指令,应用指令:3.7~数百微秒指令
	高速处理	有输入输出刷新指令、输入滤波调整指令、输入中断功能、脉冲捕捉功能
	最大输入输出点数	128 点
	辅助继电器、定时器	辅助继电器:1536 点、定时器:256 点
	计数器	一般用 16 位增计数器:200 点,一般用 32 位增减计数器:35 点 高速用 32 位增·减计数器:[1 相]60kHz/2 点,10kHz/4 点[2 相]30kHz/1 点、5kHz/1 点
	数据寄存器	一般用 8000 点、变址用 16 点、文件用在程序区域中最多可设定到 7000 点
其他	特殊适配器	可连接
	特殊扩展	可连接 FX₀N、FX₂N② 系列的特殊模块
	显示模块	可外装 FX-10DM(也可以直接连接 GOT,ET 系列人机界面)
	对应数据通信	RS-232C、RS-485、RS-422、N∶N 网络、并联连接、计算机连接
	对应数据连接	CC-Link、CC-Link/LT、MELSEC-I/O 连接
	外围设备的机型选择	选择[FX₁N(C)]或[FX₂N(C)]、[FX₂(C)]。但是选择[FX₂N(C)]、[FX₂(C)]时使用有限制

① 包含输入电流量(1 点 7mA,或者 5mA)。

② 需要转换适配器。

2.4.2　三菱 FX$_{2N}$、 FX$_{2NC}$ PLC 规格概要

三菱 FX$_{2N}$ PLC 规格概要见表 2-12。三菱 FX$_{2NC}$ PLC 规格概要见表 2-13。

表 2-12　三菱 FX$_{2N}$ PLC 规格概要

项　目		规　格　概　要
电源 输入输出	电源规格	AC 电源型:AC 100～240V　　DC 电源型:DC 24V
	耗电量	AC 电源型:30V・A(16M),40V・A(32M),50V・A(48M),60A・A(64M),70V・A(80M),100V・A(128M) DC 电源型:25W(32M),30W(48M),35W(64M),40W(80M)
	冲击电流	AC 电源型:最大 40A　5ms 以下/AC 100V,最大 60A　5ms 以下/AC 200V
	24V 供电电源	AC 电源型:250mA 以下(16M,32M)　　460mA 以下(48M,64M,80M,128M)
	输入规格	DC 输入型:DC 24V　7mA/5mA　无电压触点、或者 NPN 开集电极晶体管 输入 AC 输入型:AC 100～120V 电压输入
	输出规格	继电器输出型:2A/1 点、8A/4 点 COM 8A/8 点 COM AC 250V,DC 30V 以下 晶体管输出型:0.5A/1 点(Y000、Y001 为 0.3A/1 点)、0.8A/4 点 COM DC 5～30V 晶闸管输出:0.3A/1 点,0.8A/4 点公共,AC 85～242V
	输入输出扩展	可连接 FX$_{2N}$ 系列用的扩展模块以及 FX$_{2N}$ 系列用的扩展单元
性能	程序内存	内置 8000 步 RAM(电池支持)、注释输入、可 RUN 中写入;安装有存储盒时 最大可扩展到 16000 步
	时钟功能	内置实时时钟(有时间设定指令、时间比较指令,具有闰年修正功能)
	指令	基本指令 27 个、步进梯形图指令 2 个、应用指令 132 种
	运算处理速度	基本指令:0.08μs/指令,应用指令:1.52～数百微秒/指令
	高速处理	有输入输出刷新指令、输入滤波调整指令、输入中断功能、定时中断功能、计 数中断功能、脉冲捕捉功能
	最大输入输出点数	256 点
	辅助继电器、定时器	辅助继电器:3072 点、定时器:256 点
	计数器	一般用 16 位增计数器:200 点、一般用 32 位增减计数器:35 点 高速用 32 位增计数・减计数器:[1 相]60kHz/2 点、10kHz/4 点[2 相] 30kHz/1 点、5kHz/1 点
	数据寄存器	一般用 8000 点、变址用 16 点、文件用在程序区域中最多可设定到 7000 点
其他	模拟电位器	通过 FX$_{2N}$-8AV-BD 型的功能扩展板,可扩展 8 点
	功能扩展板	可以安装 FX$_{2N}$-□□□-BD 型功能扩展板
	特殊适配器	可以通过 FX$_{2N}$-CNV-BD 连接
	特殊扩展	可连接 FX$_{0N}$,FX$_{2N}$ 系列的特殊单元以及特殊模块
	显示模块	可外装 FX-10DM(也可以直接连接 GOT、ET 系列人机界面)
	对应数据通信 对应数据连接	RS-232C、RS-485、RS-422、N:N 网络、并联连接、计算机连接 CC-Link、CC-Link/LT、MELSEC-I/O 连接
	外围设备的机型选择	选择[FX$_{2N(C)}$]或[FX$_{2(C)}$]。但是选择[FX$_{2(C)}$]时使用有限制

表 2-13　三菱 FX$_{2NC}$ PLC 规格概要

项　目		规　格　概　要
电源 输入输出	电源规格	DC 24V
	耗电量[①]	6W(16M),8W(32M),11W(64M),14W(96M)
	冲击电流	最大 30A　0.5ms 以下/DC 24V
	24V 供电电源	无
	输入规格	DC 24V 7mA/5mA(无电压触点、或者 NPN 开集电极晶体管输入)

续表

项 目		规 格 概 要
电源 输入输出	输出规格	继电器输出型:2A/1 点、4A/1 点 COM AC 5V、DC 30V 以下
		晶体管输出型:0.1A/1 点、0.8A/8 点 COM(Y000~Y003 为 0.3A/1 点)DC 5~30V
	输入输出扩展	可连接 FX₂NC,FX₂N② 系列用扩展模块
性能	程序内存	内置 8000 步 RAM(电池支持)、注释输入、可 RUN 中写入;安装有存储板时 最大可扩展到 16000 步
	时钟功能	可安装具有实时时钟的选件卡(有时间设定指令、时间比较指令)
	指令	基本指令 27 个、步进梯形图指令 2 个、应用指令 132 种
	运算处理速度	基本指令:0.08μs/指令,应用指令:1.52~数百微秒/指令
	高速处理	有输入输出刷新指令、输入滤波调整指令、输入中断功能、计数中断功能、脉 冲捕捉功能
	最大输入输出点数	256 点
	辅助继电器、定时器	辅助继电器:3072 点、定时器:256 点
	计数器	一般用 16 位增计数器:200 点,一般用 32 位增减计数器:35 点
		高速用 32 位增・减计数器:[1 相]60kHz/2 点、10kHz/4 点[2 相]30kHz/1 点、5kHz/1 点
	数据寄存器	一般用 8000 点、变址用 16 点、文件用在程序区域中最多可设定到 7000 点
其他	特殊适配器	可连接
	特殊扩展	可连接 FX₂NC,FX₀N②,FX₂N② 系列的特殊单元以及特殊模块
	显示模块	可外装 FX-10DM(也可以直接连接 GOT,ET 系列人机界面)
	对应数据通信	RS-232C、RS-485、RS-422、N:N 网络、并联连接、计算机连接
	对应数据连接	CC-Link、CC-Link/LT、MELSEC-I/O 连接
	外围设备的机型选择	选择[FX₂N(C)]或[FX₂(C)]。但是选择[FX₂(C)]时使用有限制

① 包含输入电流（1 点 7mA，或者 5mA）。
② 需要转换适配器。

2.4.3 三菱 FX₃U、 FX₃UC、 FX₃G PLC 规格概要

三菱 FX₃U PLC 规格概要见表 2-14。三菱 FX₃UC PLC 规格概要见表 2-15。三菱 FX₃G PLC 规格概要见表 2-16。

表 2-14 三菱 FX₃U PLC 规格概要

项 目		规 格 概 要
电源 输入输出	电源规格	AC 电源型:AC 100~240V 50/60Hz DC 电源型:DC 24V
	耗电量	AC 电源型:30W(16M)、35W(32M)、40W(48M)、45W(64M)、50W(80M)、 65W(128M)
		DC 电源型:25W(16M)、30W(32M)、35W(48M)、40W(64M)、45W(80M)
	冲击电流	AC 电源型:最大 30A 5ms 以下/AC 100V,最大 45A 5ms 以下/AC 200V
	24V 供电电源	DC 电源型:400mA 以下（16M,32M） 600mA 以下（48M,64M,80M, 128M）
	输入规格	DC 24V,5~7mA(无电压触点、或者漏型输入时:NPN 开集电极晶体管输 入,源型输入时:PNP 开集电极输入)
	输出规格	继电器输出型:2A/1 点、8A/4 点 COM、8A/8 点 COM AC 250V(对应 CE、 UL/cUL 规格时为 240V)DC 30V 以下
		晶体管输出型:0.5A/1 点、0.8A/4 点、1.6A/8 点 COM DC 5~30V
	输入输出扩展	可连接 FX₂N 系列用的扩展设备
性能	程序存储器	内置 64000 步 RAM(电池支持) 选件:64000 步闪存存储盒(带程序传送功能/没有程序传送功能),16000 步 闪存存储盒
	时钟功能	内置实时时钟(有闰年修正功能),月差±45s/25℃

项　目		规　格　概　要
性能	指令	基本指令 29 个、步进梯形图指令 2 个、应用指令 209 种
	运算处理速度	基本指令:0.065s/指令,应用指令:0.642～数百秒指令
	高速处理	有输入输出刷新指令、输入滤波调整指令、输入中断功能、定时中断功能、高速计数中断功能、脉冲捕捉功能
	最大输入输出点数	384 点(基本单元、扩展设备的 I/O 点数以及远程 I/O 点数的总和)
	辅助继电器/定时器	辅助继电器:7680 点、定时器:512 点
	计数器	16 位计数器:200 点、32 位计数器:35 点　高速用 32 位计数器:[1 相]100kHz/6 点、10kHz/2 点[2 相]50kHz/2 点(可设定 4 倍) 使用高速输入适配器时为 1 相 200kHz,2 相 100kHz
	数据寄存器	一般用 8000 点、扩展寄存器 32768 点、扩展文件寄存器(要安装存储盒)32768 点、变址用 16 点
其他	功能扩展板	可以安装 FX₃U-□□-BD 型功能扩展板
	特殊适配器	• 模拟量用(最多 4 台)、通信用(包括通信用板最多 2 台)[都需要功能扩展板] • 高速输入输出用(输入用:最多 2 台;输出用:最多 2 台)[同时使用模拟量或者通信特殊适配器时,需要功能扩展板]
	特殊扩展	可连接 FX₀N、FX₂N、FX₃U 系列的特殊单元以及特殊模块
	显示模块	可内置 FX₃U-7DM;STN 单色液晶、带背光灯、全角 8 个字符/半角 16 个字符×4 行、JIS 第 1/第 2 级字符
	支持数据通信 支持数据链路	RS-232C、RS-485、RS-422、N:N 网络、并联连接、计算机连接 CC-Link、CC-Link/LT、MELSEC-I/O 连接
	外围设备的机型选择	选择[FX₃U(C)],[FX₂N(C)],[FX₂(C)]但是,选择[FX₂N(C)],[FX₂(C)]时有使用限制

表 2-15　三菱 FX₃UC PLC 规格概要

项　目		规　格　概　要
电源 输入输出	电源规格	DC 24V
	耗电量	6W(16 点机型),8W(32 点机型),11W(64 点机型),14W(96 点机型)
	冲击电流	最大 30A　0.5ms 以下/DC 24V
	输入规格	DC 24V,5～7mA(无电压触点、或者 NPN 开集电极晶体管输入)
	输出规格①	晶体管输出型:0.1A/1 点(Y000～Y003 为 0.3A/1 点)DC 5～30V
	输入输出扩展	可连接 FX₂NC、FX₂N 系列用的扩展设备
性能	程序存储器	内置 64000 步 RAM(电池支持) 选件:64000 步闪存存储盒(带程序传送功能/没有程序传送功能) 16000 步闪存存储盒(带程序传送功能)
	时钟功能	内置实时时钟(时钟设定命令,时钟比较命令,有闰年修正功能),月差±45s/25℃
	指令	基本指令 29 个、步进梯形图指令 2 个,应用指令 209 种
	运算处理速度	基本指令:0.065s/指令,应用指令:0.642～数百秒指令
	高速处理	有输入输出刷新指令、输入滤波调整指令、输入中断功能、定时中断功能、高速计数中断功能、脉冲捕捉功能
	最大输入输出点数	384 点[基本单元、扩展设备的 I/O 点数:256 点以下]和[CC-Link 远程 I/O 点数:224 点以下]的总和
	辅助继电器/定时器	辅助继电器:7680 点、定时器:512 点
	计数器	16 位计数器:200 点,32 位计数器:35 点高速用 32 位计数器:[1 相]100kHz/6 点、10kHz/2 点[2 相]50kHz/2 点(可设定 4 倍计数模式)
	数据寄存器	一般用 8000 点、扩展寄存器 32768 点、扩展文件寄存器(要安装存储盒)32768 点、变址用 16 点

项　目		规　格　概　要
其他	特殊适配器	可连接模拟量用(最多4台)、通信用(包括通信用板最多2台)
	特殊扩展	可连接 FX2NC、FX3UC、FX0N②、FX2N②、FX3U②系列的特殊单元以及特殊模块
	支持数据通信支持数据链路	RS-232C、RS-485、RS-422、N∶N网络、并联连接、计算机连接、CC-Link、CC-Link/LT、MELSEC-I/O连接
	外围设备的机型选择	选择[FX3U(C)]、[FX2N(C)]、[FX2(C)]但是选择[FX2N(C)]、[FX2(C)]时使用有限制

① FX3UC-□□-MT/D 机型为 NPN 集电极开路晶体管输入。
　 FX3UC-□□-MT/DSS 机型为 PNP 集电极开路晶体管输入。
② 需要转换适配器和扩展电源单元。

表 2-16　三菱 FX3G PLC 规格概要

项　目		规　格　概　要
电源输入输出	电源规格	AC 100～240V　50/60Hz
	耗电量	31W(14点机型),32W(24点机型),37W(40点机型),40W(64点机型)
	冲击电流	最大 30A 5ms 以下/AC 100V　最大 50A 5ms 以下/AC 200V
	输入规格	DC 24V,5～7mA(无电压接点或漏型输入时:NPN 开路集电极晶体管输入,源型输入时:PNP 开路集电极晶体管输入)
	输出规格	晶体管输出:0.5A/1 点,0.8A/4 点公共端 DC 5～30V
	输入输出扩展	可连接 FX2N 系列用扩展设备
性能	程序存储器	内置 32000 步 EEPROM选配:32000 步 EEPROM 存储器组件(带程序传送功能)
	时钟功能	内置实时时钟(有时钟设定命令、时钟比较命令、闰年补偿功能),每月误差±45s/25℃时钟数据由内置电容器保存 10 天(使用选配电池可保存超过 10 天)
	内置端口	USB:1ch(Mini-B,12Mbps 光耦合器绝缘)RS-422:1ch(Mini-DN 8Pin 最大 115.2kbps)
	指令	基本指令 29 个,步进梯形图指令 2 个,应用指令 112 种
	运算处理速度	基本指令:0.21μs(标准模式),0.42μs(扩展模式),应用指令:0.5～数百微秒/指令
	高速处理	有输入输出刷新指令、输入滤波器调整、输入中断功能、定时中断功能、脉冲捕捉功能
	最大输入输出点数	256 点(基本单元、扩展设备的 I/O 点数 128 点与 CC-Link 远程 I/O 点数 128 点合计)
	辅助继电器/定时器	辅助继电器:7680 点/定时器:320 点
	计数器	16 位计数器:200 点,32 位计数器:35 点高速用 32 位计数器:[单相]60kHz/4 点,10kHz/2 点,[2 相]30kHz/2 点,5kHz/1 点…最大 6 点
	数据寄存器	一般用 8000 点,扩展寄存器 24000 点,扩展文件寄存器 24000 点,索引用 16 点
其他	模拟电位器	内置 2 点,通过电位器操作用功能扩展板(即将上市)可增加 8 点
	功能扩展卡	◎14/24 点基本单元:单插槽♯40/60 点基本单元:2 插槽
	特殊适配器	◎14/24 点基本单元:模拟量用、通信各可连接 1 台♯40/60 点基本单元:模拟量用、通信用各可连接 2 台但是,与功能扩展板组合使用时,有连接数量限制
	特殊扩展	4 种
	支持数据通信支持数据链路	RS-232C、RS-485、RS-422 周边设备连接、简易 PC 间连接、并联、计算机连接、CC-Link、CC-Link/LT、无程序通信
	支持编程软件	GX Developer Ver.8.72A 以后(内置 USB 驱动程序)
	外围设备的机型选择	选择 FX3G 或[FX1N(C)]、[FX2N(C)]、[FX2(C)]但是,选择[FX1N(C)]、[FX2N(C)]、[FX2(C)]时有使用限制

第3章　三菱编程与仿真软件的使用

要让 PLC 完成预定的控制功能，就必须为它编写相应的程序。PLC 编程语言主要有梯形图语言、语句表语言和 SFC 顺序功能图语言。

3.1　编程基础

3.1.1　编程语言

PLC 是一种由软件驱动的控制设备，PLC 软件由系统程序和用户程序组成。系统程序由 PLC 制造厂商设计编制，并写入 PLC 内部的 ROM 中，用户无法修改。用户程序是由用户根据控制需要编制的程序，再写入 PLC 存储器中。

写一篇相同内容的文章，既可以采用中文，也可以采用英文，还可以使用法文。同样地，编制 PLC 用户程序也可以使用多种语言。PLC 常用的编程语言有梯形图语言和语句表编程语言，其中梯形图语言最为常用。

（1）梯形图语言

梯形图语言采用类似传统继电器控制电路的符号，用梯形图语言编制的梯形图程序具有形象、直观、实用的特点，因此这种编程语言成为电气工程人员应用最广泛的 PLC 的编程语言。

下面对相同功能的继电器控制电路与梯形图程序进行比较，具体如图 3-1 所示。

(a) 断电器控制电路　　　　　　　　(b) 梯形图程序

图 3-1　继电器控制电路与梯形图程序比较

图 3-1（a）为继电器控制电路，当 SB1 闭合时，继电器 KA0 线圈得电，KA0 自锁触点闭合，锁定 KA0 线圈得电，当 SB2 断开时，KA0 线圈失电，KA0 自锁触点断开，解除锁

定，当 SB3 闭合时，继电器 KA1 线圈得电。

图 3-1 (b) 为梯形图程序，当常开触点 X1 闭合（其闭合受输入继电器线圈控制，图中未画出）时，输出继电器 Y0 线圈得电，Y0 自锁触点闭合，锁定 Y0 线圈得电，当常闭触点 X2 断开时，Y0 线圈失电，Y0 自锁触点断开，解除锁定，当常开触点 X3 闭合时，继电器 Y1 线圈得电。

不难看出，两种图的表达方式很相似，不过梯形图使用的继电器是由软件来实现的，使用和修改灵活方便，而继电器控制线路硬接线修改比较麻烦。

（2）语句表语言

语句表语言与微型计算机采用的汇编语言类似，也采用助记符形式编程。在使用简易编程器对 PLC 进行编程时，一般采用语句表语言，这主要是因为简易编程器显示屏很小，难于采用梯形图语言编程。下面是采用语句表语言编写的程序（针对三菱 FX 系列 PLC），其功能与图 3-1 (b) 梯形图程序完全相同。

步号	指令	操作数	说　明
0	LD	X1	逻辑段开始，将常开触点 X1 与左母线连接
1	OR	Y0	将 Y0 自锁触点与 X1 触点并联
2	ANI	X2	将 X2 常闭触点与 X1 触点串联
3	OUT	Y0	连接 Y0 线圈
4	LD	X3	逻辑段开始，将常开触点 X3 与左母线连接
5	OUT	Y1	连接 Y1 线圈

从上面的程序可以看出，语句表程序就像是描述绘制梯形图的文字。语句表程序由步号、指令、操作数和说明四部分组成，其中说明部分不是必需的，而是为了便于程序的阅读而增加的注释文字，程序运行时不执行说明部分。

3.1.2　梯形图的编程规则与技巧

（1）梯形图编程的规则

梯形图编程时主要有以下规则。

① 梯形图每一行都应从左母线开始，从右母线结束。

② 输出线圈右端要接右母线，左端不能直接与左母线连接。

③ 在同一程序中，一般应避免同一编号的线圈使用两次（即重复使用），若出现这种情况，则后面的输出线圈状态有输出，而前面的输出线圈状态无效。

④ 梯形图中的输入/输出继电器、内部继电器、定时器、计数器等元件触点可多次重复使用。

⑤ 梯形图中串联或并联的触点个数没有限制，可以是无数个。

⑥ 多个输出线圈可以并联输出，但不可以串联输出。

⑦ 在运行梯形图程序时，其执行顺序是从左到右，从上到下，编写程序时也应按照这个顺序。

（2）梯形图编程技巧

在编写梯形图程序时，除了要遵循基本规则外，还要掌握一些技巧，以减少指令条数，节省内存和提高运行速度。梯形图编程技巧主要有以下几种。

① 串联触点多的电路应编在上方。图 3-2 (a) 所示是不合适的编制方式，应将它改为图 3-2 (b) 形式。

图 3-2　串联触点多的电路应编在上方

② 并联触点多的电路放在左边。如图 3-3（b）所示。

图 3-3　并联触点多的电路放在左边

③ 对于多重输出电路，应将串有触点或串联触点多的电路放在下边。如图 3-4（b）所示。

图 3-4　对于多重输出电路应将串有触点或串联触点多的电路放在下边

④ 如果电路复杂，可以重复使用一些触点改成等效电路，再进行编程。如将图 3-5（a）改成图 3-5（b）形式。

图 3-5　对于复杂电路可重复使用一些触点改成等效电路来进行编程

3.2　三菱 GX Developer 编程软件的使用

三菱 FX 系列 PLC 的编程软件有 FXGP/WIN-C、GX Developer 和 GX Work2 三种。FXGP/WIN-C 软件体积小巧、操作简单，但只能对 FX_{2N} 及以下档次的 PLC 编程，无法对 $FX_{3U}/FX_{3UC}/FX_{3G}$ PLC 编程，建议初级用户使用。GX Developer 软件体积大、功能全，不但可对 FX 全系列 PLC 进行编程，还可对中大型 PLC（早期的 A 系列和现在的 Q 系列）编程，建议初、中级用户使用。GX Work2 软件可对 FX 系列、L 系列和 Q 系列 PLC 进行编程，与 GX Developer 软件相比，除了外观和一些小细节上的区别外，最大的区别是 GX Work2 支持结构化编程（类似于西门子中大型 S7-300/400 PLC 的 STEP7 编程软件），建议中、高级用户使用。

本章先介绍三菱 GX Developer 编程软件的使用，在后面对 FXGP/WIN-C 编程软件的使用也进行简单说明。GX Developer 软件的版本很多，这里选择较新的 GX Developer Version 8.86 版本。

3.2.1　软件的安装

为了使软件安装能顺利进行，在安装 GX Developer 软件前，建议先关掉计算机的安全防护软件（如 360 安全卫士等）。软件安装时先安装软件环境，再安装 GX Developer 编程软件。

（1）安装软件环境

在安装时，先将 GX Developer 安装文件夹（如果是一个 GX Developer 压缩文件，则先要解压）拷贝到某盘符的根目录下（如 D 盘的根目录下），再打开 GX Developer 文件夹，

图 3-6　GX Developer 安装文件夹中包含有三个文件夹

图 3-7　在 SW8D5C-GPPW-C 文件夹的 EnvMEL 文件夹中找到并执行 SETUP.EXE

文件夹中包含有三个文件夹，如图 3-6 所示，打开其中的 SW8D5C-GPPW-C 文件夹，再打开该文件夹中的 EnvMEL 文件夹，找到"SETUP. EXE"文件，如图 3-7 所示，并双击它，就开始安装 MELSOFT 环境软件。

（2）安装 GX Developer 编程软件

软件环境安装完成后，就可以开始安装 GX Developer 软件。GX Developer 软件的安装过程见表 3-1。

表 3-1　GX Developer 软件的安装过程说明

序号	操作说明	操作图
1	打开 SW8D5C-GPPW-C 文件夹，在该文件夹中找到 SETUP. EXE 文件，如右图所示，双击该文件即开始 GX Developer 软件的安装	
2	在出现右图所示的对话框中，输入姓名和公司名，单击"下一个"	
3	在出现的右图所示对话框中，输入产品系列号，单击"下一个"	

序号	操 作 说 明	操 作 图
4	在出现的右图所示的对话框中,勾选"结构化文本(ST)语言编程功能",单击"下一个"	
5	在出现的右图所示的对话框中,不选"监视专用 GX Developer",单击"下一个"	
6	在出现的右图所示的对话框中,将两项全部选中,单击"下一个"	
7	在出现的右图所示对话框中,选择软件的安装路径,这里保持默认路径,单击"下一个",即开始正式安装GX Developer	

续表

序号	操 作 说 明	操 作 图
8	软件安装完成后，会出现右图所示的安装完成提示，单击"确定"即完成软件的安装	

3.2.2　软件的启动与窗口及工具说明

（1）软件的启动

单击计算机桌面左下角"开始"按钮，在弹出的菜单中执行"程序→MEL-SOFT 应用程序→GX Developer"，如图 3-8 所示，即可启动 GX Developer 软件，启动后的软件的窗口如图 3-9 所示。

（2）软件窗口说明

GX Developer 启动后不能马上编写程序，还需要新建一个工程，再在工程中编写程序。新建工程后（新建工程的

图 3-8　执行启动 GX Developer 软件的操作

操作方法在后面介绍），GX Developer 窗口发生一些变化，如图 3-10 所示。

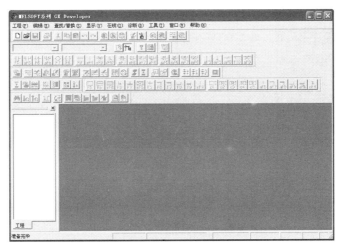

图 3-9　启动后的 GX Developer 软件窗口

图 3-10　新建工程后的 GX Developer 软件窗口

GX Developer 软件窗口有以下内容。

① 标题栏：主要显示工程名称及保存位置。

② 菜单栏：有 10 个菜单项，通过执行这些菜单项下的菜单命令，可完成软件绝大部分功能。

③ 工具栏：提供了软件操作的快捷按钮，有些按钮处于灰色状态，表示它们在当前操作环境下不可使用。由于工具栏中的工具条较多，占用了软件窗口较大范围，可将一些不常用的工具条隐藏起来，操作方法是执行菜单命令"显示→工具条"，弹出工具条对话框，如图 3-11 所示，单击对话框中工具条名称前的圆圈，使之变成空心圆，则这些工具条将隐藏起来，如果仅想隐藏某工具条中的某个工具按钮，可先选中对话框中的某工具条，如选中"标准"工具条，再单击"定制"，又弹出一个对话框，如图 3-12 所示，显示该工具条中所有的工具按钮，在该对话框中取消某工具按钮，如取消"打印"工具按钮，确定后，软件窗口的标准工具条中将不会显示打印按钮，如果软件窗口的工具条排列混乱，可在图 3-11 所示的工具条对话框中单击"初始化"，软件窗口所有的工具条将会重新排列，恢复到初始位置。

④ 工程列表区：以树状结构显示工程的各项内容（如程序、软元件注释、参数等）。当双击列表区的某项内容时，右方的编程区将切换到该内容编辑状态。如果要隐藏工程列表区，可单击该区域右上角的"×"，或者执行菜单命令"显示→工程数据列表"。

⑤ 编程区：用于编写程序，可以用梯形图或指令语句表编写程序，当前处于梯形图编程状态，如果要切换到指令语句表编程状态，可执行菜单命令"显示→列表显示"。如果编程区的梯形图符号和文字偏大或偏小，可执行菜单命令"显

图 3-11　取消某些工具条
在软件窗口的显示

示→放大/缩小"，弹出图 3-13 所示的对话框，在其中选择显示倍率。

图 3-12　取消某工具条中的某些工具按钮在软件窗口的显示

图 3-13　编程区显示倍率设置

⑥ 状态栏：用于显示软件当前的一些状态，如鼠标所指工具的功能提示、PLC 类型和读写状态等。如果要隐藏状态栏，可执行菜单命令"显示→状态条"。

（3）梯形图工具说明

工具栏中的工具很多，将鼠标移到某工具按钮上，鼠标下方会出现该按钮功能说明，如图 3-14 所示。

图 3-14　鼠标停在工具按钮上时会显示该按钮功能说明

下面介绍最常用的梯形图工具，其他工具在后面用到时再进行说明。梯形图工具条的各工具按钮说明如图 3-15 所示。

工具按钮下部的字符表示该工具的快捷操作方式，常开触点工具按钮下部标有"F5"，表示按下键盘上的"F5"键可以在编程区插入一个常开触点，"sF5"表示"Shift"键＋"F5"键（即同时按下"Shift"键和"F5"键，也可先按下"Shift"键后再按"F5"键），"cF10"表示"Ctrl"键＋"F10"键，"aF7"表示"Alt"键＋"F7"键，"saF7"表示"Shift"键＋"Alt"键＋"F7"键。

图 3-15　梯形图工具条的各工具按钮说明

3.2.3 创建新工程

GX Developer 软件启动后不能马上编写程序，还需要创建新工程，再在创建的工程中编写程序。

创建新工程有三种方法，一是单击工具栏中的 □ 按钮，二是执行菜单命令"工程→创建新工程"，三是按"Ctrl＋N"键，均会弹出"创建新工程"对话框，在对话框先选择 PLC 系列，如图 3-16（a）所示，再选择 PLC 类型，如图 3-16（b）所示，从对话框中可以看出，GX Developer 软件可以对所有的 FX PLC 进行编程，创建新工程时选择的 PLC 类型要与实际的 PLC 一致，否则程序编写后无法写入 PLC 或写入出错。

PLC 系列和 PLC 类型选好后，单击"确定"即可创建一个未命名的新工程，工程名可在保存时再填写。如果希望在创建工程时就设定工程名，可在"创建新工程"对话框中选中"设置工程名"，如图 3-16（c）所示，再在下方输入工程保存路径和工程名，也可以单击"浏览"，弹出图 3-16（d）所示的对话框中，在该对话框中直接选择工程的保存路径并输入新工程名称，这样就可以创建一个新工程。新建工程后的软件窗口如图 3-10 所示。

(a) 选择PLC系列

(b) 选择PLC类型

(c) 直接输入工程保存路径和工程名

(d) 用浏览方式选择工程保存路径并并输入工程名

图 3-16 创建新工程

3.2.4 编写梯形图程序

在编写程序时，在工程数据列表区展开"程序"项，并双击其中的"MAIN（主程序）"，将右方编程区切换到主程序编程（编程区默认处于主程序编程状态），再单击工具栏中的 ![写入模式] （写入模式）按钮，或执行菜单命令"编辑→写入模式"，也可按键盘上的"F2"键，让编程区处于写入状态，如图 3-17 所示，如果 ![监视模式] （监视模式）按钮或 ![读出模式] （读出模式）按钮被按下，在编程区将无法编写和修改程序，只能查看程序。

图 3-17　在编程时需将软件设成写入模式

下面以编写图 3-18 所示的程序为例来说明如何在 GX Developer 软件中编写梯形图程序。梯形图程序的编写过程见表 3-2。

```
        X000                                           K90
0       ┤├                                            (T0    )

        Y000    X001
        ┤├      ┤/├                                   (Y000  )

        T0
7       ┤├                                            (Y001  )

        X001
9       ┤├                                    ─[RST   T0  ]

12                                                    ─[END  ]
```

图 3-18　待编写的梯形图程序

表 3-2　图 3-18 所示梯形图程序的编写过程说明

序号	操作说明	操作图
1	单击工具栏上的 （常开触点）按钮，或者按键盘上的"F5"键，弹出"梯形图输入"对话框，如右图所示，在输入框中输入 x0，再单击"确定"	（操作图）

续表

序号	操 作 说 明	操 作 图
2	在原光标处插入一个 X000 常开触点,光标自动后移,同时该行背景变为灰色 如果觉得用单击 F5 输入常开触点比较慢,可以先将光标放在输入位置,然后直接在键盘上依次敲击 l、d、空格、x、0、回车键,同样可在光标处输入一个 X000 常开触点。用这种输入方式需要对指令语句十分熟练,初学者不建议采用	
3	单击工具栏上的 F7 (线圈)按钮,或者按键盘上的"F7"键,弹出"梯形图输入"对话框,如右图所示,在输入框中输入"t0 k90",再单击"确定"	
4	在编程区输入一个 T0 定时器线圈,定时时间为 90×100ms=9s (T0～T199 为 100ms 定时器),由于线圈与右母线之间不能再输入指令,故光标自动跳到下一行 在光标处单击鼠标右键,弹出右键菜单,选择"行插入"命令	
5	在原光标位置上方插入一空行,同时光标自动移到该空行	

续表

序号	操作说明	操作图
6	单击工具栏上的 ⊣↑⊢ sF5 (并联常开触点)按钮,也可同时按键盘上的"Shift"键和"F7"键,弹出"梯形图输入"对话框,如右图所示,在输入框中输入"y0",再单击"确定"	
7	在原光标处输入一个 Y000 并联常开触点,光标自动后移	
8	单击工具栏上的 ⊣/⊢ F6 (常闭触点)按钮,或者按键盘上"F6"键,弹出"梯形图输入"对话框,如右图所示,在输入框中输入"x1",再单击"确定" {↓} F8	
9	在原光标处输入一个 X001 常闭触点,光标自动后移 再单击工具栏上的 ○ F7 (线圈)按钮,或者按键盘上的"F7"键,弹出"梯形图输入"对话框,如右图所示,在输入框中输入"y0",再单击"确定",即可输入一个 Y000 线圈	
10	用上述同样的方法,在编程区输入一个 T0 常开触点、一个 Y001 线圈和一个 X001 常开触点	

续表

序号	操 作 说 明	操 作 图
11	单击工具栏上的 [图] (应用指令)按钮,或者按键盘上的"F8"键,弹出"梯形图输入"对话框,在输入框中输入"rst t0",再单击"确定"	
12	在编程区输入一个应用指令"RST T0",该指令功能是将定时器 T0 复位	
13	在编程区单击鼠标右键,会弹出右键菜单,如右图所示,选择其中的"变换"命令,也可以直接单击工具栏上的 [图] (程序变换/编译),软件会对编写的程序进行变换。如果程序未变换,将不能保存,也不能写入 PLC 按键盘上的"F4"键或执行菜单命令"变换→变换",同样可对程序进行变换(编译)操作 如果程序存在一些错误,变换操作将不能进行,变换时光标将停在出错位置	
14	程序变换后,其背景由灰色变为白色。右图为编写并变换完成的梯形图程序	

续表

序号	操 作 说 明	操 作 图
15	程序变换后，单击工具栏上的 ■，或执行菜单命令"工程→保存工程"，即可将程序保存下来 如果创建新工程时未设置工程名，在进行保存操作时会弹出右图所示对话框，在该对话框中选择工程保存路径并输入工程名，单击"保存"即将工程保存下来	

3.2.5　梯形图的编辑

（1）画线和删除线的操作

在梯形图中可以画直线和折线，不能画斜线。画线和删除线的操作说明见表 3-3。

表 3-3　画线和删除线的操作说明

操 作 说 明	操 作 图
画横线：单击工具栏上的 F9 按钮，弹出"横线输入"对话框，单击"确定"即在光标处画了一条横线，不断单击"确定"，则不断往右方画横线，单击"取消"，退出画横线	
删除横线：单击工具栏上的 cF9 按钮，弹出"横线删除"对话框，单击"确定"即将光标处的横线删除，也可直接按键盘上的"Delete"键将光标处的横线删除	
画竖线：单击工具栏上的 sF9 按钮，弹出"竖线输入"对话框，单击"确定"即在光标处左方往下画了一条竖线，不断单击"确定"，则不断往下方画竖线，单击"取消"，退出画竖线	

续表

操 作 说 明	操 作 图
删除竖线:单击工具栏上的 ⚒️cF10 按钮,弹出"竖线删除"对话框,单击"确定"即将光标左方的竖线删除	
画折线:单击工具栏上的 F10 按钮,将光标移到待画折线的起点处,按下鼠标左键拖出一条折线,松开左键即画出一条折线	
删除折线:单击工具栏上的 aF9 按钮,将光标移到折线的起点处,按下鼠标左键拖出一条空白折线,松开左键即将一段折线删除	

（2）删除操作

一些常用的删除操作说明见表 3-4。

表 3-4 一些常用的删除操作说明

操 作 说 明	操 作 图
删除某个对象:用光标选中某个对象,按键盘上的"Delete"键即可删除该对象	
行删除:将光标定位在要删除的某行上,再单击鼠标右键,在弹出的右键菜单中选择"行删除",光标所在的整个行内容会被删除,下一行内容会上移填补被删除的行	

续表

操 作 说 明	操 作 图
列删除:将光标定位在要删除的某列上,再单击鼠标右键,在弹出的右键菜单中选择"列删除",光标所在0~7梯级的列内容会被删除,即右图中的 X000 和 Y000 触点会被删除,而 T0 触点不会删除	
删除一个区域内的对象:将光标先移到要删除区域的左上角,然后按下键盘上的"Shift"键不放,再将光标移到该区域的右下角并单击,该区域内的所有对象会被选中,按键盘上的"Delete"键即可删除该区域内的所有对象 也可以采用按下鼠标左键,从左上角拖到右下角来选中某区域,再执行删除操作	

（3）插入操作

一些常用的插入操作说明见表 3-5。

表 3-5　一些常用的插入操作说明

操 作 说 明	操 作 图
插入某个对象:用光标选中某个对象,按键盘上的"Insert"键,软件窗口下方状态栏中的"改写"变为"插入",这时若输入一个 X3 触点,它会被插入到 T0 触点的左方,如果在软件处于改写状态时进行这样的操作,会将T0 触点改成 X3 触点	
行插入:将光标定位在某行上,再单击鼠标右键,在弹出的右键菜单中选择"行插入",即在定位行上方插入一个空行,同时光标移到该行	

续表

操作说明	操作图
列插入：将光标定位在某元件上，再单击鼠标右键，在弹出的右键菜单中选择"列插入"，即在该元件左方插入一列	

3.2.6　查找与替换功能的使用

GX Developer 软件具有查找和替换功能，使用该功能的方法是单击软件窗口上方的"查找/替换"菜单项，弹出图 3-19 所示的菜单，选择其中的菜单命令即可执行相应的查找/替换操作。

图 3-19　"查找/替换"菜单的内容

（1）查找功能的使用

查找功能的使用说明见表 3-6。

表 3-6　查找功能的使用说明

操作说明	操作图
软元件查找：执行菜单命令"查找/替换→软元件查找"，或单击工具栏上的 按钮，还可以执行右键菜单命令中的"软元件查找"，均会弹出右图所示的对话框，输入要查找的软元件 T0，查找方向和查找选项保持默认，单击一次"查找下一个"按钮，光标出现在第一个 T0 上，再单击一次该按钮，光标会移到第二个 T0 上	

续表

操 作 说 明	操 作 图
指令查找：执行菜单命令"查找/替换→指令查找"，或单击工具栏上的 按钮，弹出右图所示的对话框，在第一个输入框可以直接选择要查找的触点线圈等基本指令，在每两个框内输入要查找的应用指令 RST，单击一次"查找下一个"按钮，光标出现在第一个 RST 指令上，如果后面没有该指令，再单击一次查找按钮，会提示查找结束	
步号查找：执行菜单命令"查找/替换→步号查找"，弹出右图所示的对话框，输入要查找的步号 5，确定后光标会停在第 5 步元件或指令上，图中停在 X001 触点上	

（2）替换功能的使用

替换功能的使用说明见表 3-7。

表 3-7　替换功能的使用说明

操 作 说 明	操 作 图
软元件替换：执行菜单命令"查找/替换→软元件替换"，弹出右图所示的对话框，输入要替换的旧软元件和新元件，单击"替换"按钮，光标出现在第一个要替换的元件上，再单击一次该按钮，旧元件即被替换成新元件，同时光标移到第二个要替换的元件上，如果单击"全部替换"，则程序中的所有旧元件都会替换成新元件 如果希望将 X001、X002 分别替换成 X011、X012，可将对话框中的替换点数设为 2	

操 作 说 明	操 作 图
软元件批量替换：执行菜单命令"查找/替换→软元件批量替换"，弹出右图所示的对话框，在对话框中输入要批量替换的旧元件和对应的新元件，并设好点数，再单击"执行"，即将多个不同元件一次性替换成新元件	
常开常闭触点互相替换：执行菜单命令"查找/替换→常开常闭触点互换"，弹出右图所示的对话框，输入要替换元件X001，单击"全部替换"，程序中X001所有常开和常闭触点会相互转换，即常开变成常闭，常闭变成常开	

3.2.7 注释、声明和注解的添加与显示

在 GX Developer 软件中，可以对梯形图添加注释、声明和注解，图 3-20 是添加了注释、声明和注解的梯形图程序。声明用于一个程序段的说明，最多允许 64 字符×n 行；注

图 3-20 添加了注释、声明和注解的梯形图程序

解用于对与右母线连接的线圈或指令的说明，最多允许 64 字符×1 行；注释相当于一个元件的说明，最多允许 8 字符×4 行，一个汉字占 2 个字符。

（1）注释的添加与显示

注释的添加与显示操作说明见表 3-8。

表 3-8　注释的添加与显示操作说明

操作说明	操作图
单个添加注释：按下工具栏上的 (注释编辑)按钮，或执行菜单命令"编辑→文档生成→注释编辑"，梯形图程序处于注释编辑状态，双击 X000 触点，弹出右图所示对话框，在输入框中输入注释文字，单击"确定"即给 X000 触点添加了注释	
批量添加注释：在工程数据列表区展开"软元件注释"，双击"COMMENT"，编程区变成添加注释列表，在软元件名框内输入 X000，单击"显示"，下方列表区出现 X000 为首的 X 元件，梯形图中使用了 X000、X001、X002 三个元件，给这三个元件都添加注释，如右图所示。再在软元件名框内输入 Y000，在下方列表区给 Y000、Y001 进行注释	
显示注释：在工程数据列表区双击程序下的"MAIN"，编程区出现梯形图，但未显示注释。执行菜单命令"显示→注释显示"，梯形图的元件下方显示出注释内容	(梯形图)

续表

操作说明	操作图
注释显示方式设置:梯形图注释默认以4行×8字符显示,如果希望同时改变显示的字符数和行数,可执行菜单命令"显示→注释显示形式→3×5字符",如果仅希望改变显示的行数,可执行菜单命令"显示→软元件注释行数",可选择1～4行显示,右图为2行显示	

（2）声明的添加与显示

声明的添加与显示操作说明见表3-9。

表3-9　声明的添加与显示操作说明

操作说明	操作图
添加声明:在要添加声明的程序段左方空白处双击,弹出右图所示的对话框,在输入框中输入以英文";"号开头的声明文字,确定后即给程序段添加一条声明,在一个程序段可进行多次添加声明操作。再用同样的方法给其他的程序段添加声明 　梯形图默认不显示添加的声明	
显示声明:要在梯形图中显示添加的声明,可执行菜单命令"显示→声明显示",即可将添加的声明显示出来,如右图所示 　将鼠标在声明上单击,可选中声明,按键盘上的"Delete"键可删除声明	

（3）注解的添加与显示

注解的添加与显示操作说明见表 3-10。

表 3-10　注解的添加与显示操作说明

操作说明	操作图
添加注解:在要添加注解的某行与右母线连接的线圈或指令上双击,弹出右图所示的对话框,在输入框的线圈或指令之后输入以英文";"号开头的注解文字,确定后即给线圈或指令添加了一条注解 将输入框内的分号及之后内容删除,即可删除注解	
显示注解:要在梯形图中显示添加的注解,可执行菜单命令"显示→注解显示",即可将添加的注解显示出来,如右图所示	

3.2.8　读取并转换 FXGP/WIN 格式文件

在 GX Developer 软件出来之前,三菱 FX PLC 使用 FXGP/WIN 软件来编写程序,GX Developer 软件具有读取并转换 FXGP/WIN 格式文件的功能。读取并转换 FXGP/WIN 格式文件的操作说明见表 3-11。

表 3-11　读取并转换 FXGP/WIN 格式文件的操作说明

序号	操作说明	操作图
1	启动 GX Developer 软件,然后执行菜单命令"工程→读取其他格式的文件→读取 FXGP(WIN)格式文件",会弹出右图所示的读取对话框	

续表

序号	操 作 说 明	操 作 图
2	在读取对话框中单击"浏览",会弹出右图所示的对话框,在该对话框中选择要读取的FXGP/WIN格式文件,如果某文件夹中含有这种格式的文件,该文件夹是深色图标 在该对话框中选择要读取的FXGP/WIN格式文件,单击"确认"返回到读取对话框	
3	在右图所示的读取对话框中出现要读取的文件,将下方区域内的三项都选中,单击"执行",即开始读取已选择的FXGP/WIN格式文件,单击"关闭",将读取对话框关闭,同时读取的文件被转换,并出现在GX Developer软件的编程区,再执行保存操作,将转换来的文件保存下来	

3.2.9　PLC与计算机的连接及程序的写入与读出

（1）PLC与计算机的硬件连接

PLC与计算机连接需要用到通信电缆,常用电缆有两种:一种是FX-232AWC-H(简称SC09)电缆,如图3-21(a)所示,该电缆含有RS-232C/RS-422转换器;另一种是FX-USB-AW(又称USB-SC09-FX)电缆,如图3-21(b)所示,该电缆含有USB/RS-422转换器。

(a) FX-232AWC-H电缆

(b) FX-USB-AW电缆

图3-21　计算机与FX PLC连接的两种编程电缆

在选用PLC编程电缆时,先查看计算机是否具有COM接口(又称RS-232C接口),因为现在很多计算机已经取消了这种接口，如果计算机有 COM 接口，可选用 FX-232AWC-H 电缆连接 PLC 和计算机。在连接时，将电缆的 COM 头插入计算机的 COM 接口，电缆另一端圆形插头插入 PLC 的编程口内。

如果计算机没有 COM 接口，可选用 FX-USB-AW 电缆将计算机与 PLC 连接起来。在连接时，将电缆的 USB 头插入计算机的 USB 接口，电缆另一端圆形插头插入 PLC 的编程口内。当将 FX-USB-AW 电缆插到计算机 USB 接口时，还需要在计算机中安装这条电缆配带的驱动程序。驱动程序安装完成后，在计算机桌面上右击"我的计算机"，在弹出的菜单中选择"设备管理器"，弹出设备管理器窗口，如图 3-22 所示，展开其中的"端口（COM 和 LPT）"，从中可看到一个虚拟的 COM 端口，图中为 COM3，记住该编号，在 GX Developer 软件进行通信参数设置时要用到。

图 3-22　安装 USB 编程电缆驱动程序后在设备管理器会出现一个虚拟的 COM 端口

（2）通信设置

用编程电缆将 PLC 与计算机连接好后，再启动 GX Developer 软件，打开或新建一个工程，再执行菜单命令"在线→传输设置"，弹出"传输设置"对话框，双击左上角的"串行USB"图标，出现详细的设置对话框，如图 3-23 所示，在该对话框中选中"RS-232C"项，COM 端口一项中选择与 PLC 连接的端口号，使用 FX-USB-AW 电缆连接时，端口号应与

图 3-23　通信设置

图 3-24　PLC 与计算机连接成功提示

设备管理器中的虚拟 COM 端口号一致，在传输速度一项中选择某个速度（如选 19.2kbps），单击"确认"返回"传输设置"对话框。如果想知道 PLC 与计算机是否连接成功，可在"传输设置"对话框中单击"通信设置"，若出现图 3-24 所示的连接成功提示，表明PLC 与计算机已成功连接，单击"确认"即完成通信设置。

（3）程序的写入与读出

程序的写入是指将程序由编程计算机送入 PLC，读出则是将 PLC 内的程序传送到计算机中。程序写入的操作说明见表 3-12，程序的读出操作过程与写入基本类似，可参照学习，这里不作介绍。在对 PLC 进行程序写入或读出时，除了要保证 PLC 与计算机通信连接正常外，PLC 还需要接上工作电源。

表 3-12　程序写入的操作说明

序号	操 作 说 明	操 作 图
1	在 GX Developer 软件中编写好程序并变换后，执行菜单命令"在线→PLC 写入"，也可以单击工具栏上的（PLC 写入）按钮，均会弹出右图所示的"PLC 写入"对话框，在下方选中要写入 PLC 的内容，一般选"MAIN"项和"参数"项，其他项根据实际情况选择，再单击"执行"	
2	弹出询问是否写入对话框，单击"是"	
3	由于当前 PLC 处于 RUN（运行）模式，而写程序时 PLC 须为 STOP 模式，故弹出对话框询问是否远程让 PLC 进入 STOP 模式，单击"是"	

续表

序号	操 作 说 明	操 作 图
4	程序开始写入 PLC	
5	程序写入完成后,弹出对话框询问是否远程让 PLC 进入运行状态,单击"是",返回到"PLC 写入"对话框,单击"关闭"即完成程序写入过程	

3.2.10 在线监视 PLC 程序的运行

在 GX Developer 软件中将程序写入 PLC 后,如果希望看见程序在实际 PLC 中的运行情况,可使用软件的在线监视功能,在使用该功能时,应确保 PLC 与计算机间通信电缆连接正常,PLC 供电正常。在线监视 PLC 程序运行的操作说明见表 3-13。

表 3-13 在线监视 PLC 程序运行的操作说明

序号	操 作 说 明	操 作 图
1	在 GX Developer 软件中先将编写好的程序写入 PLC,然后执行菜单命令"在线→监视→监视模式",或者单击工具栏上的 (监视模式)按钮,也可以直接按"F3"键,即进入在线监视模式,如右图所示,软件编程区内梯形图的 X001 常闭触点上有深色方块,表示 PLC 程序中的该触点处于闭合状态	
2	用导线将 PLC 的 X000 端子与 COM 端子短接,梯形图中的 X000 常开触点出现深色方块,表示已闭合,定时器线圈 T0 出现方块,已开始计时,Y000 线圈出现方块,表示得电,Y000 常开自锁触点出现方块,表示已闭合	

续表

序号	操作说明	操作图
3	将 PLC 的 X000、COM 端子间的导线断开,程序中的 X000 常开触点上的方块消失,表示该触点断开,但由于 Y000 常开自锁触点仍闭合(该触点上有方块),故定时器线圈 T0 仍得电计时。当计时到达设定值 90(9s)时,T0 常开触点上出现方块(触点闭合),Y001 线圈出现方块(线圈得电)	
4	用导线将 PLC 的 X001 端子与 COM 端子短接,梯形图中的 X001 常闭触点上方的方块消失,表示已断开,Y000 线圈上的方块马上消失,表示失电,Y000 常开自锁触点上的方块消失,表示断开,定时器线圈 T0 上的方块消失,停止计时并将当前计时值清 0,T0 常开触点上的方块消失,表示触点断开,X001 常开触点上有方块,表示该触点处于闭合	
5	在监视模式时不能修改程序,如果监视过程中发现程序存在错误需要修改,可单击工具栏上的 写入模式按钮,切换到写入模式,程序修改并变换后,再将修改的程序重新写入 PLC,然后又切换到监视模式来监视修改后的程序运行情况 使用"监视(写入)模式"功能,可以避免上述麻烦的操作。单击工具栏上的 监视(写入模式),或执行菜单命令"在线→监视→监视(写入模式)",如右图所示,在进入监视(写入)模式时,软件先将当前程序自动写入 PLC,再监视 PLC 程序的运行,如果对程序进行了修改并交换后,修改后的新程序又自动写入 PLC,开始新程序的监视运行	

3.3 三菱 GX Simulator 仿真软件的使用

给编程计算机连接实际的 PLC 可以在线监视 PLC 程序运行情况,但由于受条件限制,很多学习者并没有 PLC,对于这些人,可以安装三菱 GX Simulator 仿真软件,安装该软件后,就相当于给编程计算机连接了一台模拟的 PLC,再将程序写入这台模拟 PLC 来进行在线监视 PLC 程序运行。

GX Simulator 软件具有以下特点：

① 具有硬件 PLC 没有的单步执行、跳步执行和部分程序执行调试功能；

② 调试速度快；

③ 不支持输入/输出模块和网络，仅支持特殊功能模块的缓冲区；

④ 扫描周期被固定为 100ms，可以设置为 100ms 的整数倍。

GX Simulator 软件支持 FX_{1S}、FX_{1N}、FX_{1NC}、FX_{2N} 和 FX_{2NC} 绝大部分的指令，但不支持中断指令、PID 指令、位置控制指令、与硬件和通信有关的指令。GX Simulator 软件从 RUN 模式切换到 STOP 模式时，停电保持的软元件的值被保留，非停电保持软元件的值被清除，软件退出时，所有软元件的值被清除。

3.3.1　安装 GX Simulator 仿真软件

GX Simulator 仿真软件是 GX Developer 软件的一个可选安装包，如果未安装该软件包，GX Developer 可正常编程，但无法使用 PLC 仿真功能。

GX Simulator 仿真软件的安装说明见表 3-14。

表 3-14　GX Simulator 仿真软件的安装说明

序号	操作说明	操作图
1	在安装时，先将 GX Simulator 安装文件夹拷贝到计算机某盘符的根目录下，再打开 GX Simulator 文件夹，打开其中的 EnvMEL 文件夹，找到"SETUP.EXE"文件，如右图所示，并双击它，就开始安装 MELSOFT 环境软件	
2	环境软件安装完成后，在 GX Simulator 文件夹中找到"SETUP.EXE"文件，如右图所示，双击该文件即开始安装 GX Simulator 仿真软件	

续表

序号	操 作 说 明	操 作 图
3	在出现的右图所示对话框中,输入产品 ID 号,单击"下一个"	
4	在出现的右图所示对话框中,选择软件的安装路径,这里保持默认路径,单击"下一个",即开始正式安装 GX Simulator 软件	
5	软件安装完成后,会出现右图所示的安装完成提示,单击"确定"即完成软件的安装	

3.3.2 仿真操作

仿真操作内容包括将程序写入模拟 PLC 中,再对程序中的元件进行强制 ON 或 OFF 操作,然后在 GX Developer 软件中查看程序在模拟 PLC 中的运行情况。仿真操作说明见表 3-15。

表 3-15　仿真操作说明

序号	操 作 说 明	操 作 图
1	右图是待仿真的程序，M8012 是一个 100ms 时钟脉冲触点，在 PLC 运行时，该触点自动以 50ms 通、50ms 断的频率不断重复	
2	单击工具栏上的 ▣ (梯形图逻辑测试启动/停止)按钮，或执行菜单命令"工具→梯形图逻辑测试启动"，编程软件中马上出现右图左方的梯形图逻辑测试工具(可看作是模拟 PLC)窗口，稍后出现右方的 PLC 写入窗口，提示正在将程序写入模拟 PLC 中	
3	程序写入完成后，模拟 PLC 的 RUN 指示灯由灰色变成黄色，同时编程软件中的程序进入监视模式，X001 常闭触点上出现方块，表示触点处于闭合，M8012 触点和 Y001 线圈上的方块以 100ms 的频率闪动	
4	选中程序中的 X000 常开触点，单击工具栏上的 ▣ (软元件测试)按钮，或执行菜单命令"在线→调试→软元件测试"，还可以执行右键菜单中的"软元件测试"，弹出右图所示的软元件测试对话框，软元件输入框中出现选择的软元件 X000，单击下方的"强制 ON"，即让程序中的 X000 常开触点为 ON(闭合)，程序中的 X000 常开触点上马上出现方块，Y000 线圈也出现方块，表示线圈得电，Y000 常开自锁触点上出现方块，表示闭合	
5	在软元件测试对话框中先将 X000 常开触点强制 OFF，再在软元件输入框中输入 X001，并强制 ON，程序中的 X001 常闭触点上的方块马上消失，表示该触点断开，Y000 线圈上方块消失(线圈失电)，Y000 常开自锁触点的方块也消失(断开)	

在仿真时，如果要退出仿真监视状态，可单击编程软件工具栏上的 ▣ 按钮，使该按钮处于弹起状态即可，梯形图逻辑测试工具窗口会自动消失。在仿真时，如果需要修改程序，可先退出仿真状态，再让编程软件进入写入模式（按下工具栏中的 🔧 按钮），就可以对程序进行修改，修改并变换后再按下工具栏上的 ▣ 按钮，重新进行仿真。

3.3.3 软元件监视

在仿真时，除了可以在编程软件中查看程序在模拟 PLC 中的运行情况，也可以通过仿真工具了解一些软元件状态。

在梯形图逻辑测试工具窗口中执行菜单命令"菜单启动→继电器内存监视"，弹出图 3-25（a）所示的设备内存监视（DEVICE MEMORY MONITOR）窗口，在该窗口执行菜单命令"软元件→位软元件窗口→X"，下方马上出现 X 继电器状态监视窗口，再用同样的方法调出 Y 线圈的状态监视窗口，如图 3-25（b）所示，从图中可以看出，X000 继电器有黄色背景，表示 X000 继电器状态为 ON，即 X000 常开触点处于闭合状态、常闭触点处于断开状态，Y000、Y001 线圈也有黄色背景，表示这两个线圈状态都为 ON。单击窗口上部的黑三角，可以在窗口显示前、后编号的软元件。

(a) 在设备内存监视窗口中执行菜单命令

(b) 调出 X 继电器和 Y 线圈监视窗口

图 3-25 在设备内存监视窗口中监视软元件状态

3.3.4 时序图监视

在设备内存监视窗口也可以监视软元件的工作时序图（波形图）。在图 3-25（a）所示的窗口中执行菜单命令"时序图→启动"，弹出图 3-26（a）所示的时序图监视窗口，窗口中的"监控停止"按钮指示灯为红色，表示处于监视停止状态，单击该按钮，窗口中马上出现程序中软元件的时序图，如图 3-26（b）所示，X000 元件右边的时序图是一条蓝线，表示X000 继电器一直处于 ON，即 X000 常开触点处于闭合，M8012 元件的时序图为一系列脉冲，表示 M8012 触点闭合断开交替反复进行，脉冲高电平表示触点闭合，脉冲低电平表示触点断开。

(a) 时序监视处于停止   (b) 时序监视启动

图 3-26 软元件的工作时序监视

Chapter 04

第4章 基本指令的使用及实例

基本指令是 PLC 最常用的指令,也是 PLC 编程时必须掌握的指令。三菱 FX 系列 PLC 的一、二代机(FX$_{1S}$、FX$_{1N}$、FX$_{1NC}$、FX$_{2N}$、FX$_{2NC}$)有 27 条基本指令,三代机(FX$_{3U}$、FX$_{3UC}$、FX$_{3G}$)有 29 条基本指令(增加了 MEP、MEF 指令)。

4.1 基本指令说明

4.1.1 逻辑取及驱动指令

(1)指令名称及说明

逻辑取及驱动指令名称及功能如下:

指令名称(助记符)	功 能	对象软元件
LD	取指令,其功能是将常开触点与左母线连接	X、Y、M、S、T、C、D□. b
LDI	取反指令,其功能是将常闭触点与左母线连接	X、Y、M、S、T、C、D□. b
OUT	线圈驱动指令,其功能是将输出继电器、辅助继电器、定时器或计数器线圈与右母线连接	Y、M、S、T、C、D□. b

(2)使用举例

LD、LDI、OUT 使用如图 4-1 所示,其中图(a)梯形图,图(b)为对应的指令语句表。

(a)梯形图　　　　　　　　　　　　　　　(b)指令语句表

图 4-1　LD、LDI、OUT 指令使用举例

4.1.2　触点串联指令

（1）指令名称及说明

触点串联指令名称及功能如下：

指令名称（助记符）	功　　能	对象软元件
AND	常开触点串联指令（又称与指令），其功能是将常开触点与上一个触点串联（注：该指令不能让常开触点与左母线串接）	X、Y、M、S、T、C、D□.b
ANI	常闭触点串联指令（又称与非指令），其功能是将常闭触点与上一个触点串联（注：该指令不能让常闭触点与左母线串接）	X、Y、M、S、T、C、D□.b

（2）使用举例

AND、ANI 说明见图 4-2。

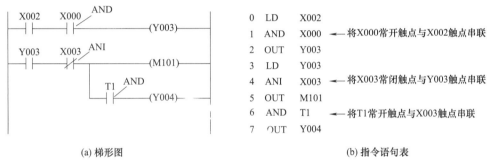

(a) 梯形图　　　　　　　　　　　　　　　　　(b) 指令语句表

图 4-2　AND、ANI 指令使用举例

4.1.3　触点并联指令

（1）指令名称及说明

触点并联指令名称及功能如下：

指令名称（助记符）	功　　能	对象软元件
OR	常开触点并联指令（又称或指令），其功能是将常开触点与上一个触点并联	X、Y、M、S、T、C、D□.b
ORI	常闭触点并联指令（又称或非指令），其功能是将常闭触点与上一个触点串联	X、Y、M、S、T、C、D□.b

（2）使用举例

OR、ORI 说明见图 4-3。

4.1.4　串联电路块的并联指令

两个或两个以上触点串联组成的电路称为串联电路块。将多个串联电路块并联起来时要用到 ORB 指令。

（1）指令名称及说明

电路块并联指令名称及功能如下：

指令名称（助记符）	功　　能	对象软元件
ORB	串联电路块的并联指令，其功能是将多个串联电路块并联起来	无

图 4-3 OR、ORI 指令使用举例

（2）使用举例

ORB 使用如图 4-4 所示。

图 4-4 ORB 指令使用举例

ORB 指令使用时要注意以下几个要点。

① 每个电路块开始要用 LD 或 LDI 指令，结束用 ORB 指令。

② ORB 是不带操作数的指令。

③ 电路中有多少个电路块就可以使用多少次 ORB 指令，ORB 指令使用次数不受限制。

④ ORB 指令可以成批使用，但由于 LD、LDI 重复使用次数不能超过 8 次，因此编程时要注意这一点。

4.1.5 并联电路块的串联指令

两个或两个以上触点并联组成的电路称为并联电路块。将多个并联电路块串联起来时要用到 ANB 指令。

（1）指令名称及说明

电路块串联指令名称及功能如下：

指令名称（助记符）	功 能	对象软元件
ANB	并联电路块的串联指令，其功能是将多个并联电路块串联起来	无

（2）使用举例

ANB 使用如图 4-5 所示。

(a) 梯形图 （b) 指令语句表

图 4-5　ANB 指令使用举例

4.1.6　边沿检测指令

边沿检测指令的功能是在上升沿或下降沿时接通一个扫描周期。它分为上升沿检测指令（LDP、ANDP、ORP）和下降沿检测指令（LDF、ANDF、ORF）。

（1）上升沿检测指令

LDP、ANDP、ORP 为上升沿检测指令，当有关元件进行 OFF→ON 变化时（上升沿），这些指令可以为目标元件接通一个扫描周期时间，目标元件可以是输入继电器 X、输出继电器 Y、辅助继电器 M、状态继电器 S、定时器 T 和计数器。

① 指令名称及说明　上升沿检测指令名称及功能如下：

指令名称(助记符)	功　　能	对象软元件
LDP	上升沿取指令,其功能是将上升沿检测触点与左母线连接	X、Y、M、S、T、C、D□.b
ANDP	上升沿触点串联指令,其功能是将上升沿触点与上一个元件串联	X、Y、M、S、T、C、D□.b
ORP	上升沿触点并联指令,其功能是将上升沿触点与上一个元件并联	X、Y、M、S、T、C、D□.b

② 使用举例　LDP、ANDP、ORP 指令使用如图 4-6 所示。

(a) 梯形图 （b) 指令语句表

图 4-6　LDP、ANDP、ORP 指令使用举例

上升沿检测指令在上升沿来时可以为目标元件接通一个扫描周期时间，如图 4-7 所示，当触点 X010 的状态由 OFF 转为 ON 时，触点接通一个扫描周期，即继电器线圈 M6 会通电一个扫描周期时间，然后 M6 失电，直到下一次 X010 由 OFF 变为 ON。

（2）下降沿检测指令

LDF、ANDF、ORF 为下降沿检测指令，当有关元件进行 ON→OFF 变化时（下降

图 4-7　上升沿检测触点使用说明

沿），这些指令可以为目标元件接通一个扫描周期时间。

① 指令名称及说明　下降沿检测指令名称及功能如下：

指令名称（助记符）	功　　能	对象软元件
LDF	下降沿取指令，其功能是将下降沿检测触点与左母线连接	X、Y、M、S、T、C、D□．b
ANDF	下降沿触点串联指令，其功能是将下降沿触点与上一个元件串联	X、Y、M、S、T、C、D□．b
ORF	下降沿触点并联指令，其功能是将下降沿触点与上一个元件并联	X、Y、M、S、T、C、D□．b

② 使用举例　LDF、ANDF、ORF 指令使用如图 4-8 所示。

(a) 梯形图　　　　　　　　　　(b) 指令语句表

图 4-8　LDF、ANDF、ORF 指令使用举例

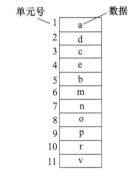

图 4-9　栈存储器的结构示意图

4.1.7　多重输出指令

三菱 FX$_{2N}$ 系列 PLC 有 11 个存储单元用来存储运算中间结果，它们组成栈存储器，用来存储触点运算结果。栈存储器就像 11 个由下往上堆起来的箱子，自上往下依次为第 1、2、⋯、11 单元，栈存储器的结构如图 4-9 所示。多重输出指令的功能是对栈存储器中的数据进行操作。

（1）指令名称及说明

多重输出指令名称及功能如下：

指令名称（助记符）	功　　能	对象软元件
MPS	进栈指令，其功能是将触点运算结果（1 或 0）存入栈存储器第 1 单元，存储器每个单元的数据都依次下移，即原第 1 单元数据移入第 2 单元，原第 10 单元数据移入第 11 单元	无
MRD	读栈指令，其功能是将栈存储器第 1 单元数据读出，存储器中每个单元的数据都不会变化	无
MPP	出栈指令，其功能是将栈存储器第 1 单元数据取出，存储器中每个单元的数据都依次上推，即原第 2 单元数据移入第 1 单元 MPS 指令用于将栈存储器的数据都下压，而 MPP 指令用于将栈存储器的数据均上推。MPP 在多重输出最后一个分支使用，以便恢复栈存储器	无

（2）使用举例

MPS、MRD、MPP 指令使用如图 4-10～图 4-12 所示。

(a) 梯形图

18	LD	X004	
19	MPS	——	将X004的运算结果(闭合为1,断开为0)压入栈存储器第1单元
20	AND	X005 —	将X004的运算结果和X005进行与运算(即将X004与X005串联)
21	OUT	Y002 —	X004和X005与运算结果驱动线圈Y002
22	MRD	——	从栈存储器第1单元取出数据
23	AND	X006 —	将栈存储器第1单元取出的数据和X006进行与运算
24	OUT	Y003 —	栈存储器第1单元数据和X006与运算结果驱动线圈Y003
25	MRD	——	从栈存储器第1单元取出数据
26	OUT	Y004 —	栈存储器第1单元数据驱动线圈
27	MPP	——	从栈存储器第1单元取出数据,并将存储器数据均上推
28	AND	X007 —	将栈存储器第1单元取出的数据和X007进行与运算
29	OUT	Y005	栈存储器第1单元数据和X007与运算结果驱动线圈Y005

(b) 指令语句表

图 4-10　MPS、MRD、MPP 指令使用举例一

0	LD	X000		13	OUT	Y001
1	MPS			14	MPP	
2	LD	X001		15	AND	X007
3	OR	X002		16	OUT	Y002
4	ANB			17	LD	X010
5	OUT	Y000		18	OR	X011
6	MRD			19	ANB	
7	LD	X003		20	OUT	Y003
8	AND	X004				
9	LD	X005				
10	AND	X006				
11	ORB					
12	ANB					

图 4-11　MPS、MRD、MPP 指令使用举例二

0	LD	X000		9	OUT	Y000
1	MPS			10	MPP	
2	AND	X001		11	OUT	Y001
3	MPS			12	MPP	
4	AND	X002		13	OUT	Y002
5	MPS			14	MPP	
6	AND	X003		15	OUT	Y003
7	MPS			16	MPP	
8	AND	X004		17	OUT	Y004

图 4-12　MPS、MRD、MPP 指令使用举例三

多重输出指令使用要点说明如下。

① MPS 和 MPP 指令必须成对使用,缺一不可,MRD 指令有时根据情况可不用。

② 若 MPS、MRD、MPP 指令后有单个常开或常闭触点串联，要使用 AND 或 ANI 指令，如图 4-10 指令语句表中的第 23、28 步。

③ 若电路中有电路块串联或并联，要使用 ANB 或 ORB 指令，如图 4-11 指令语句表中的第 4、11、12、19 步。

④ MPS、MPP 连续使用次数最多不能超过 11 次，这是因为栈存储器只有 11 个存储单元，在图 4-12 中，MPS、MPP 连续使用 4 次。

⑤ 若 MPS、MRD、MPP 指令后无触点串联，直接驱动线圈，要使用 OUT 指令，如图 4-10 指令语句表中的第 26 步。

4.1.8　主控和主控复位指令

（1）指令名称及说明

主控指令名称及功能如下：

指令名称（助记符）	功　　能	对象软元件
MC	主控指令,其功能是启动一个主控电路块工作	Y、M
MCR	主控复位指令,其功能是结束一个主控电路块的运行	无

（2）使用举例

MC、MCR 指令使用如图 4-13 所示。如果 X001 常开触点处于断开，MC 指令不执行，MC 到 MCR 之间的程序不会执行，即 0 梯级程序执行后会执行 12 梯级程序，如果 X001 触点闭合，MC 指令执行，MC 到 MCR 之间的程序会从上往下执行。

(a) 梯形图　　　　　　　(b) 指令语句表

图 4-13　MC、MCR 指令使用举例

MC、MCR 指令可以嵌套使用，如图 4-14 所示，当 X001 触点闭合、X003 触点断开时，X001 触点闭合使 "MC N0 M100" 指令执行，N0 级电路块被启动，由于 X003 触点断开使嵌在 N0 级内的 "MC N1 M101" 指令无法执行，故 N1 级电路块不会执行。

如果 MC 主控指令嵌套使用，其嵌套层数允许最多 8 层（N0～N7），通常按顺序从小到大使用，MC 指令的操作元件通常为输出继电器 Y 或辅助继电器 M，但不能是特殊继电器。MCR 主控复位指令的使用次数（N0～N7）必须与 MC 的次数相同，在按由小到大顺序多

次使用 MC 指令时，必须按由大到小相反的次数使用 MCR 返回。

图 4-14　MC、MCR 指令的嵌套使用

4.1.9　取反指令

（1）指令名称及说明

取反指令名称及功能如下：

指令名称（助记符）	功　　能	对象软元件
INV	取反指令，其功能是将该指令前的运算结果取反	无

（2）使用举例

INV 指令使用如图 4-15 所示。在绘制梯形图时，取反指令用斜线表示，如图 4-15 所示，当 X000 断开时，相当于 X000＝OFF，取反变为 ON（相当于 X000 闭合），继电器线圈 Y000 得电。

图 4-15　INV 指令使用举例

4.1.10　置位与复位指令

（1）指令名称及说明

置位与复位指令名称及功能如下：

指令名称（助记符）	功　　能	对象软元件
SET	置位指令，其功能是对操作元件进行置位，使其动作保持	Y、M、S、D□. b
RST	复位指令，其功能是对操作元件进行复位，取消动作保持	Y、M、S、T、C、D、R、V、Z、D□. b

（2）使用举例

SET、RST 指令的使用如图 4-16 所示。

图 4-16　SET、RST 指令使用举例

在图 4-16 中，当常开触点 X000 闭合后，Y000 线圈被置位，开始动作，X000 断开后，Y000 线圈仍维持动作（通电）状态，当常开触点 X001 闭合后，Y000 线圈被复位，动作取消，X001 断开后，Y000 线圈维持动作取消（失电）状态。

对于同一元件，SET、RST 指令可反复使用，顺序也可随意，但最后执行者有效。

4.1.11　结果边沿检测指令

MEP、MEF 指令是三菱 FX PLC 三代机（FX_{3U}/FX_{3UC}/FX_{3G}）增加的指令。

（1）指令名称及说明

取反指令名称及功能如下：

指令名称(助记符)	功　　能	对象软元件
MEP	结果上升沿检测指令,当该指令之前的运算结果出现上升沿时,指令为 ON(导通状态),前方运算结果无上升沿时,指令为 OFF(非导通状态)	无
MEF	结果下降沿检测指令,当该指令之前的运算结果出现下降沿时,指令为 ON(导通状态),前方运算结果无下降沿时,指令为 OFF(非导通状态)	无

（2）使用举例

MEP 指令使用如图 4-17 所示。当 X000 触点处于闭合、X001 触点由断开转为闭合时，MEP 指令前方送来一个上升沿，指令导通，"SET M0" 执行，将辅助继电器 M0 置 1。

图 4-17　MEP 指令使用举例

MEF 指令使用如图 4-18 所示。当 X001 触点处于闭合、X000 触点由闭合转为断开时，MEF 指令前方送来一个下降沿，指令导通，"SET M0"执行，将辅助继电器 M0 置 1。

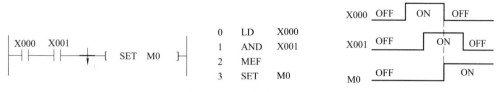

图 4-18　MEF 指令使用举例

4.1.12　脉冲微分输出指令

（1）指令名称及说明

脉冲微分输出指令名称及功能如下：

指令名称（助记符）	功　　能	对象软元件
PLS	上升沿脉冲微分输出指令,其功能是当检测到输入脉冲上升沿来时,使操作元件得电一个扫描周期	Y、M
PLF	下降沿脉冲微分输出指令,其功能是当检测到输入脉冲下降沿来时,使操作元件得电一个扫描周期	Y、M

（2）使用举例

PLS、PLF 指令使用如图 4-19 所示。

图 4-19　PLS、PLF 指令使用举例

在图 4-19 中，当常开触点 X000 闭合时，一个上升沿脉冲加到〔PLS　M0〕，指令执行，M0 线圈得电一个扫描周期，M0 常开触点闭合，〔SET　Y000〕指令执行，将 Y000 线圈置位（即让 Y000 线圈得电）；当常开触点 X001 由闭合转为断开时，一个脉冲下降沿加给〔PLF　M1〕，指令执行，M1 线圈得电一个扫描周期，M1 常开触点闭合，〔RST Y000〕指令执行，将 Y000 线圈复位（即让 Y000 线圈失电）。

4.1.13　空操作指令

（1）指令名称及说明

空操作指令名称及功能如下：

指令名称（助记符）	功　　能	对象软元件
NOP	空操作指令,其功能是不执行任何操作	无

（2）使用举例

NOP 指令使用如图 4-20 所示。当使用 NOP 指令取代其他指令时，其他指令会被删除，

在图 4-20 中使用 NOP 指令取代 AND 和 ANI 指令，梯形图相应的触点会被删除。如果在普通指令之间插入 NOP 指令，对程序运行结果没有影响。

图 4-20 NOP 指令使用举例

4.1.14 程序结束指令

（1）指令名称及说明

程序结束指令名称及功能如下：

指令名称（助记符）	功　　能	对象软元件
END	程序结束指令，当一个程序结束后，需要在结束位置用 END 指令	无

```
0 LD    X000
1  |
2  |
  OUT   Y000
  END
  NOP
  NOP
  |
  NOP
```
图 4-21 END 指令
使用举例

（2）使用举例

END 指令使用如图 4-21 所示。当系统运行到 END 指令处时，END 后面的程序将不会执行，系统会由 END 处自动返回，开始下一个扫描周期，如果不在程序结束处使用 END 指令，系统会一直运行到最后的程序步，延长程序的执行周期。

另外，使用 END 指令也方便调试程序。当编写很长的程序时，如果调试时发现程序出错，为了发现程序出错位置，可以从前往后每隔一段程序插入一个 END 指令，再进行调试，系统执行到第一个 END 指令会返回，如果发现程序出错，表明出错位置应在第一个 END 指令之前，若第一段程序正常，可删除一个 END 指令，再用同样的方法调试后面的程序。

4.2 PLC 基本控制线路与梯形图

4.2.1 启动、自锁和停止控制的 PLC 线路与梯形图

启动、自锁和停止控制是 PLC 最基本的控制功能。启动、自锁和停止控制可采用驱动指令（OUT），也可以采用置位复位指令（SET、RST）来实现。

（1）采用线圈驱动指令实现启动、自锁和停止控制

线圈驱动（OUT）指令的功能是将输出线圈与右母线连接，它是一种很常用的指令。用线圈驱动指令实现启动、自锁和停止控制的 PLC 线路和梯形图如图 4-22 所示。

（2）采用置位复位指令实现启动、自锁和停止控制

线路与梯形图说明如下。

图 4-22　采用线圈驱动指令实现启动、自锁和停止控制的 PLC 线路与梯形图

当按下启动按钮 SB1 时，PLC 内部梯形图程序中的启动触点 X000 闭合，输出线圈 Y000 得电，输出端子 Y000 内部硬触点闭合，Y000 端子与 COM 端子之间内部接通，接触器线圈 KM 得电，主电路中的 KM 主触点闭合，电动机得电启动。

输出线圈 Y000 得电后，除了会使 Y000、COM 端子之间的硬触点闭合外，还会使自锁触点 Y000 闭合，在启动触点 X000 断开后，依靠自锁触点闭合可使线圈 Y000 继续得电，电动机就会继续运转，从而实现自锁控制功能。

当按下停止按钮 SB2 时，PLC 内部梯形图程序中的停止触点 X001 断开，输出线圈 Y000 失电，Y000、COM 端子之间的内部硬触点断开，接触器线圈 KM 失电，主电路中的 KM 主触点断开，电动机失电停转。

采用置位复位指令 SET、RST 实现启动、自锁和停止控制的 PLC 线路与梯形图如图 4-23 所示。

图 4-23　采用置位复位指令 SET、RST 实现启动、自锁和停止控制的 PLC 线路与梯形图

线路与梯形图说明如下。

当按下启动按钮 SB1 时，梯形图中的启动触点 X000 闭合，[SET Y000] 指令执行，指令执行结果将输出继电器线圈 Y000 置 1，相当于线圈 Y000 得电，使 Y000、COM 端子之间的内部触点接通，接触器线圈 KM 得电，主电路中的 KM 主触点闭合，电动机得电启动。

线圈 Y000 置位后，松开启动按钮 SB1、启动触点 X000 断开，但线圈 Y000 仍保持"1"态，即仍维持得电状态，电动机就会继续运转，从而实现自锁控制功能。

当按下停止按钮 SB2 时，梯形图程序中的停止触点 X001 闭合，[RST Y000] 指令被执行，指令执行结果将输出线圈 Y000 复位，相当于线圈 Y000 失电，Y000、COM 端子之间的内部触点断开，接触器线圈 KM 失电，主电路中的 KM 主触点断开，电动机失电停转。

将图 4-23 和图 4-22 比较可以发现，采用置位复位指令与线圈驱动都可以实现启动、自锁和停止控制，两者的 PLC 接线都相同，仅给 PLC 编写输入的梯形图程序不同。

4.2.2 正、反转联锁控制的 PLC 线路与梯形图

正、反转联锁控制的 PLC 线路与梯形图如图 4-24 所示。

图 4-24 正、反转联锁控制的 PLC 线路与梯形图

线路与梯形图说明如下。

① 正转联锁控制。按下正转按钮 SB1→梯形图程序中的正转触点 X000 闭合→线圈 Y000 得电→Y000 自锁触点闭合，Y000 联锁触点断开，Y000 端子与 COM 端子间的内硬触点闭合→Y000 自锁触点闭合，使线圈 Y000 在 X000 触点断开后仍可得电；Y000 联锁触点断开，使线圈 Y001 即使在 X001 触点闭合（误操作 SB2 引起）时也无法得电，实现联锁控制；Y000 端子与 COM 端子间的内硬触点闭合，接触器 KM1 线圈得电，主电路中的 KM1 主触点闭合，电动机得电正转。

② 反转联锁控制。按下反转按钮 SB2→梯形图程序中的反转触点 X001 闭合→线圈 Y001 得电→Y001 自锁触点闭合，Y001 联锁触点断开，Y001 端子与 COM 端子间的内硬触点闭合→Y001 自锁触点闭合，使线圈 Y001 在 X001 触点断开后继续得电；Y001 联锁触点断开，使线圈 Y000 即使在 X000 触点闭合（误操作 SB1 引起）时也无法得电，实现联锁控制；Y001 端子与 COM 端子间的内硬触点闭合，接触器 KM2 线圈得电，主电路中的 KM2 主触点闭合，电动机得电反转。

③ 停转控制。按下停止按钮 SB3→梯形图程序中的两个停止触点 X002 均断开→线圈 Y000、Y001 均失电→接触器 KM1、KM2 线圈均失电→主电路中的 KM1、KM2 主触点均断开，电动机失电停转。

4.2.3 多地控制的 PLC 线路与梯形图

多地控制的 PLC 线路与梯形图如图 4-25 所示，其中图（b）为单人多地控制梯形图，

图（c）为多人多地控制梯形图。

(a) PLC接线图

(b) 单人多地控制梯形图

(c) 多人多地控制梯形图

图 4-25　多地控制的 PLC 线路与梯形图

（1）单人多地控制

单人多地控制的 PLC 线路和梯形图如图 4-25（a）、（b）所示。

甲地启动控制。在甲地按下启动按钮 SB1 时，X000 常开触点闭合→线圈 Y000 得电→Y000 常开自锁触点闭合，Y000 端子内硬触点闭合→Y000 常开自锁触点闭合锁定 Y000 线圈供电，Y000 端子内硬触点闭合使接触器线圈 KM 得电→主电路中的 KM 主触点闭合，电动机得电运转。

甲地停止控制。在甲地按下停止按钮 SB2 时，X001 常闭触点断开→线圈 Y000 失电→Y000 常开自锁触点断开，Y000 端子内硬触点断开→接触器线圈 KM 失电→主电路中的 KM 主触点断开，电动机失电停转。

乙地和丙地的启/停控制与甲地控制相同，利用图 4-25（b）梯形图可以实现在任何一地进行启/停控制，也可以在一地进行启动，在另一地控制停止。

（2）多人多地控制

多人多地的 PLC 控制线路和梯形图如图 4-25（a）、（c）所示。

启动控制。在甲、乙、丙三地同时按下按钮 SB1、SB3、SB5→线圈 Y000 得电→Y000 常开自锁触点闭合，Y000 端子的内硬触点闭合→Y000 线圈供电锁定，接触器线圈 KM 得电→主电路中的 KM 主触点闭合，电动机得电运转。

停止控制。在甲、乙、丙三地按下 SB2、SB4、SB6 中的某个停止按钮，线圈 Y000 失电→Y000 常开自锁触点断开，Y000 端子内硬触点断开→Y000 常开自锁触点断开使 Y000 线圈供电切断，Y000 端子的内硬触点断开使接触器线圈 KM 失电→主电路中的 KM 主触点断开，电动机失电停转。

图 4-25（c）梯形图可以实现多人在多地同时按下启动按钮才能启动功能，在任意一地都可以进行停止控制。

4.2.4 定时控制的 PLC 线路与梯形图

定时控制方式很多，下面介绍两种典型的定时控制的 PLC 线路与梯形图。

（1）延时启动定时运行控制的 PLC 线路与梯形图

延时启动定时运行控制的 PLC 线路与梯形图如图 4-26 所示，它可以实现的功能是：按下启动按钮 3s 后，电动机启动运行，运行 5s 后自动停止。

(a) PLC接线图   (b) 梯形图

图 4-26 延时启动定时运行控制的 PLC 线路与梯形图

PLC 线路与梯形图说明如下。

按下启动按钮SB1 → [4]X000常闭触点断开
[1]X000常开触点闭合→定时器T0开始3s计时 → 3s后，[2]T0常开触点闭合

[2]Y000线圈得电
[3]Y000自锁触点闭合，锁定Y000线圈得电
Y000端子内硬触点闭合 → 接触器KM线圈得电→电动机运转
[4]Y000常开触点闭合→ 由于SB1已断开，故[4]X000触点闭合→定时器T1开始5s计时

5s后，[2]T1常闭触点断开→[2]Y000线圈失电→Y000端子内硬触点断开→KM线圈失电→电动机停转

（2）多定时器组合控制的 PLC 线路与梯形图

图 4-27 是一种典型的多定时器组合控制的 PLC 线路与梯形图，它可以实现的功能是：

(a) PLC接线图   (b) 梯形图

图 4-27 一种典型的多定时器组合控制的 PLC 线路与梯形图

按下启动按钮后电动机 B 马上运行，30s 后电动机 A 开始运行，70s 后电动机 B 停转，100s 后电动机 A 停转。

PLC 线路与梯形图说明如下：

4.2.5　定时器与计数器组合延长定时控制的 PLC 线路与梯形图

三菱 FX 系列 PLC 的最大定时时间为 3276.7s（约 54min），采用定时器和计数器可以延长定时时间。定时器与计数器组合延长定时控制的 PLC 线路与梯形图如图 4-28 所示。

图 4-28　定时器与计数器组合延长定时控制的 PLC 线路与梯形图

PLC 线路与梯形图说明如下：

→ 因开关QS仍处于闭合，[1]X000常开触点也保持闭合 → 定时器T0又开始3000s计时 → 3000s后，定时器T0动作 ┐

[3]T0常开触点闭合，计数器C0值增1，由1变为2 ┌ [3]T0常开触点断开，计数器C0值保持为2

[1]T0常闭触点断开 → 定时器T0复位 → [1]T0常闭触点闭合 → 定时器T0又开始计时，以后重复上述过程 ┐

→ 当计数器C0计数值达到30000 → 计数器C0动作 → [4]常开触点C0闭合 → Y000线圈得电 → KM线圈得电 → 电动机运转

图 4-28 中的定时器 T0 定时单位为 0.1s（100ms），它与计数器 C0 组合使用后，其定时时间 T＝30000×0.1s×30000＝90000000s＝25000h。若需重新定时，可将开关 QS 断开，让 [2] X000 常闭触点闭合，让"RSTC0"指令执行，对计数器 C0 进行复位，然后闭合QS，则会重新开始 25000h 定时。

4.2.6 多重输出控制的 PLC 线路与梯形图

多重输出控制的 PLC 线路与梯形图如图 4-29 所示。

(a) PLC接线图　　　　　　　(b) 梯形图

图 4-29 多重输出控制的 PLC 线路与梯形图

PLC 线路与梯形图说明如下：

① 启动控制

按下启动按钮SB1 → X000常开触点闭合 ┐

Y000自锁触点闭合，锁定输出线圈Y000～Y003供电
Y000线圈得电 → Y000端子内硬触点闭合 → KM1线圈得电 → KM1主触点闭合 → HL1灯得电点亮，指示电动机A得电
Y001线圈得电 → Y001端子内硬触点闭合
Y002线圈得电 → Y002端子内硬触点闭合 → KM2线圈得电 → KM2主触点闭合 → HL2灯得电点亮，指示电动机B得电
Y003线圈得电 → Y003端子内硬触点闭合

② 停止控制

按下停止按钮SB2 → X001常闭触点断开 ┐

Y000自锁触点断开，解除输出线圈Y000～Y003供电
Y000线圈失电 → Y000端子内硬触点断开 → KM1线圈失电 → KM1主触点断开 → HL1灯失电熄亮，指示电动机A失电
Y001线圈失电 → Y001端子内硬触点断开
Y002线圈失电 → Y002端子内硬触点断开 → KM2线圈失电 → KM2主触点断开 → HL2灯失电熄灭，指示电动机B失电
Y003线圈失电 → Y003端子内硬触点断开

4.2.7 过载报警控制的 PLC 线路与梯形图

过载报警控制的 PLC 线路与梯形图如图 4-30 所示。

(a) PLC接线图   (b) 梯形图

图 4-30 过载报警控制的 PLC 线路与梯形图

PLC 线路与梯形图说明如下：

① 启动控制。

按下启动按钮 SB1→[1] X001 常开触点闭合→[SETY001] 指令执行→Y001 线圈被置位，即 Y001 线圈得电→Y001 端子内硬触点闭合→接触器 KM 线圈得电→KM 主触点闭合→电动机得电运转。

② 停止控制。

按下停止按钮 SB2→[2] X002 常开触点闭合→[RSTY001] 指令执行→Y001 线圈被复位，即 Y001 线圈失电→Y001 端子内硬触点断开→接触器 KM 线圈失电→KM 主触点断开→电动机失电停转。

③ 过载保护及报警控制。

在正常工作时，FR过载保护触点闭合 →
- [3]X000常闭触点断开，指令[RST Y001]无法执行
- [4]X000常开触点闭合，指令[PLF M0]无法执行
- [7]X000常闭触点断开，指令[PLS M1]无法执行

当电动机过载运行时，热继电器FR发热元件动作，过载保护触点断开 ——

[3]X000常闭触点闭合 → 执行指令[RST Y001] → Y001线圈失电 → Y001端子内硬触点断开 →KM线圈失电 →KM主触点断开 → 电动机失电停转

[4]X000常开触点由闭合转为断开，产生一个脉冲下降沿 → 指令[PLF M0]执行，M0线圈得电一个扫描周期 → [5]M0常开触点闭合 → Y000线圈得电，定时器T0开始10s计时 → Y000线圈得电一方面使[6]Y000自锁触点闭合来锁定供电，另一方面使报警灯通电点亮 ——

[7]X000常闭触点由断开转为闭合，产生一个脉冲上升沿 → 指令[PLS M1]执行，M1线圈得电一个扫描周期 → [8]M1常开触点闭合 → Y002线圈得电 → Y002线圈得电一方面使[9]Y002自锁触点闭合来锁定供电，另一面使报警铃通电发声 ——

[8]T0常闭触点断开 → Y002线圈失电 → 报警铃失电，停止报警声

[5]T0常闭触点断开 → 定时器T0复位，同时Y000线圈失电 → 报警灯失电熄灭

10s后，定时器T0动作 →

4.2.8 闪烁控制的 PLC 线路与梯形图

闪烁控制的 PLC 线路与梯形图如图 4-31 所示。

(a) PLC接线图　　　(b) 梯形图

图 4-31　闪烁控制的 PLC 线路与梯形图

线路与梯形图说明如下：

将开关 QS 闭合→X000 常开触点闭合→定时器 T0 开始 3s 计时→3s 后，定时器 T0 动作，T0 常开触点闭合→定时器 T1 开始 3s 计时，同时 Y000 得电，Y000 端子内硬触点闭合，灯 HL 点亮→3s 后，定时器 T1 动作，T1 常闭触点断开→定时器 T0 复位，T0 常开触点断开→Y000 线圈失电，同时定时器 T1 复位→Y000 线圈失电使灯 HL 熄灭；定时器 T1 复位使 T1 闭合，由于开关 QS 仍处于闭合，X000 常开触点也处于闭合，定时器 T0 又重新开始 3s 计时。

以后重复上述过程，灯 HL 保持 3s 亮、3s 灭的频率闪烁发光。

4.3　喷泉的 PLC 控制系统开发实例

4.3.1 明确系统控制要求

系统要求用两个按钮来控制 A、B、C 三组喷头工作（通过控制三组喷头的电动机来实现），三组喷头排列如图 4-32 所示。系统控制要求具体如下。

图 4-32　A、B、C 三组喷头排列图

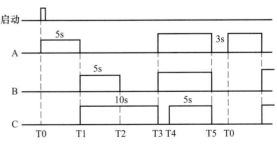

图 4-33　A、B、C 三组喷头工作时序图

图解PLC、变频器与触摸屏技术完全自学手册

当按下启动按钮后，A组喷头先喷5s后停止，然后B、C组喷头同时喷，5s后，B组喷头停止、C组喷头继续喷5s再停止，而后A、B组喷头喷7s，C组喷头在这7s的前2s内停止，后5s内喷水，接着A、B、C三组喷头同时停止3s，以后重复前述过程。按下停止按钮后，三组喷头同时停止喷水。图4-33为A、B、C三组喷头工作时序图。

4.3.2 确定输入/输出设备，并为其分配合适的I/O端子

喷泉控制需用到的输入/输出设备和对应的PLC端子见表4-1。

表4-1 喷泉控制采用的输入/输出设备和对应的PLC端子

输入			输出		
输入设备	对应PLC端子	功能说明	输出设备	对应PLC端子	功能说明
SB1	X000	启动控制	KM1线圈	Y000	驱动A组电动机工作
SB2	X001	停止控制	KM2线圈	Y001	驱动B组电动机工作
			KM3线圈	Y002	驱动C组电动机工作

4.3.3 绘制喷泉的PLC控制线路图

图4-34为喷泉的PLC控制线路图。

图4-34 喷泉的PLC控制线路图

4.3.4 编写PLC控制程序

启动三菱GX Developer编程软件，编写满足控制要求的梯形图程序，编写完成的梯形图如图4-35（a）所示，可以将它转换成图4-35（b）所示的指令语句表。

4.3.5 详解硬件线路和梯形图的工作原理

下面结合图4-34所示控制线路和图4-35所示梯形图来说明喷泉控制系统的工作原理。

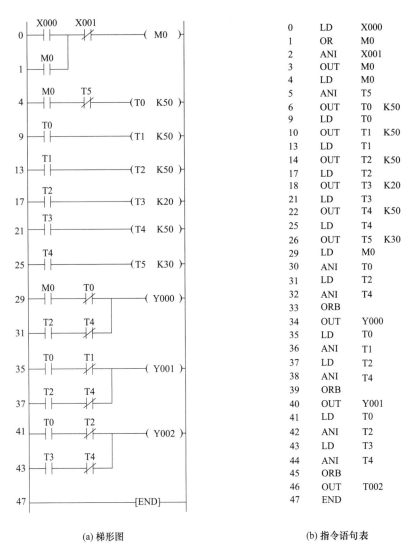

0	LD	X000
1	OR	M0
2	ANI	X001
3	OUT	M0
4	LD	M0
5	ANI	T5
6	OUT	T0 K50
9	LD	T0
10	OUT	T1 K50
13	LD	T1
14	OUT	T2 K50
17	LD	T2
18	OUT	T3 K20
21	LD	T3
22	OUT	T4 K50
25	LD	T4
26	OUT	T5 K30
29	LD	M0
30	ANI	T0
31	LD	T2
32	ANI	T4
33	ORB	
34	OUT	Y000
35	LD	T0
36	ANI	T1
37	LD	T2
38	ANI	T4
39	ORB	
40	OUT	Y001
41	LD	T0
42	ANI	T2
43	LD	T3
44	ANI	T4
45	ORB	
46	OUT	T002
47	END	

(a) 梯形图　　　　　　　　　　　(b) 指令语句表

图 4-35　喷泉控制程序

（1）启动控制

按下启动按钮SB1 → X000常开触点闭合 → 辅助继电器M0线圈得电 ┐

┌ [1]M0自锁触点闭合，锁定M0线圈供电
├ [29]M0常开触点闭合，Y000线圈得电 → KM1线圈得电 → 电动机A运转 → A组喷头工作
└ [4]M0常开触点闭合，定时器T0开始5s计时 ┐

　　　　　　　　　　　┌ [29]T0常闭触点断开 → Y000线圈失电 → 电动机A停转 → A组喷头停止工作
5s后，定时器T0动作 →│ [35]T0常开触点闭合 → Y001线圈得电 → 电动机B运转 → B组喷头工作
　　　　　　　　　　　│ [41]T0常开触点闭合 → Y002线圈得电 → 电动机C运转 → C组喷头工作
　　　　　　　　　　　└ [9]T0常开触点闭合，定时器T1开始5s计时 ┐

　　　　　　　　　　　┌ [35]T1常闭触点断开 → Y001线圈失电 → 电动机B停转 → B组喷头停止工作
5s后，定时器T1动作 →│
　　　　　　　　　　　└ [13]T1常开触点闭合，定时器T2开始5s计时 ┐

```
      ┌───                           ┌ [31]T2常开触点闭合 → Y000线圈得电 → 电动机A运转 → A组喷头开始工作
      │                              │ [37]T2常开触点闭合 → Y001线圈得电 → 电动机B运转 → B组喷头开始工作
      └─5s后，定时器T2动作 ─────────────┤ [41]T2常闭触点断开 → Y002线圈失电 → 电动机C停转 → C组喷头停止工作
      │                              └ [17]T2常开触点闭合，定时器T3开始2s计时 ───────────┐
      │                                                                              │
      │                              ┌ [43]T3常开触点闭合 → Y002线圈得电 → 电动机C运转 → C组喷头开始工作
      └─2s后，定时器T3动作 ─────────────┤
      │                              └ [21]T3常开触点闭合，定时器T4开始5s计时 ───────────┐
      │                                                                              │
      │                              ┌ [31]T4常闭触点断开 → Y000线圈失电 → 电动机A停转 → A组喷头停止工作
      │                              │ [37]T4常闭触点断开 → Y001线圈失电 → 电动机B停转 → B组喷头停止工作
      └─5s后，定时器T4动作 ─────────────┤ [43]T4常闭触点断开 → Y002线圈失电 → 电动机C停转 → C组喷头停止工作
      │                              └ [25]T4常开触点闭合，定时器T5开始3s计时 ───────────┐
      │                                                                              │
      └─3s后，定时器T5动作 → [4]T5常闭触点断开 → 定时器T0复位 ──────────────────────────────┘
```

┌─── [29]T0常闭触点闭合 → Y000线圈得电 → 电动机A运转

├─── [35]T0常开触点断开

├─── [41]T0常开触点断开

└─── [9]T0常开触点断开 → 定时器T1复位，T1所有触点复位，其中[13]T1常开触点断开使定时器T2复位 → T2所有触点复位，其中[17]T2常开触点断开使定时器T3复位 → T3所有触点复位，其中[21]T3常开触点断开使定时器T4复位 → T4所有触点复位，其中[25]T4常开触点断开使定时器T5复位 → [4]T5常闭触点闭合，定时器T0开始5s计时，以后会重复前面的工作过程

（2）停止控制

```
按下停止按钮SB2 → X001常闭触点断开 → M0线圈失电 → ┌ [1]M0自锁触点断开，解除自锁
                                                │
                                                └ [4]M0常开触点断开 → 定时器T0复位 ──┐
                                                                                  │
  ┌───────────────────────────────────────────────────────────────────────────────┘
  └─ T0所有触点复位，其中[9]T0常开触点断开 → 定时器T1复位 → T1所有触点复位，其中[13]T1常
     开触点断开使定时器T2复位 → T2所有触点复位，其中[17]T2常开触点断开使定时器T3复
     位→T3所有触点复位，其中[21]T3常开触点断开使定时器T4复位 → T4所有触点复位，其中[25]
     T4常开触点断开使定时器T5复位 → T5所有触点复位[4]T5常闭触点闭合 → 由于定时器T0～T5所
     有触点复位，Y000～Y002线圈均无法得电 → KM1～KM3线圈失电 → 电动机A、B、C均停转
```

4.4 交通信号灯的 PLC 控制系统开发实例

4.4.1 明确系统控制要求

系统要求用两个按钮来控制交通信号灯工作，交通信号灯排列如图 4-36 所示。系统控制要求具体如下。

当按下启动按钮后，南北红灯亮 25s，在南北红灯亮 25s 的时间里，东西绿灯先亮 20s 再以 1 次/s 的频率闪烁 3 次，接着东西黄灯亮 2s，25s 后南北红灯熄灭，熄灭时间维持 30s，在这 30s 时间里，东西红灯一直亮，南北绿灯先亮 25s，然后以 1 次/s 频率闪烁 3 次，接着南北黄灯亮 2s。以后重复该过程。按下停止按钮后，所有的灯都熄灭。交通信号灯的工作时序如图 4-37 所示。

4.4.2 确定输入/输出设备并为其分配合适的 PLC I/O 端子

交通信号灯控制需用到的输入/输出设备和对应的 PLC 端子见表 4-2。

图 4-36 交通信号灯排列

图 4-37 交通信号灯的工作时序

表 4-2 交通信号灯控制采用的输入/输出设备和对应的 PLC 端子

输入			输出		
输入设备	对应 PLC 端子	功能说明	输出设备	对应 PLC 端子	功能说明
SB1	X000	启动控制	南北红灯	Y000	驱动南北红灯亮
SB2	X001	停止控制	南北绿灯	Y001	驱动南北绿灯亮
			南北黄灯	Y002	驱动南北黄灯亮
			东西红灯	Y003	驱动东西红灯亮
			东西绿灯	Y004	驱动东西绿灯亮
			东西黄灯	Y005	驱动东西黄灯亮

4.4.3 绘制交通信号灯的 PLC 控制线路图

图 4-38 为交通信号灯的 PLC 控制线路。

图 4-38 交通信号灯的 PLC 控制线路

4.4.4 编写 PLC 控制程序

启动三菱 GX Developer 编程软件,编写满足控制要求的梯形图程序,编写完成的梯形图如图 4-39 所示。

4.4.5 详解硬件线路和梯形图的工作原理

下面对照图 4-38 控制线路、图 4-37 时序图和图 4-39 梯形图控制程序来说明交通信号灯的控制原理。

图 4-39 交通信号灯的梯形图控制程序

在图 4-39 的梯形图中，采用了一个特殊的辅助继电器 M8013，称作触点利用型特殊继电器，它利用 PLC 自动驱动线圈，用户只能利用它的触点，即画梯形图里只能画它的触点。M8013 是一个产生 1s 时钟脉冲的辅助继电器，其高低电平持续时间各为 0.5s，以图 4-39 梯形图 [34] 步为例，当 T0 常开触点闭合时，M8013 常闭触点接通、断开时间分别为 0.5s，Y004 线圈得电、失电时间也都为 0.5s。

（1）启动控制

（2）停止控制

➤ 2s后，定时器T5动作 →
- [42]T5常闭触点断开 → Y003线圈失电 → 东西红灯灭
- [52]T5常闭触点断开 → Y002线圈失电 → 南北黄灯灭
- [4]T5常闭触点断开，定时器T0复位，T0所有触点复位 ──

→ [9]T0常开触点复位断开使定时器T1复位 → [13]T1常开触点复位断开使定时器T2复位 → 同样地，定时器T3、T4、T5也依次复位 → 在定时器T0复位后，[32]T0常闭触点闭合，Y004线圈得电，东西绿灯亮；在定时器T2复位后，[29]T2常闭触点闭合，Y000线圈得电，南北红灯亮；在定时器T5复位后，[4]T5常闭触点闭合，定时器T0开始20s计时，以后又会重复前述过程

按下停止按钮SB2 → X001常闭触点断开 → 辅助继电器M0线圈失电 ──
- [1]M0自锁触点断开，解除M0线圈供电
- [29]M0常开触点断开，Y000线圈无法得电
- [32]M0常开触点断开 → Y004线圈无法得电
- [4]M0常开触点断开，定时器T0复位，T0所有触点复位 ──

→ [9]T0常开触点复位断开使定时器T1复位，T1所有触点均复位 → 其中[13]T1常开触点复位断开使定时器T2复位 → 同样地，定时器T3、T4、T5也依次复位 → 在定时器T1复位后，[39]T1常开触点断开，Y005线圈无法得电；在定时器T2复位后，[42]T2常开触点断开，Y003线圈无法得电；在定时器T3复位后，[47]T3常开触点断开，Y001线圈无法得电；在定时器T4复位后，[52]T4常开触点断开，Y002线圈无法得电 → Y000～Y005线圈均无法得电，所有交通信号灯都熄灭

第5章 步进指令的使用及实例

步进指令主要用于顺序控制编程，三菱 FX 系列 PLC 有 2 条步进指令：STL 和 RET。在顺序控制编程时，通常先绘制状态转移图（SFC 图），然后按照 SFC 图编写相应梯形图程序。状态转移图有单分支、选择性分支和并行分支三种方式。

5.1 状态转移图与步进指令

5.1.1 顺序控制与状态转移图

一个复杂的任务往往可以分成若干个小任务，当按一定的顺序完成这些小任务后，整个大任务也就完成了。在生产实践中，顺序控制是指按照一定的顺序逐步控制来完成各个工序

(a) 工序图

(b) 状态转移图(SFC图)

图 5-1　一种三台电动机顺序控制图

的控制方式。在采用顺序控制时，为了直观表示出控制过程，可以绘制顺序控制图。

图 5-1 是一种三台电动机顺序控制图，由于每一个步骤称作一个工艺，所以又称工序图。在 PLC 编程时，绘制的顺序控制图称为状态转移图，简称 SFC 图，图 5-1（b）为图 5-1（a）对应的状态转移图。

顺序控制有三个要素：转移条件、转移目标和工作任务。在图 5-1（a）中，当上一个工序需要转到下一个工序时必须满足一定的转移条件，如工序 1 要转到下一个工序 2 时，须按下启动按钮 SB2，若不按下 SB2，即不满足转移条件，就无法进行下一个工序 2。当转移条件满足后，需要确定转移目标，如工序 1 转移目标是工序 2。每个工序都有具体的工作任务，如工序 1 的工作任务是"启动第一台电动机"。

PLC 编程时绘制的状态转移图与顺序控制图相似，图 5-1（b）中的状态元件（状态继电器）S20 相当于工序 1，"SETY1"相当于工作任务，S20 的转移目标是 S21，S25 的转移目标是 S0，M8002 和 S0 用来完成准备工作，其中 M8002 为触点利用型辅助继电器，它只有触点，没有线圈，PLC 运行时触点会自动接通一个扫描周期，S0 为初始状态继电器，要在 S0～S9 中选择，其他的状态继电器通常在 S20～S499 中选择（三菱 FX_{2N} 系列）。

5.1.2 步进指令说明

PLC 顺序控制需要用到步进指令，三菱 FX_{2N} 系列 PLC 有 2 条步进指令：STL 和 RET。
（1）指令名称与功能
指令名称及功能如下：

指令名称（助记符）	功　　能
STL	步进开始指令，其功能是将步进接点接到左母线，该指令的操作元件为状态继电器 S
RET	步进结束指令，其功能是将子母线返回到左母线位置，该指令无操作元件

（2）使用举例

① STL 指令使用　STL 指令使用如图 5-2 所示，其中图（a）为梯形图，图（b）为其对应的指令语句表。状态继电器 S 只有常开触点，没有常闭触点，在绘制梯形图时，输入指令"〔STLS20〕"即能生成 S20 常开触点，S 常开触点闭合后，其右端相当于子母线，与子母线直接连接的线圈可以直接用 OUT 指令，相连的其他元件可用基本指令写出指令语句表，如触点用 LD 或 LDI 指令。

(a) 梯形图　　　　　　　　　　　　　　　(b) 指令语句表

图 5-2　STL 指令使用举例

梯形图说明如下：

当 X000 常开触点闭合时，[SETS20] 指令执行→状态继电器 S20 被置 1（置位）→S20 常开触点闭合→Y000 线圈得电；若 X001 常开触点闭合，Y001 线圈也得电；若 X002 常开触点闭合，[SETS21] 指令执行，状态继电器 S21 被置 1→S21 常开触点闭合。

② RET 指令使用　RET 指令使用如图 5-3 所示，其中图（a）为梯形图，图（b）为对应的指令语句表。RET 指令通常用在一系列步进指令的最后，表示状态流程的结束并返回主母线。

(a) 梯形图　　　　　　　　　　　　　(b) 指令语句表

图 5-3　RET 指令使用举例

5.1.3　步进指令在两种编程软件中的编写形式

在三菱 FXGP/WIN-C 和 GX Developer 编程软件中都可以使用步进指令编写顺序控制程序，但两者的编写方式有所不同。

图 5-4 为 FXGP/WIN-C 和 GX Developer 软件编写的功能完全相同梯形图，虽然两者的指令语句表程序完全相同，但梯形图却有区别，FXGP/WIN-C 软件编写的步程序段开始有一个 STL 触点（编程时输入"[STLS0]"即能生成 STL 触点），而 GX Developer 软件编写的步程序段无 STL 触点，取而代之的程序段开始是一个独占一行的"[STLS0]"指令。

5.1.4　状态转移图分支方式

状态转移图的分支方式主要有单分支方式、选择性分支方式和并行分支方式。图 5-1（b）的状态转移图为单分支，程序由前往后依次执行，中间没有分支，不复杂的顺序控制常采用这种单分支方式。较复杂的顺序控制可采用选择性分支方式或并行分支方式。

（1）选择性分支方式

选择性分支状态转移图如图 5-5（a）所示，在状态器 S21 后有两个可选择的分支，当 X1 闭合时执行 S22 分支，当 X4 闭合时执行 S24 分支，如果 X1 较 X4 先闭合，则只执行 X1 所在的分支，X4 所在的分支不执行。图 5-5（b）是依据图 5-5（a）画出的梯形图，图 5-5（c）则为对应的指令语句表。

三菱 FX 系列 PLC 最多允许有 8 个可选择的分支。

(a) 由FXGP/WIN-C软件编写　　　　　(b) 由GX Developer软件编写

图 5-4　由两个不同编程软件编写的功能相同的程序

(a) 状态转移图　　　(b) 梯形图　　　(c) 指令语句表

图 5-5　选择性分支方式

（2）并行分支方式

并行分支方式状态转移图如图 5-6（a）所示，在状态器 S21 后有两个并行的分支，并行分支用双线表示，当 X1 闭合时 S22 和 S24 两个分支同时执行，当两个分支都执行完成并且 X4 闭合时才能往下执行，若 S23 或 S25 任一条分支未执行完，即使 X4 闭合，也不会执行到 S26。图 5-6（b）是依据图 5-6（a）画出的梯形图，图 5-6（c）则为对应的指令语句表。

三菱 FX 系列 PLC 最多允许有 8 个并行的分支。

图 5-6　并行分支方式

(a) 状态转移图　　　　　　　　(b) 梯形图　　　　　　　　(c) 指令语句表

5.1.5　用步进指令编程注意事项

在使用步进指令编写顺序控制程序时，要注意以下事项。

① 初始状态（S0）应预先驱动，否则程序不能向下执行，驱动初始状态通常用控制系统的初始条件，若无初始条件，可用 M8002 或 M8000 触点进行驱动。

② 不同步程序的状态继电器编号不要重复。

③ 当上一个步程序结束，转移到下一个步程序时，上一个步程序中的元件会自动复位（SET、RST 指令作用的元件除外）。

④ 在步进顺序控制梯形图中可使用双线圈功能，即在不同步程序中可以使用同一个输出线圈，这是因为 CPU 只执行当前处于活动步的步程序。

⑤ 同一编号的定时器不要在相邻的步程序中使用，不是相邻的步程序中则可以使用。

⑥ 不能同时动作的输出线圈尽量不要设在相邻的步程序中，因为可能出现下一步程序开始执行时上一步程序未完全复位，这样会出现不能同时动作的两个输出线圈同时动作，如果必须要这样做，可以在相邻的步程序中采用软联锁保护，即给一个线圈串联另一个线圈的常闭触点。

⑦ 在步程序中可以使用跳转指令。在中断程序和子程序中也不能存在步程序。在步程序中最多可以有 4 级 FOR \ NEXT 指令嵌套。

⑧ 在选择分支和并行分支程序中，分支数最多不能超过 8 条，总的支路数不能超过 16 条。

⑨ 如果希望在停电恢复后继续维持停电前的运行状态，可使用 S500～S899 停电保持型状态继电器。

5.2　液体混合装置的 PLC 控制系统开发实例

5.2.1　明确系统控制要求

图 5-7　两种液体混合装置

两种液体混合装置如图 5-7 所示，YV1、YV2 分别为 A、B 液体注入控制电磁阀，电磁阀线圈通电时打开，液体可以流入，YV3 为 C 液体流出控制电磁阀，H、M、L 分别为高、中、低液位传感器，M 为搅拌电动机，通过驱动搅拌部件旋转使 A、B 液体充分混合均匀。

液体混合装置控制要求如下。

① 装置的容器初始状态应为空的，三个电磁阀都关闭，电动机 M 停转。按下启动按钮，YV1 电磁阀打开，注入 A 液体，当 A 液体的液位达到 M 位置时，YV1 关闭；然后 YV2 电磁阀打开，注入 B 液体，当 B 液体的液位达到 H 位置时，YV2 关闭；接着电动机 M 开始运转搅拌 20s，而后 YV3 电磁阀打开，C 液体（A、B 混合液）流出，当 C 液体的液位下降到 L 位置时，开始 20s 计时，在此期间 C 液体全部流出，20s 后 YV3 关闭，一个完整的周期完成。以后自动重复上述过程。

② 当按下停止按钮后，装置要完成一个周期才停止。

③ 可以用手动方式控制 A、B 液体的注入和 C 液体的流出，也可以手动控制搅拌电动机的运转。

5.2.2　确定输入/输出设备并分配合适的 I/O 端子

液体混合装置控制需用到的输入/输出设备和对应的 PLC 端子见表 5-1。

表 5-1　液体混合装置控制采用的输入/输出设备和对应的 PLC 端子

输入			输出		
输入设备	对应端子	功能说明	输出设备	对应端子	功能说明
SB1	X000	启动控制	KM1 线圈	Y001	控制 A 液体电磁阀
SB2	X001	停止控制	KM2 线圈	Y002	控制 B 液体电磁阀
SQ1	X002	检测低液位 L	KM3 线圈	Y003	控制 C 液体电磁阀
SQ2	X003	检测中液位 M	KM4 线圈	Y004	驱动搅拌电动机工作
SQ3	X004	检测高液位 H			
QS	X010	手动/自动控制切换（ON：自动；OFF：手动）			
SB3	X011	手动控制 A 液体流入			
SB4	X012	手动控制 B 液体流入			
SB5	X013	手动控制 C 液体流出			
SB6	X014	手动控制搅拌电动机			

5.2.3　绘制 PLC 控制线路图

图 5-8 为液体混合装置的 PLC 控制线路图。

图 5-8　液体混合装置的 PLC 控制线路图

5.2.4　编写 PLC 控制程序

（1）绘制状态转移图

在编写较复杂的步进程序时，建议先绘制状态转移图，再对照状态转移图的框架绘制梯形图。图 5-9 为液体混合装置控制的状态转移图。

（2）编写梯形图程序

启动三菱 PLC 编程软件，按状态转移图编写梯形图程序，编写完成的液体混合装置控制梯形图如图 5-10 所示，该程序使用三菱 FXGP/WIN-C 软件编写，也可以用三菱 GX Developer 软件编写，但要注意步进指令使用方法与 FXGP/WIN-C 软件有所不同，具体区别可见图 5-4。

图 5-9　液体混合装置控制的状态转移图

5.2.5　详解硬件线路和梯形图的工作原理

下面结合图 5-8 控制线路和图 5-10 梯形图来说明液体混合装置的工作原理。

液体混合装置有自动和手动两种控制方式，它由开关 QS 来决定（QS 闭合：自动控制；QS 断开：手动控制）。要让装置工作在自动控制方式，除了开关 QS 应闭合外，装置还须满足自动控制的初始条件（又称原点条件），否则系统将无法进入自动控制方式。装置的原点条件是 L、M、H 液位传感器的开关 SQ1、SQ2、SQ3 均断开，电磁阀 YV1、YV2、YV3 均关闭，电动机 M 停转。

（1）检测原点条件

图 5-10 梯形图中的第 0 梯级程序用来检测原点条件（或称初始条件）。在自动控制工作前，若装置中的 C 液体位置高于传感器 L→SQ1 闭合→X002 常闭触点断开，或 Y001～

图 5-10 液体混合装置控制梯形图

Y004 常闭触点断开（由 Y001～Y004 线圈得电引起，电磁阀 YV1、YV2、YV3 和电动机 M 会因此得电工作），均会使辅助继电器 M0 线圈无法得电，第 16 梯级中的 M0 常开触点断开，无法对状态继电器 S20 置位，第 35 梯级 S20 常开触点断开，S21 无法置位，这样会依次使 S21、S22、S23、S24 常开触点无法闭合，装置无法进入自动控制状态。

如果是因为 C 液体未排完而使装置不满足自动控制的原点条件，可手工操作 SB5 按钮，使 X013 常开触点闭合，Y003 线圈得电，接触器 KM3 线圈得电，KM3 触点闭合接通电磁阀 YV3 线圈电源，YV3 打开，将 C 液体从装置容器中放完，液位传感器 L 的 SQ1 断开，X002 常闭触点闭合，M0 线圈得电，从而满足自动控制所需的原点条件。

（2）自动控制过程

在启动自动控制前，需要做一些准备工作，包括操作准备和程序准备。

① 操作准备：将手动/自动切换开关 QS 闭合，选择自动控制方式，图 5-10 中第 16 梯级中的 X010 常开触点闭合，为接通自动控制程序段做准备，第 22 梯级中的 X010 常闭触点断开，切断手动控制程序段。

② 程序准备：在启动自动控制前，第 0 梯级程序会检测原点条件，若满足原点条件，则辅助继电器线圈 M0 得电，第 16 梯级中的 M0 常开触点闭合，为接通自动控制程序段做准备。另外，当程序运行到 M8002（触点利用型辅助继电器，只有触点没有线圈）时，M8002 自动接通一个扫描周期，"SETS0" 指令执行，将状态继电器 S0 置位，第 16 梯级中的 S0 常开触点闭合，也为接通自动控制程序段做准备。

③ 启动自动控制：按下启动按钮 SB1→[16] X000 常开触点闭合→状态继电器 S20 置位→[35] S20 常开触点闭合→Y001 线圈得电→Y001 端子内硬触点闭合→KM1 线圈得电→主电路中 KM1 主触点闭合（图 5-8 中未画出主电路部分）→电磁阀 YV1 线圈通电，阀门打开，注入 A 液体→当 A 液体高度到达液位传感器 M 位置时，传感器开关 SQ2 闭合→[37] X003 常开触点闭合→状态继电器 S21 置位→[40] S21 常开触点闭合，同时 S20 自动复位，[35] S20 触点断开→Y002 线圈得电，Y001 线圈失电→电磁阀 YV2 阀门打开，注入 B 液体→当 B 液体高度到达液位传感器 H 位置时，传感器开关 SQ3 闭合→[42] X004 常开触点闭合→状态继电器 S22 置位→[45] S22 常开触点闭合，同时 S21 自动复位，[40] S21 触点断开→Y004 线圈得电，Y002 线圈失电→搅拌电动机 M 运转，同时定时器 T0 开始 20s 计时→20s 后，定时器 T0 动作→[50] T0 常开触点闭合→状态继电器 S23 置位→[53] S23 常开触点闭合→Y003 线圈被置位→电磁阀 YV3 打开，C 液体流出→当液体下降到液位传感器 L 位置时，传感器开关 SQ1 断开→[10] X002 常开触点断开（在液体高于 L 位置时 SQ1 处于闭合状态）→下降沿脉冲会为继电器 M1 线圈接通一个扫描周期→[55] M1 常开触点闭合→状态继电器 S24 置位→[58] S24 常开触点闭合，同时 [53] S23 触点断开，由于 Y003 线圈是置位得电，故不会失电→[58] S24 常开触点闭合后，定时器 T1 开始 20s 计时→20s 后，[62] T1 常开触点闭合，Y003 线圈被复位→电磁阀 YV3 关闭，与此同时，S20 线圈得电，[35] S20 常开触点闭合，开始下一次自动控制。

④ 停止控制：在自动控制过程中，若按下停止按钮 SB2→[6] X001 常开触点闭合→[6] 辅助继电器 M2 得电→[7] M2 自锁触点闭合，锁定供电；[68] M2 常闭触点断开，状态继电器 S20 无法得电，[16] S20 常开触点断开；[64] M2 常开触点闭合，当程序运行到 [64] 时，T1 闭合，状态继电器 S0 得电，[16] S0 常开触点闭合，但由于常开触点 X000 处于断开（SB1 断开），状态继电器 S20 无法置位，[35] S20 常开触点处于断开，自动控制程序段无法运行。

（3）手动控制过程

将手动/自动切换开关 QS 断开，选择手动控制方式→[16] X010 常开触点断开，状态继电器 S20 无法置位，[35] S20 常开触点断开，无法进入自动控制；[22] X010 常闭触点闭合，接通手动控制程序→按下 SB3，X011 常开触点闭合，Y001 线圈得电，电磁阀 YV1 打开，注入 A 液体→松开 SB3，X011 常闭触点断开，Y001 线圈失电，电磁阀 YV1 关闭，停止注入 A 液体→按下 SB4 注入 B 液体，松开 SB4 停止注入 B 液体→按下 SB5 排出 C 液体，松开 SB5 停止排出 C 液体→按下 SB6 搅拌液体，松开 SB5 停止搅拌液体。

5.3 简易机械手的 PLC 控制系统开发实例

5.3.1 明确系统控制要求

简易机械手结构如图 5-11 所示。M1 为控制机械手左右移动的电动机，M2 为控制机械手上下升降的电动机，YV 线圈用来控制机械手夹紧放松，SQ1 为左到位检测开关，SQ2 为右到位检测开关，SQ3 为上到位检测开关，SQ4 为下到位检测开关，SQ5 为工件检测开关。

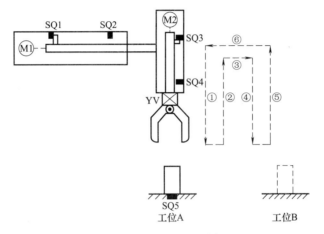

图 5-11　简易机械手的结构

简易机械手控制要求如下。

① 机械手要将工件从工位 A 移到工位 B 处。

② 机械手的初始状态（原点条件）是机械手应停在工位 A 的上方，SQ1、SQ3 均闭合。

③ 若原点条件满足且 SQ5 闭合（工件 A 处有工件），按下启动按钮，机械按"原点→下降→夹紧→上升→右移→下降→放松→上升→左移→原点停止"步骤工作。

5.3.2 确定输入/输出设备并分配合适的 I/O 端子

简易机械手控制需用到的输入/输出设备和对应的 PLC 端子见表 5-2。

表 5-2　简易机械手控制采用的输入/输出设备和对应的 PLC 端子

输入			输出		
输入设备	对应端子	功能说明	输出设备	对应端子	功能说明
SB1	X000	启动控制	KM1 线圈	Y000	控制机械手右移
SB2	X001	停止控制	KM2 线圈	Y001	控制机械手左移
SQ1	X002	左到位检测	KM3 线圈	Y002	控制机械手下降
SQ2	X003	右到位检测	KM4 线圈	Y003	控制机械手上升
SQ3	X004	上到位检测	KM5 线圈	Y004	控制机械手夹紧
SQ4	X005	下到位检测			
SQ5	X006	工件检测			

5.3.3 绘制 PLC 控制线路图

图 5-12 为简易机械手的 PLC 控制线路图。

图 5-12　简易机械手的 PLC 控制线路图

5.3.4　编写 PLC 控制程序

（1）绘制状态转移图

图 5-13 为简易机械手控制的状态转移图。

（2）编写梯形图程序

启动三菱编程软件，按照图 5-13 所示的状态转移图编写梯形图，编写完成的梯形图如图 5-14 所示。

5.3.5　详解硬件线路和梯形图的工作原理

下面结合图 5-12 控制线路图和图 5-14 梯形图来说明简易机械手的工作原理。

武术运动员在表演武术时，通常会在表演场地某位置站立好，然后开始进行各种武术套路表演，表演结束后会收势成表演前的站立状态。同样地，大多数机电设备在工作前先要回到初始位置（相当于运动员的表演前的站立位置），然后在程序的控制下，机电设备开始各种操作，操作结束又会回到初始位置，机电设备的初始位置也称原点。

（1）初始化操作

当 PLC 通电并处于"RUN"状态时，程序会先进行初始化操作。程序运行时，M8002 会接通一个扫描周期，线圈 Y0～Y4 先被 ZRST 指令（该指令的用法见第 6 章）批量复位，同时状态继电器 S0 被置位，〔7〕S0 常开触点闭合，状态继电器 S20～S30 被 ZRST 指令批量复位。

（2）启动控制

① 原点条件检测。〔13〕～〔28〕之间为原点检测程序。按下启动按钮 SB1，〔3〕X000 常开触点闭合，辅助继电器 M0 线圈得电，M0 自锁触点闭合，锁定供电，同时〔19〕M0

图 5-13　简易机械手控制状态转移图

117

图 5-14 简易机械手控制梯形图

常开触点闭合，Y004 线圈复位，接触器 KM5 线圈失电，机械手夹紧线圈失电而放松，另外 [13]、[16]、[22] M0 常开触点也均闭合。若机械手未左到位，开关 SQ1 闭合，[13] X002 常闭触点闭合，Y001 线圈得电，接触器 KM1 线圈得电，通过电动机 M1 驱动机械手右移，右移到位后 SQ1 断开，[13] X002 常闭触点断开；若机械手未上到位，开关 SQ3 闭合，[16] X004 常闭触点闭合，Y003 线圈得电，接触器 KM4 线圈得电，通过电动机 M2 驱动机械手上升，上升到位后 SQ3 断开，[13] X004 常闭触点断开。如果机械手左到位、上到位且工位 A 有工件（开关 SQ5 闭合），则 [22] X002、X004、X006 常开触点均闭合，状态继电器 S20 被置位，[28] S20 常开触点闭合，开始控制机械手搬运工件。

② 机械手搬运工件控制。[28] S20 常开触点闭合→Y002 线圈得电，KM3 线圈得电，通过电动机 M2 驱动机械手下移，当下移到位后，下到位开关 SQ4 闭合，[30] X005 常开触点闭合，状态继电器 S21 被置位→[33] S21 常开触点闭合→Y004 线圈被置位，接触器 KM5 线圈得电，夹紧线圈得电将工件夹紧，与此同时，定时器 T0 开始 1s 计时→1s 后，[38] T0 常开触点闭合，状态继电器 S22 被置位→[41] S22 常开触点闭合→Y003 线圈得电，KM4 线圈得电，通过电动机 M2 驱动机械手上移，当上移到位后，开关 SQ3 闭合，[43] X004 常开触点闭合，状态继电器 S23 被置位→[46] S23 常开触点闭合→Y000 线圈得电，KM1 线圈得电，通过电动机 M1 驱动机械手右移，当右移到位后，开关 SQ2 闭合，[48] X003 常开触点闭合，状态继电器 S24 被置位→[51] S24 常开触点闭合→Y002 线圈得

电，KM3 线圈得电，通过电动机 M2 驱动机械手下降，当下降到位后，开关 SQ4 闭合，
［53］X005 常开触点闭合，状态继电器 S25 被置位→［56］S25 常开触点闭合→Y004 线圈被
复位，接触器 KM5 线圈失电，夹紧线圈失电将工件放下，与此同时，定时器 T0 开始 1s 计
时→1s 后，［61］T0 常开触点闭合，状态继电器 S26 被置位→［64］S26 常开触点闭合→
Y003 线圈得电，KM4 线圈得电，通过电动机 M2 驱动机械手上升，当上升到位后，开关
SQ3 闭合，［66］X004 常开触点闭合，状态继电器 S27 被置位→［69］S27 常开触点闭合→
Y001 线圈得电，KM2 线圈得电，通过电动机 M1 驱动机械手左移，当左移到位后，开关
SQ1 闭合，［71］X002 常开触点闭合，如果上到位开关 SQ3 和工件检测开关 SQ5 均闭合，
则状态继电器 S20 被置位→［28］S20 常开触点闭合，开始下一次工件搬运。若工位 A 无工
件，SQ5 断开，机械手会停在原点位置。

（3）停止控制

按下停止按钮 SB2→［3］X001 常闭触点断开→辅助继电器 M0 线圈失电→［6］、［13］、
［16］、［19］、［22］、［71］M0 常开触点均断开，其中［6］M0 常开触点断开解除 M0 线圈
供电，其他 M0 常开触点断开使状态继电器 S20 无法置位，［28］S20 步进触点无法闭合，
［28］～［76］之间的程序无法运行，机械手不工作。

5.4 大小铁球分拣机的 PLC 控制系统开发实例

5.4.1 明确系统控制要求

大小铁球分拣机结构如图 5-15 所示。M1 为传送带电动机，通过传送带驱动机械手臂左
向或右向移动；M2 为电磁铁升降电动机，用于驱动电磁铁 YA 上移或下移；SQ1、SQ4、
SQ5 分别为混装球箱、小球球箱、大球球箱的定位开关，当机械手臂移到某球箱上方时，
相应的定位开关闭合；SQ6 为接近开关，当铁球靠近时开关闭合，表示电磁铁下方有球
存在。

图 5-15 大小铁球分拣机的结构

大小铁球分拣机控制要求及工作过程如下。

① 分拣机要从混装球箱中将大小球分拣出来，并将小球放入小球箱内，大球放入大球箱内。

② 分拣机的初始状态（原点条件）是机械手臂应停在混装球箱上方，SQ1、SQ3 均闭合。

③ 在工作时，若 SQ6 闭合，则电动机 M2 驱动电磁铁下移，2s 后，给电磁铁通电从混装球箱中吸引铁球，若此时 SQ2 处于断开，表示吸引的是大球，若 SQ2 处于闭合，则吸引的是小球，然后电磁铁上移，SQ3 闭合后，电动机 M1 带动机械手臂右移，如果电磁铁吸引的为小球，机械手臂移至 SQ4 处停止，电磁铁下移，将小球放入小球箱（让电磁铁失电），而后电磁铁上移，机械手臂回归原位，如果电磁铁吸引的是大球，机械手臂移至 SQ5 处停止，电磁铁下移，将小球放入大球箱，而后电磁铁上移，机械手臂回归原位。

5.4.2　确定输入/输出设备并分配合适的 I/O 端子

大小铁球分拣机控制系统用到的输入/输出设备和对应的 PLC 端子见表 5-3。

表 5-3　大小铁球分拣机控制采用的输入/输出设备和对应的 PLC 端子

输入			输出		
输入设备	对应端子	功能说明	输出设备	对应端子	功能说明
SB1	X000	启动控制	HL	Y000	工作指示
SQ1	X001	混装球箱定位	KM1 线圈	Y001	电磁铁上升控制
SQ2	X002	电磁铁下限位	KM2 线圈	Y002	电磁铁下降控制
SQ3	X003	电磁铁上限位	KM3 线圈	Y003	机械手臂左移控制
SQ4	X004	小球球箱定位	KM4 线圈	Y004	机械手臂右移控制
SQ5	X005	大球球箱定位	KM5 线圈	Y005	电磁铁吸合控制
SQ6	X006	铁球检测			

5.4.3　绘制 PLC 控制线路图

图 5-16 为大小铁球分拣机的 PLC 控制线路图。

图 5-16　大小铁球分拣机的 PLC 控制线路图

5.4.4 编写 PLC 控制程序

（1）绘制状态转移图

分拣机拣球时抓的可能为大球，也可能为小球，若抓的为大球则执行抓取大球控制，若抓的为小球则执行抓取小球控制，这是一种选择性控制，编程时应采用选择性分支方式。图5-17 为大小铁球分拣机控制的状态转移图。

（2）编写梯形图程序

启动三菱编程软件，根据图 5-17 所示的状态转移图编写梯形图，编写完成的梯形图如图 5-18 所示。

5.4.5 详解硬件线路和梯形图的工作原理

下面结合图 5-15 分拣机结构图、图 5-16 控制线路图和图 5-18 梯形图来说明分拣机的工作原理。

（1）检测原点条件

图 5-18 梯形图中的第 0 梯级程序用来检测分拣机是否满足原点条件。分拣机的原点条件有：一，机械手臂停止混装球箱上方（会使定位开关 SQ1 闭合，[0] X001 常开触点闭合）；二，电磁铁处于上限位位置（会使上限位开关 SQ3 闭合，[0] X003 常开触点闭合）；三，电磁铁未通电（Y005 线圈无电，电磁铁也无供电，[0] Y005 常闭触点闭合）；四，有铁球处于电磁铁正下方（会使铁球检测开关 SQ6 闭合，[0] X006 常开触点闭合）。这四点都满足后，[0] Y000 线圈得电，[8] Y000 常开触点闭合，同时 Y000 端子的内硬触点接通，指示灯 HL 亮，HL 不亮，说明原点条件不满足。

（2）工作过程

图 5-17 大小铁球分拣机控制的状态转移图

M8000 为运行监控辅助继电器，只有触点无线圈，在程序运行时触点一直处于闭合状态，M8000 闭合后，初始状态继电器 S0 被置位，[8] S0 常开触点闭合。

按下启动按钮 SB1→[8] X000 常开触点闭合→状态继电器 S21 被置位→[13] S21 常开触点闭合→[13] Y002 线圈得电，通过接触器 KM2 使电动机 M2 驱动电磁铁下移，与此同时，定时器 T0 开始 2s 计时→2s 后，[18] 和 [22] T0 常开触点均闭合，若下限位开关SQ2 处于闭合，表明电磁铁接触为小球，[18] X002 常开触点闭合，[22] X002 常闭触点断开，状态继电器 S22 被置位，[26] S22 常开触点闭合，开始抓小球控制程序，若下限位开关 SQ2 处于断开，表明电磁铁接触为大球，[18] X002 常开触点断开，[22] X002 常闭触

图 5-18 大小铁球分拣机控制的梯形图

点闭合，状态继电器 S25 被置位，[45] S25 常开触点闭合，开始抓大球控制程序。

① 小球抓取过程。[26] S22 常开触点闭合后，Y005 线圈被置位，通过 KM5 使电磁铁通电抓取小球，同时定时器 T1 开始 1s 计时→1s 后，[31] T1 常开触点闭合，状态继电器 S23 被置位→[34] S23 常开触点闭合，Y001 线圈得电，通过 KM1 使电动机 M2 驱动电磁铁上升→当电磁铁上升到位后，上限位开关 SQ3 闭合，[36] X003 常开触点闭合，状态继电器 S24 被置位→[39] S24 常开触点闭合，Y004 线圈得电，通过 KM4 使电动机 M1 驱动机械手臂右移→当机械手臂移到小球箱上方时，小球箱定位开关 SQ4 闭合→[39] X004 常闭触点断开，Y004 线圈失电，机械手臂停止移动，同时 [42] X004 常开触点闭合，状态继电器 S30 被置位，[64] S30 常开触点闭合，开始放球过程。

② 放球并返回过程。[64] S30 常开触点闭合后，Y002 线圈得电，通过 KM2 使电动机 M2 驱动电磁铁下降，当下降到位后，下限位开关 SQ2 闭合→[66] X002 常开触点闭合，状态继电器 S31 被置位→[69] S31 常开触点闭合→Y005 线圈被复位，电磁铁失电，将球放入球箱，与此同时，定时器 T2 开始 1s 计时→1s 后，[74] T2 常开触点闭合，状态继电器 S32 被置位→[77] S32 常开触点闭合→Y001 线圈得电，通过 KM1 使电动机 M2 驱动电磁铁上升→当电磁铁上升到位后，上限位开关 SQ3 闭合，[79] X003 常开触点闭合，状态继电器 S33 被置位→[82] S33 常开触点闭合→Y003 线圈得电，通过 KM3 使电动机 M1 驱动机械

手臂左移→当机械手臂移到混装球箱上方时，混装球箱定位开关 SQ1 闭合→[82] X001 常闭触点断开，Y003 线圈失电，电动机 M1 停转，机械手臂停止移动，与此同时，[85] X001 常开触点闭合，状态继电器 S0 被置位，[8] S0 常开触点闭合，若按下启动按钮 SB1，则开始下一次抓球过程。

③ 大球抓取过程。[45] S25 常开触点闭合后，Y005 线圈被置位，通过 KM5 使电磁铁通电抓取大球，同时定时器 T1 开始 1s 计时→1s 后，[50] T1 常开触点闭合，状态继电器 S26 被置位→[53] S26 常开触点闭合，Y001 线圈得电，通过 KM1 使电动机 M2 驱动电磁铁上升→当电磁铁上升到位后，上限位开关 SQ3 闭合，[55] X003 常开触点闭合，状态继电器 S27 被置位→[58] S27 常开触点闭合，Y004 线圈得电，通过 KM4 使电动机 M1 驱动机械手臂右移→当机械手臂移到大球箱上方时，大球箱定位开关 SQ5 闭合→[58] X005 常闭触点断开，Y004 线圈失电，机械手臂停止移动，同时 [61] X005 常开触点闭合，状态继电器 S30 被置位，[64] S30 常开触点闭合，开始放球过程。大球的放球与返回过程与小球完全一样，不再叙述。

5.5 交通信号灯的 PLC 控制系统开发实例

在第 4 章介绍了用普通指令编程对交通信号灯进行简单控制，下面介绍一种较完善的采用步进指令的交通信号灯控制系统。

5.5.1 明确系统控制要求

系统要求对交通信号灯能进行自动和手动控制。

（1）自动控制要求

自动控制分白天（6：00—23：00）和晚上（23：00—6：00）。

白天控制时序如图 5-19 所示，南北红灯亮 30s，在南北红灯亮 30s 的时间里，东西绿灯先亮 25s 再以 1 次/s 频率闪烁 3 次，接着东西黄灯亮 2s，30s 后南北红灯熄灭，熄灭时间维持 30s，在这 30s 时间里，东西红灯一直亮，南北绿灯先亮 25s，然后以 1 次/s 频率闪烁 3 次，接着南北黄灯亮 2s。以后重复前述过程。

图 5-19 交通信号灯的白天控制时序

晚上的控制要求是所有红绿灯熄灭，只有黄灯闪烁。

（2）手动控制要求

在紧急情况下，可以采用手动方式强制东西或南北方向通行，即强行让东西或南北绿灯亮。

5.5.2 确定输入/输出设备并分配合适的 I/O 端子

交通信号灯控制需用到的输入/输出设备和对应的 PLC 端子见表 5-4。

表 5-4　交通信号灯控制采用的输入/输出设备和对应的 PLC 端子

输入			输出		
输入设备	对应端子	功能说明	输出设备	对应端子	功能说明
SA1	X000	手动/自动选择(ON:手动;OFF:自动)	南北红灯	Y004	驱动南北红灯亮
SA2	X001	强制通行控制	南北绿灯	Y005	驱动南北绿灯亮
			南北黄灯	Y006	驱动南北黄灯亮
			东西红灯	Y002	驱动东西红灯亮
			东西绿灯	Y000	驱动东西绿灯亮
			东西黄灯	Y001	驱动东西黄灯亮

5.5.3　绘制 PLC 控制线路图

图 5-20 为交通信号灯的 PLC 控制线路图。

图 5-20　交通信号灯的 PLC 控制线路图

5.5.4　编写 PLC 控制程序

（1）绘制状态转移图

在控制交通信号灯时，要求南北信号灯和东西信号灯同时工作，这是一种并行控制，编程时应采用并行分支方式。图 5-21 为交通信号灯控制的状态转移图。

（2）编写梯形图程序

启动三菱编程软件，按照图 5-21 所示的状态转移图编写梯形图，编写完成的梯形图如图 5-22 所示。

5.5.5　详解硬件线路和梯形图的工作原理

下面对照图 5-20 控制线路图和图 5-22 梯形图来说明交通信号灯的控制原理。

交通信号灯控制分自动和手动两种方式，工作在哪种方式由开关 SA1 决定，SA1 断开为自动控制方式，SA1 闭合为手动控制方式。自动控制分白天控制和晚上控制，手动控制用于实现东西方向或南北方向强制通行。

（1）自动控制过程

① 检测白天和晚上。图 5-22 梯形图中的第 0～11 梯级之间的程序用来检测当前时间，以分辨当前为白天还是晚上。D8015 为数据寄存器，存储当前时间的小时值，其值随 PLC

图 5-21　交通信号灯控制的状态转移图

时间变化而变化。当 D8015 的值大于或等于 23，或者小于 6 时，说明当前时间为晚上，否则为白天。若程序检测到当前时间为晚上，则为辅助继电器 M1 线圈接通电源，在白天 M1 无法得电。

②　白天控制过程。在程序运行时，［0］～［11］段程序检测当前时间为白天，M1 线圈不得电，［11］S20 常开触点断开，M0 线圈不会置位，由于 SA1 处于断开状态，［14］X000 常开触点断开，M0 线圈不会复位，［19］M0 常开触点处于断开，定时器 T0 无法进行 60s 计时。当程序运行到［24］时，M8002 辅助继电器触点接通一个扫描周期，使状态继电器 S0 置位，同时状态继电器 S10～S60 和输出线圈 Y000～Y015 全部被复位（ZRST 为成批复位指令）。［24］～［49］之间为初始化程序，在程序执行到 M8002 时，或者 SA1、SA2、M1 断开或接通时，均会进行初始化操作，即将 S0 置位，将 S10～S60 和 Y000～Y015 全部复位。状态继电器 S0 置位后，［49］S0 常开触点闭合，由于开关 SA1 处于断开，［53］X000 常开触点断开，［49］X000 常闭触点闭合，状态继电器 S1 被置位→［56］S1 常开触点闭合，状态继电器 S10 被置位→［66］S10 常开触点闭合，因 M8000 触点在程序运行时总是闭合的，故状态继电器 S20 和 S30 同时都被置位→［11］S20 常开触点闭合，辅助继电器 M0 被置位，［19］M0 常开触点闭合，定时器 T0 开始 60s 计时，与此同时，［73］S20 常开触点闭合，［126］S30 常开触点闭合，同时开始东西、南北交通灯控制。

a. 东西交通灯控制。［73］S20 常开触点闭合后→Y000 线圈得电，Y000 端子内硬触点闭合，东西绿灯亮→当定时器 T0 计时到 25s 时，状态继电器 S21 置位→［82］S21 常开触点闭合，定时器 T1 开始 0.5s 计时（由于此时［73］S20 已复位断开，Y000 线圈失电，东西绿灯熄灭 0.5s）→0.5s 后，［86］T1 常开触点闭合，状态继电器 S22 被置位→［89］S22 常开触点闭合，Y000 线圈又得电，东西绿灯亮，与此同时，定时器 T2 开始 0.5s 计时→0.5s

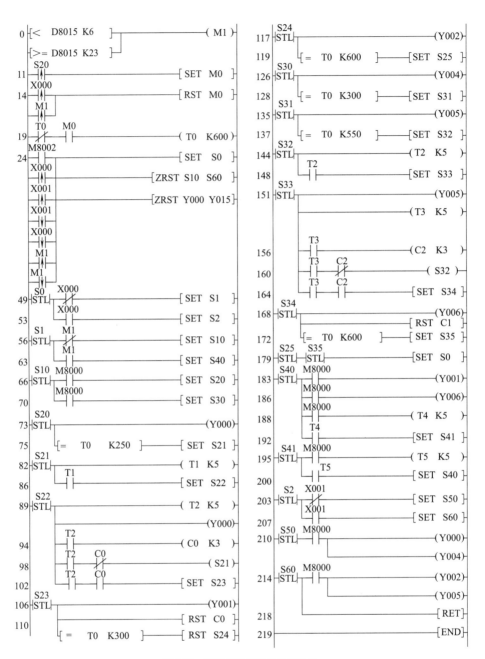

图 5-22　交通信号灯控制的梯形图

后，[94]、[98]、[102] T2 常开触点均闭合→[94] T2 常开触点闭合使计数器 C0 的计数值为 1，[98] T2 常开触点闭合使状态继电器 S21 线圈得电→[82] S21 常开触点闭合，定时器 T1 又开始 0.5s 计时，这样 [82]～[98] 段程序会执行 3 次，即东西绿灯会闪烁 3 次（3s），当第 3 次执行到 [94] 程序时，计数器 C0 的计数值为 3，计数器 C0 动作→[98] C0 常闭触点断开，状态继电器 S21 失电，[102] C0 常开触点闭合，状态继电器 S23 被置位→[106] S23 常开触点闭合，Y001 线圈得电，东西黄灯亮，同时计数器 C0 被复位→当定时器 T0 计时到 30s 时，状态继电器 S24 被置位→[106] S23 常开触点复位断开，Y001 线圈失电，东西黄灯灭，同时 [117] S24 常开触点闭合，Y002 线圈得电，东西红灯亮→当定时器

T0 计时到 60s 时（东西红灯亮 30s），状态继电器 S25 被置位→［179］S25 常开触点闭合，如果此时南北灯控制程序使［179］S35 常开触点闭合（即［172］状态继电器 S35 被置位），则状态继电器 S0 被置位→［49］S0 常开触点闭合，开始下一个周期交通信号灯控制。

b. 南北信号灯控制。［126］S30 常开触点闭合→Y004 线圈得电，南北红灯亮→当定时器 T0 计时到 30s 时，状态继电器 S31 置位→［126］S30 常开触点复位断开，Y004 线圈失电，南北灯灭，同时 Y005 线圈得电，南北绿灯亮→当定时器 T0 计时到 55s 时，状态继电器 S32 被置位→［144］S32 常开触点闭合，定时器 T2 开始 0.5s 计时→0.5s 后，［148］T2 常开触点闭合，状态继电器 S33 被置位→［151］S33 常开触点闭合，Y005 线圈又得电，南北绿灯又亮，与此同时，定时器 T3 开始 0.5s 计时→0.5s 后，［156］、［160］、［164］T3 常开触点均闭合→［156］T3 常开触点闭合使计数器 C2 的计数值为 1，［160］T3 常开触点闭合将状态继电器 S32 置位→［144］S32 常开触点闭合，定时器 T2 又开始 0.5s 计时，这样［144］～［160］段程序会执行 3 次，即南北绿灯会闪烁 3 次（3s），当第 3 次执行到［156］程序时，计数器 C2 的计数值为 3，计数器 C2 动作→［160］C2 常闭触点断开，状态继电器 S32 失电，［164］C2 常开触点闭合，状态继电器 S34 被置位→［151］S33 常开触点复位断开，Y005 线圈失电，南北绿灯灭，同时［168］S34 常开触点闭合，Y006 线圈得电，南北黄灯亮，计数器 C1 复位→当定时器 T0 计时到 60s 时，状态继电器 S35 被置位→［179］S35 常开触点闭合，如果此时东西灯控制程序使［179］S25 常开触点闭合则状态继电器 S0 被置位→［49］S0 常开触点闭合，开始下一个周期交通信号灯控制。

③ 晚上控制过程。当［0］～［11］段程序检测到当前时间为晚上（23：00～6：00）时，辅助继电器 M1 线圈得电→［15］M1 常开触点瞬间闭合一个扫描周期，辅助继电器 M0 被复位，［19］M0 常开触点断开，定时器 T0 停止 60s 计时，白天控制程因为 60s 参考时间而无法工作；与此同时，［56］M1 常闭触点也断开，［63］M1 常开触点闭合，状态继电器 S40 被置位→［183］S40 常开触点闭合→Y001、Y006 线圈得电，东西和南北黄灯均亮，同时定时器 T4 开始 0.5s 计时→0.5s 后，状态继电器 S41 被置位，［195］S41 常开触点闭合（同时［183］触点复位断开使东西和南北灯灭），定时器 T5 开始 0.5s 计时→0.5s 后，状态继电器 S40 被置位→［183］S40 常开触点闭合，又开始重复上述过程。即在晚上时间，东西和南北灯都以 0.5s 亮 0.5s 灭的频率闪烁。

（2）手动控制过程

将开关 SA1 闭合时，程序将工作在手动控制状态，而操作开关 SA2 可以实现东西或南北强制通行（即强行让东西或南北绿灯亮），SA2 断开时，强制让东西绿灯亮，SA2 闭合则强制南北绿灯亮。

当开关 SA1 闭合时，［14］X000 常开触点瞬间闭合一个扫描周期，辅助继电器 M0 被置位，［19］M0 常开触点断开，定时器 T0 停止 60s 计时，在［14］X000 触点闭合的同时，［49］X000 常闭触点断开，［53］X000 常开触点闭合，状态继电器 S2 被置位→［203］S2 常开触点闭合。如果开关 SA2 处于断开，［203］X001 常闭触点闭合，［207］X001 常开触点断开，状态继电器 S50 被置位，［210］S50 常开触点闭合，Y000、Y004 线圈得电，东西绿灯亮，强制东西方向通行。如果开关 SA2 处于闭合，［203］X001 常闭触点断开，［207］X001 常开触点闭合，状态继电器 S60 被置位，［214］S60 常开触点闭合，Y002、Y005 线圈得电，南北绿灯亮，强制南北方向通行。

Chapter 06

第6章　应用指令使用详解

PLC 的指令分为基本应用指令、步进指令和功能指令（又称应用指令）。基本应用指令和步进指令的操作对象主要是继电器、定时器和计数器类的软元件，用于替代继电器控制线路进行顺序逻辑控制。为了适应现代工业自动控制需要，现在的 PLC 都增加一些应用指令，应用指令使 PLC 具有很强大的数据运算和特殊处理功能，从而大大扩展了 PLC 的使用范围。

6.1　应用指令的格式与规则

6.1.1　应用指令的格式

应用指令由功能助记符、功能号和操作数等组成。应用指令的格式如下（以平均值指令为例）：

指令名称	助记符	功能号	操作数		
			源操作数（S）	目标操作数（D）	其他操作数（n）
平均值指令	MEAN	FNC45	KnX　KnY KnS　KnM T、C、D	KnX　KnY KnS　KnM T、C、D、V、Z	Kn、Hn n＝1～64

应用指令格式说明如下。

① 助记符：用来规定指令的操作功能，一般由字母（英文单词或单词缩写）组成。上面的 "MEAN" 为助记符，其含义是对操作数取平均值。

② 功能号：它是应用指令的代码号，每个应用指令都有自己的功能号，如 MEAN 指令的功能号为 FNC45，在编写梯形图程序，如果要使用某应用指令，须输入该指令的助记符，而采用手持编程器编写应用指令时，要输入该指令的功能号。

③ 操作数：又称操作元件，通常由源操作数 [S]、目标操作数 [D] 和其他操作数 [n] 组成。

操作数中的 K 表示十进制数，H 表示十六制数，n 为常数，X 为输入继电器，Y 为输出继电器，S 为状态继电器，M 为辅助继电器，T 为定时器，C 为计数器，D 为数据寄存器，V、Z 为变址寄存器。

如果源操作数和目标操作数不止一个，可分别用 [S1]、[S2]、[S3] 和 [D1]、[D2]、

[D3] 表示。

举例：在图 6-1 中，指令的功能是在常开触点 X000 闭合时，将十进制数 100 送入数据寄存器 D10 中。

图 6-1　应用指令格式说明

6.1.2　应用指令的规则

（1）指令执行形式

三菱 FX 系列 PLC 的应用指令有连续执行型和脉冲执行型两种形式。图 6-2（a）中的 MOV 为连续执行型应用指令，当常开触点 X000 闭合后，[MOV　D10　D12] 指令在每个扫描周期都被重复执行。图 6-2（b）中的 MOVP 为脉冲执行型应用指令（在 MOV 指令后加 P 表示脉冲执行），[MOVP　D10　D12] 指令仅在 X000 由断开转为闭合瞬间执行（闭合后不执行）。

图 6-2　两种执行形式的应用指令

（2）数据长度

应用指令可处理 16 位和 32 位数据。

图 6-3　16 位数据的结构

① 16 位数据　数据寄存器 D 和计数器 C0～C199 存储的为 16 位数据，16 位数据结构如图 6-3 所示，其中最高位为符号位，其余为数据位，符号位的功能是指示数据位的正负，符号位为 0 表示数据位的数据为正数，符号位为 1 表示数据为负数。

② 32 位数据　一个数据寄存器可存储 16 位数据，相邻的两个数据寄存器组合起来可以存储 32 位数据。32 位数据结构如图 6-4 所示。

图 6-4　32 位数据的结构

在应用指令前加 D 表示其处理数据为 32 位，在图 6-5 中，当常开触点 X000 闭合时，MOV 指令执行，将数据寄存器 D10 中的 16 位数据送入数据寄存器 D12，当常开触点 X001 闭合时，DMOV 指令执行，将数据寄存器 D20 和 D21 中的 16 位数据拼成 32 位送入数据寄存器 D22 和 D23，其中 D20→D22，D21→D23。脉冲执行符号 P 和 32 位数

图 6-5　16 位和 32 位数据执行指令使用说明

据处理符号 D 可同时使用。

③ 字元件和位元件　字元件是指处理数据的元件，如数据寄存器和定时器、计数器都为字元件。位元件是指只有断开和闭合两种状态的元件，如输入继电器 X、输出继电器 Y、辅助继电器 M 和状态继电器 S 都为位元件。

多个位元件组合可以构成字元件，位元件在组合时通常 4 个元件组成一个单元，位元件组合可用 Kn 加首元件来表示，n 为单元数，例如 K1M0 表示 M0～M3 四个位元件组合，K4M0 表示位元件 M0～M15 组合成 16 位字元件（M15 为最高位，M0 为最低位），K8M0 表示位元件 M0～M31 组合成 32 位字元件。其他的位元件组成字元件如 K4X0、K2Y10、K1S10 等。

在进行 16 位数据操作时，n 在 1～3 之间，参与操作的位元件只有 4～12 位，不足的部分用 0 补足，因最高位只能为 0，所以意味着只能处理正数。在进行 32 位数据操作时，n 在 1～7 之间，参与操作的位元件有 4～28 位，不足的部分用 0 补足。在采用"Kn＋首元件编号"方式组合成字元件时，首元件可以任选，但为了避免混乱，通常选尾数为 0 的元件作首元件，如 M0、M10、M20 等。

不同长度的字元件在进行数据传递时，一般按以下规则：

a. 长字元件→短字元件传递数据，长字元件低位数据传送给短字元件。

b. 短字元件→长字元件传递数据，短字元件数据传送给长字元件低位，长字元件高位全部变为 0。

（3）变址寄存器

图 6-6　变址寄存器的使用说明一

三菱 FX 系列 PLC 有 V、Z 两种 16 位变址寄存器，它可以像数据寄存器一样进行读写操作。变址寄存器 V、Z 编号分别为 V0～V7、Z0～Z7，常用在传送、比较指令中，用来修改操作对象的元件号，例如在图 6-6（a）梯形图中，如果 V0＝18（即变址寄存器 V 中存储的数据为 18）、Z0＝20，那么 D2V0 表示 D（2＋V0）＝D20，D10Z0 表示 D（10＋Z0）＝D30，指令执行的操作是将数据寄存器 D20 中数据送入 D30 中，因此图 6-6 两个梯形图的功能是等效的。

变址寄存器可操作的元件有输入继电器 X、输出继电器 Y、辅助继电器 M、状态继电器 S、指针 P 和由位元件组成的字元件的首元件，如 KnM0Z，但变址寄存器不能改变 n 的值，如 K2ZM0 是错误的。利用变址寄存器在某些方面可以使编程简化。图 6-7 中的程序采用了变址寄存器，在常开触点 X000 闭合时，先分别将数据 6 送入变址寄存器 V0 和 Z0，然后将数据寄存器 D6 中的数据送入 D16。

```
X000
─┤├─────────────[ MOV  K6   V0 ]

          ───────[ MOV  K6   Z0 ]

          ───────[ MOV  D0V0 D10Z0 ]
```

图 6-7　变址寄存器的使用说明二

6.2　应用指令使用详解

三菱 FXPLC 可分为一代机（FX1S、FX1N、FX1NC）、二代机（FX2N、FX2NC）和三代机（FX3G、FX3U、FX3UC），由于二、三代机是在一代机基础上发展起来的，故其指令也较一代机增加了很多。目前市面上使用最多的为二代机，一代机正慢慢淘汰，三代机数量还比较少，因此本书主要介绍三菱 FX 系列二代机的指令系统，学好了二代机指令不但可以对一、二代机进行编程，还可以对三代机编程，不过如果要充分利用三代机的全部功能，还需要学习三代机独有的指令。

本书附录 B 列出了三菱 FX 系列 PLC 的指令系统表，利用该表不但可以了解 FX_{1S}、FX_{1N}、FX_{1NC}、FX_{2N}、FX_{2NC}、FX_{3G}、FX_{3U} 和 FX_{3UC} PLC 支持的指令，还可以通过指令表中标注的页码范围在本节快速找到某指令的使用说明。

6.2.1 程序流程控制指令

程序流程控制指令的功能是改变程序执行的顺序，主要包括条件跳转、中断、子程序调用、子程序返回、主程序结束、警戒时钟和循环等指令。

（1）条件跳转指令（CJ）

① 指令格式　条件跳转指令格式如下：

指令名称	助记符	功能号	操作数	程序步
			D	
条件跳转指令	CJ	FNC00	P0~P63(FX_{1S}) P0~P127(FX_{1N}\$FX_{1NC}$\$FX_{2N}$\$FX_{2NC}$) P0~P2047($FX_{3G}$) P0~P4095($FX_{3U}$\$FX_{3UC}$)	CJ 或 CJP：3 步 标号 P：1 步

图 6-8　CJ 指令使用说明

(a) 在FXGP/WIN-C编程软件输入标记

(b) 在GX Developer编程软件输入标记

图 6-9　标记 P∗ 的输入说明

② 使用说明 CJ 指令的使用如图 6-8 所示。在图 6-8（a）中，当常开触点 X020 闭合时，"CJ P9" 指令执行，程序会跳转到 CJ 指令指定的标号（指针）P9 处，并从该处开始执行程序，跳转指令与标记之间的程序将不会执行，如果 X020 处于断开状态，程序则不会跳转，而是往下执行，当执行到常开触点 X021 所在行时，若 X021 处于闭合，CJ 指令执行会使程序跳转到 P9 处。在图 6-8（b）中，当常开触点 X022 闭合时，CJ 指令执行会使程序跳转到 P10 处，并从 P10 处往下执行程序。

在 FXGP/WIN-C 编程软件输入标记 P＊的操作如图 6-9（a）所示，将光标移到某程序左母线步标号处，然后敲击键盘上的"P"键，在弹出的对话框中输入数字，单击"确定"即输入标记。在 GX Developer 编程软件输入标记 P＊的操作如图 6-9（b）所示，在程序左母线步标号处双击，弹出"梯形图输入"对话框，输入标记号，单击"确定"即可。

（2）子程序调用（CALL）和返回（SRET）指令

① 指令格式 子程序调用和返回指令格式如下：

指令名称	助记符	功能号	操作数 D	程序步
子程序调用指令	CALL	FNC01	P0～P63（FX₁S） P0～P127（FX₁N、FX₁NC、FX₂N、FX₂NC） P0～P2047（FX₃G） P0～P4095（FX₃U、FX₃UC） （嵌套 5 级）	CALL：3 步 标号 P：1 步
子程序返回指令	SRET	FNC02	无	1 步

图 6-10 子程序调用和返回指令的使用

② 使用说明 子程序调用和返回指令的使用如图 6-10 所示。当常开触点 X001 闭合时，"CALL P11" 指令执行，程序会跳转并执行标记 P11 处的子程序 1，如果常开触点 X002 闭合，"CALL P12" 指令执行，程序会跳转并执行标记 P12 处的子程序 2，子程序 2 执行到返回指令"SRET"时，会跳转到子程序 1，而子程序 1 通过其"SRET"指令返回主程序。从图 6-10 中可以看出，子程序 1 中包含有跳转到子程序 2 的指令，这种方式称为嵌套。

子程序调用和返回指令使用注意事项

在使用子程序调用和返回指令时要注意以下几点：

① 一些常用或多次使用的程序可以写成子程序，然后进行调用。

② 子程序要求写在主程序结束指令"FEND"之后。

③ 子程序中可做嵌套，嵌套最多可做 5 级。

④ CALL 指令和 CJ 的操作数不能为同一标记，但不同嵌套的 CALL 指令可调用同一标记处的子程序。

⑤ 在子程序中，要求使用定时器 T192～T199 和 T246～T249。

（3）中断指令

在生活中，人们经常会遇到这样的情况：当你正在书房看书时，突然客厅的电话响了，你就会停止看书，转而去接电话，接完电话后又接着去看书。这种停止当前工作，转而去做其他工作，做完后又返回来做先前工作的现象称为中断。

PLC 也有类似的中断现象，当 PLC 正在执行某程序时，如果突然出现意外事情（中断输入），它就需要停止当前正在执行的程序，转而去处理意外事情（即去执行中断程序），处理完后又接着执行原来的程序。

① 指令格式　中断指令有三条，其格式如下：

指令名称	助记符	功能号	操作数	程序步
			D	
中断返回指令	IRET	FNC03	无	1步
允许中断指令	EI	FNC04	无	1步
禁止中断指令	DI	FNC05	无	1步

② 指令说明及使用说明　中断指令的使用如图 6-11 所示，下面对照该图来说明中断指令的使用要点。

a. 中断允许。EI 至 DI 指令之间或 EI 至 FEND 指令之间为中断允许范围，即程序运行到它们之间时，如果有中断输入，程序马上跳转执行相应的中断程序。

b. 中断禁止。DI 至 EI 指令之间为中断禁止范围，当程序在此范围内运行时出现中断输入，不会马上跳转执行中断程序，而是将中断输入保存下来，等到程序运行完 EI 指令时才跳转执行中断程序。

c. 输入中断指针。图中标号处的 I001 和 I101 为中断指针，其含义如下：

图 6-11　中断指令的使用

三菱 FX 系列 PLC 可使用 6 个输入中断指针，表 6-1 列出了这些输入中断指针编号和相关内容。

表 6-1　三菱 FX 系列 PLC 的中断指针编号和相关内容

中断输入	指针编号		禁止中断
	上升中断	下降中断	
X000	I001	I000	M8050
X001	I101	I100	M8051
X002	I201	I200	M8052
X003	I301	I300	M8053
X004	I401	I400	M8054
X005	I501	I500	M8055

对照表 6-1 不难理解图 6-11 梯形图工作原理：当程序运行在中断允许范围内时，若 X000 触点由断开转为闭合 OFF→ON（如 X000 端子外接按钮闭合），程序马上跳转执行中断指针 I001 处的中断程序，执行到"IRET"指令时，程序又返回主程序；当程序从 EI 指令往 DI 指令运行时，若 X010 触点闭合，特殊辅助继电器 M8050 得电，则将中断输入 X000

设为无效，这时如果 X000 触点由断开转为闭合，程序不会执行中断指针 I100 处的中断程序。

d. 定时中断。当需要每隔一定时间就反复执行某段程序时，可采用定时中断。三菱 FX$_{1S}$、FX$_{1N}$、FX$_{1NC}$ PLC 无定时中断功能，三菱 FX$_{2N}$、FX$_{2NC}$、FX$_{3G}$、FX$_{3U}$、FX$_{3UC}$ PLC 可使用 3 个定时中断指针。定时中断指针含义如下：

$$I\ \square\square\square$$
$$\begin{array}{l}\quad\quad\ \big|\!\!-\!\!-\ 10\sim 99(ms)\\ \quad\big|\!\!-\!\!-\ 6,7,8\end{array}$$

定时中断指针 I6□□、I7□□、I8□□可分别用 M8056、M8057、M8058 禁止。

（4）主程序结束指令（FEND）

主程序结束指令格式如下：

指令名称	助记符	功能号	操作数 D	程序步
主程序结束指令	FEND	FNC06	无	1步

主程序结束指令使用要点

主程序结束指令使用要点如下：

① FEND 表示一个主程序结束，执行该指令后，程序返回到第 0 步。

② 多次使用 FEND 指令时，子程序或中断程序要写在最后的 FEND 指令与 END 指令之间，且必须以 RET 指令（针对子程序）或 IRET 指令（针对中断程序）结束。

（5）刷新监视定时器指令（WDT）

① 指令格式　刷新监视定时器指令格式如下：

指令名称	助记符	功能号	操作数 D	程序步
刷新监视定时器指令	WDT	FNC07	无	1步

② 使用说明　PLC 在运行时，若一个运行周期（从 0 步运行到 END 或 FENT）超过 200ms 时，内部运行监视定时器会让 PLC 的 CPU 出错指示灯变亮，同时 PLC 停止工作。为了解决这个问题，可使用 WDT 指令对监视定时器进行刷新。WDT 指令的使用如图 6-12（a）所示，若一个程序运行需 240ms，可在 120ms 程序处插入一个 WDT 指令，将监视定时器进行刷新，使定时器重新计时。

为了使 PLC 扫描周期超过 200ms，还可以使用 MOV 指令将希望运行的时间写入特殊数据寄存器 D8000 中，如图 6-12（b）所示，该程序将 PLC 扫描周期设为 300ms。

（6）循环开始与结束指令

图 6-12　WDT 指令的使用

① 指令格式　循环开始与结束指令格式如下：

指令名称	助记符	功能号	操作数 S	程序步
循环开始指令	FOR	FNC08	K、H、KnX　KnY、KnS KnM、T、C、D、V、Z	3步 （嵌套5层）
循环结束指令	NEXT	FNC09	无	1步

② 使用说明　循环开始与结束指令的使用如图6-13所示，"FORK4"指令设定 A 段程序（FOR～NEXT 之间的程序）循环执行 4 次，"FOR　D0"指令设定 B 段程序循环执行 D0（数据寄存器 D0 中的数值）次，若 D0＝2，则 A 段程序反复执行 4 次，而 B 段程序会执行 4×2＝8 次，这是因为运行到 B 段程序时，B 段程序需要反复运行 2 次，然后往下执行，当执行到 A 段程序 NEXT 指令时，又返回到 A 段程序头部重新开始运行，直至 A 段程序从头到尾执行 4 次。

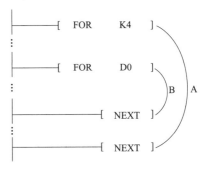

图6-13　循环开始与结束指令的使用

FOR 与 NEXT 指令使用要点

FOR 与 NEXT 指令使用要点如下：

① FOR 与 NEXT 之间的程序可重复执行 n 次，n 由编程设定，n＝1～32767。

② 循环程序执行完设定的次数后，紧接着执行 NEXT 指令后面的程序步。

③ 在 FOR～NEXT 程序之间最多可嵌套 5 层其他的 FOR～NEXT 程序，嵌套时应避免出现以下情况：

a. 缺少 NEXT 指令；

b. NEXT 指令写在 FOR 指令前；

c. NEXT 指令写在 FEND 或 END 之后；

d. NEXT 指令个数与 FOR 不一致。

6.2.2　传送与比较指令

传送与比较指令包括数据比较、传送、交换和变换指令，共 10 条，这些指令属于基本的应用指令，使用较为广泛。

（1）比较指令

① 指令格式　比较指令格式如下：

指令名称	助记符	功能号	操作数			程序步
			S1	S2	D	
比较指令	CMP	FNC10	K、H KnX　KnY、KnS　KnM T、C、D、V、Z		Y、M、S	CMP、CMPP：7步 DCMP、DCMPP：13步

② 使用说明　比较指令的使用如图6-14所示。CMP 指令有两个源操作数 K100、C10 和一个目标操作数 M0（位元件），当常开触点 X000 闭合时，CMP 指令执行，将源操作数 K100 和计数器 C10 当前值进行比较，根据比较结果来驱动目标操作数指定的三个连号位元件。若 K100＞C10，M0 常开触点闭合；若 K100＝C10，M1 常开触点闭合；若 K100＜

图 6-14 比较指令的使用

C10，M2 常开触点闭合。

在指定 M0 为 CMP 的目标操作数时，M0、M1、M2 三个连号元件会被自动占用，在 CMP 指令执行后，这三个元件必定有一个处于 ON，当常开触点 X000 断开后，这三个元件的状态仍会保存，要恢复它们的原状态，可采用复位指令。

（2）区间比较指令

① 指令格式　区间比较指令格式如下：

指令名称	助记符	功能号	操作数				程序步
			S1	S2	S3	D	
区间比较指令	ZCP	FNC11	K、H KnX　KnY、KnS、KnM T、C、D、V、Z			Y、M、S	ZCP、ZCPP：9 步 DZCP、DZCPP：17 步

② 使用说明　区间比较指令的使用如图 6-15 所示。ZCP 指令有三个源操作数和一个目标操作数，前两个源操作数用于将数据分为三个区间，再将第三个源操作数在这三个区间进行比较，根据比较结果来驱动目标操作数指定的三个连号位元件。若 C30＜K100；M3 常开触点闭合；若 K100≤C30≤K120，M4 常开触点闭合；若 C30＞K120，M5 常开触点闭合。

使用区间比较指令时，要求第一源操作数 S1 小于第二源操作数。

（3）传送指令

① 指令格式　传送指令格式如下：

指令名称	助记符	功能号	操作数		程序步
			S	D	
传送指令	MOV	FNC12	K、H KnX、KnY、KnS、KnM T、C、D、V、Z	KnY、KnS、KnM T、C、D、V、Z	MOV、MOVP：5 步 DMOV、DMOVP：9 步

图 6-16 传送指令的使用

② 使用说明　传送指令的使用如图 6-16 所示。当常开触点 X000 闭合时，MOV 指令执行，将 K100（十进制数 100）送入数据寄存器 D10 中，由于 PLC 寄存器只能存储二进制数，因此将梯形图写入 PLC 前，编程软件会自动将十进制数转换成二进制数。

（4）移位传送指令

① 指令格式　移位传送指令格式如下：

指令名称	助记符	功能号	操作数					程序步
			m1	m2	n	S	D	
移位传送指令	SMOV	FNC13	K、H			KnX、KnY、KnS、KnM T、C、D、V、Z	KnY、KnS、KnM T、C、D、V、Z	SMOV、SMOVP：11 步

② 使用说明　移位传送指令的使用如图 6-17 所示。当常开触点 X000 闭合时，SMOV 指令执行，首先将源数据寄存器 D1 中的 16 位二进制数据转换成四组 BCD 码，然后将这四组 BCD 码中的第 4 组（m1＝K4）起的低 2 组（m2＝K2）移入目标寄存器 D2 第 3 组（n＝K3）起的低 2 组中，D2 中的第 4、1 组数据保持不变，再将形成的新四组 BCD 码还原成 16 位数据。例如初始 D1 中的数据为 4567，D2 中的数据为 1234，执行 SMOV 指令后，D1 中的数据不变，仍为 4567，而 D2 中的数据将变成 1454。

图 6-17　移位传送指令的使用

（5）取反传送指令

① 指令格式　取反传送指令格式如下：

指令名称	助记符	功能号	操作数		程序步
			S	D	
取反传送指令	CML	FNC14	K、H KnX、KnY、KnS、KnM T、C、D、V、Z	KnY、KnS、KnM T、C、D、V、Z	CML、CMLP：5 步 DCML、DCMLP：9 步

② 使用说明　取反传送指令的使用如图 6-18 （a） 所示，当常开触点 X000 闭合时，

图 6-18　取反传送指令的使用

CML 指令执行，将数据寄存器 D0 中的低 4 位数据取反，再将取反的数据按低位到高位分别送入四个输出继电器 Y000～Y003 中，数据传送如图 6-18（b）所示。

（6）成批传送指令

① 指令格式　成批传送指令格式如下：

指令名称	助记符	功能号	操作数			程序步
			S	D	n	
成批传送指令	BMOV	FNC15	KnX、KnY、KnS、KnM T、C、D	KnY、KnS、KnM T、C、D	K、H	BMOV、BMOVP；7 步

② 使用说明　成批传送指令的使用如图 6-19 所示。当常开触点 X000 闭合时，BMOV 指令执行，将源操作元件 D5 开头的 n（n＝3）个连号元件中的数据批量传送到目标操作元件 D10 开头的 n 个连号元件中，即将 D5、D6、D7 三个数据寄存器中的数据分别同时传送到 D10、D11、D12 中。

图 6-19　成批传送指令的使用

（7）多点传送指令

① 指令格式　多点传送指令格式如下：

指令名称	助记符	功能号	操作数			程序步
			S	D	n	
多点传送指令	FMOV	FNC16	K、H KnX、KnY、KnS、KnM T、C、D、V、Z	KnY、KnS、KnM T、C、D	K、H	FMOV、FMOVP；7 步 DFMOV、DFMOVP；13 步

② 使用说明　多点传送指令的使用如图 6-20 所示。当常开触点 X000 闭合时，FMOV 指令执行，将源操作数 0（K0）同时送入以 D0 开头的 10（n＝K10）个连号数据寄存器中。

图 6-20　多点传送指令的使用

（8）数据交换指令

① 指令格式　数据交换指令格式如下：

指令名称	助记符	功能号	操作数		程序步
			D1	D2	
数据交换指令	XCH	FNC17	KnY、KnS、KnM T、C、D、V、Z	KnY、KnS、KnM T、C、D、V、Z	XCH、XCHP；5 步 DXCH、DXCHP；9 步

② 使用说明　数据交换指令的使用如图 6-21 所示。当常开触点 X000 闭合时，XCHP 指令执行，两目标操作数 D10、D11 中的数据相互交换，若指令执行前 D10＝100、D11＝101，指令执行后，D10＝101、D11＝100，如果使用连续执行指令 XCH，则每个扫描周期

数据都要交换，很难预知执行结果，所以一般采用脉冲执行指令 XCHP 进行数据交换。

图 6-21　数据交换指令的使用

（9）BCD 码转换指令

① 指令格式　BCD 码转换指令格式如下：

指令名称	助记符	功能号	操作数		程序步
			S	D	
BCD 码转换指令	BCD	FNC18	KnX、KnY、KnS、KnM T、C、D、V、Z	KnY、KnS、KnM T、C、D、V、Z	BCD、BCDP：5 步 DBCD、DBCDP：9 步

② 使用说明　BCD 码转换指令的使用如图 6-22 所示。当常开触点 X000 闭合时，BCD 指令执行，将源操作元件 D10 中的二进制数转换成 BCD 码，再存入目标操作元件 D12 中。

三菱 FX 系列 PLC 内部在四则运算和增量、减量运算时，都是以二进制方式进行的。

图 6-22　BCD 码转换指令的使用

（10）二进制码转换指令

① 指令格式　二进制码转换指令格式如下：

指令名称	助记符	功能号	操作数		程序步
			S	D	
BCD 码转换指令	BIN	FNC19	KnX、KnY、KnS、KnM T、C、D、V、Z	KnY、KnS、KnM T、C、D、V、Z	BIN、BINP：5 步 DBIN、DBINP：9 步

② 使用说明　二进制码转换指令的使用如图 6-23 所示。当常开触点 X000 闭合时，BIN 指令执行，将源操作元件 X000～X007 构成的两组 BCD 码转换成二进制数码（BIN 码），再存入目标操作元件 D13 中。若 BIN 指令的源操作数不是 BCD 码，则会发生运算错误，如 X007～X000 的数据为 10110100，该数据的前 4 位 1011 转换成十进制数为 11，它不是 BCD 码，因为单组 BCD 码不能大于 9，单组 BCD 码只能在 0000～1001 范围内。

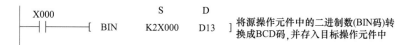

图 6-23　二进制码转换指令的使用

6.2.3　四则运算与逻辑运算指令

四则运算与逻辑运算指令属于比较常用的应用指令，共有 10 条。

（1）二进制加法运算指令

① 指令格式　二进制加法运算指令格式如下：

指令名称	助记符	功能号	操作数			程序步
			S1	S2	D	
二进制加法运算指令	ADD	FNC20	K、H KnX、KnY、KnS、KnM T、C、D、V、Z		KnY、KnS、KnM T、C、D、V、Z	ADD、ADDP：7 步 DADD、DADDP：13 步

② 使用说明　二进制加指令的使用如图 6-24 所示。

a. 在图 6-24（a）中，当常开触点 X000 闭合时，ADD 指令执行，将两个源操作元件 D10 和 D12 中的数据进行相加，结果存入目标操作元件 D14 中。源操作数可正可负，它们是以代数形式进行相加，如 5＋（－7）＝－2。

b. 在图 6-24（b）中，当常开触点 X000 闭合时，DADD 指令执行，将源操作元件 D11、D10 和 D13、D12 分别组成 32 位数据再进行相加，结果存入目标操作元件 D15、D14 中。当进行 32 位数据运算时，要求每个操作数是两个连号的数据寄存器，为了确保不重复，指定的元件最好为偶数编号。

c. 在图 6-24（c）中，当常开触点 X001 闭合时，ADDP 指令执行，将 D0 中的数据加 1，结果仍存入 D0 中。当一个源操作数和一个目标操作数为同一元件时，最好采用脉冲执行型加指令 ADDP，因为若是连续型加指令，每个扫描周期指令都要执行一次，所得结果很难确定。

d. 在进行加法运算时，若运算结果为 0，0 标志继电器 M8020 会动作，若运算结果超出－32768～＋32767（16 位数相加）或－2147483648～＋2147483647（32 位数相加）范围，借位标志继电器 M8022 会动作。

图 6-24　二进制加指令的使用

（2）二进制减法运算指令

① 指令格式　二进制减法运算指令格式如下：

指令名称	助记符	功能号	操作数			程序步
			S1	S2	D	
二进制减法运算指令	SUB	FNC21	K、H KnX、KnY、KnS、KnM T、C、D、V、Z		KnY、KnS、KnM T、C、D、V、Z	SUB、SUBP：7 步 DSUB、DSUBP：13 步

② 使用说明　二进制减指令的使用如图 6-25 所示。

a. 在图 6-25（a）中，当常开触点 X000 闭合时，SUB 指令执行，将 D10 和 D12 中的数据进行相减，结果存入目标操作元件 D14 中。源操作数可正可负，它们是以代数形式进行相减，如 5－（－7）＝12。

b. 在图 6-25（b）中，当常开触点 X000 闭合时，DSUB 指令执行，将源操作元件 D11、D10 和 D13、D12 分别组成 32 位数据再进行相减，结果存入目标操作元件 D15、D14 中。当进行 32 位数据运算时，要求每个操作数是两个连号的数据寄存器，为了确保不重复，指定的元件最好为偶数编号。

c. 在图 6-25（c）中，当常开触点 X001 闭合时，SUBP 指令执行，将 D0 中的数据减 1，结果仍存入 D0 中。当一个源操作数和一个目标操作数为同一元件时，最好采用脉冲执行型减指令 SUBP，若是连续型减指令，每个扫描周期指令都要执行一次，所得结果很难确定。

d. 在进行减法运算时，若运算结果为 0，0 标志继电器 M8020 会动作，若运算结果超出－32768～＋32767（16 位数相减）或－2147483648～＋2147483647（32 位数相减）范围，借位标志继电器 M8022 会动作。

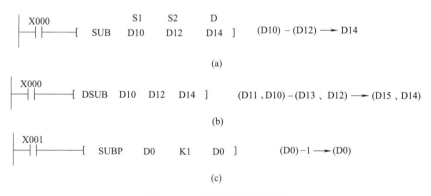

图 6-25　二进制减指令的使用

（3）二进制乘法运算指令

① 指令格式　二进制乘法运算指令格式如下：

指令名称	助记符	功能号	操作数			程序步
			S1	S2	D	
二进制乘法运算指令	MUL	FNC22	K、H KnX、KnY、KnS、KnM T、C、D、V、Z		KnY、KnS、KnM T、C、D、V、Z （V、Z 不能用于 32 位）	MUL、MULP：7 步 DMUL、DMULP：13 步

② 使用说明　二进制乘法指令的使用如图 6-26 所示。在进行 16 位数乘积运算时，结果为 32 位，如图 6-26（a）所示；在进行 32 位数乘积运算时，乘积结果为 64 位，如图 6-26（b）所示；运算结果的最高位为符号位（0：正；1：负）。

图 6-26　二进制乘法指令的使用

（4）二进制除法运算指令

① 指令格式　二进制除法运算指令格式如下：

指令名称	助记符	功能号	操作数			程序步
			S1	S2	D	
二进制除法运算指令	DIV	FNC23	K、H KnX、KnY、KnS、KnM T、C、D、V、Z		KnY、KnS、KnM T、C、D、V、Z （V、Z 不能用于 32 位）	DIV、DIVP：7 步 DDIV、DDIVP：13 步

② 使用说明　二进制除法指令的使用如图 6-27 所示。在进行 16 位数除法运算时，商为 16 位，余数也为 16 位，如图 6-27（a）所示；在进行 32 位数除法运算时，商为 32 位，余数也为 32 位，如图 6-27（b）所示；商和余数的最高位为用 1、0 表示正、负。

X000 ─[DIV　D10　D12　D14]
S1　S2　D
被除数　除数　商　余数
(D10) ÷ (D12) ⟶ D14 … D15
16位　16位　16位　16位
(a)

X000 ─[DDIV　D10　D12　D14]
被除数　除数　商　余数
(D11、D10) ÷ (D13、D12) ⟶ (D15、D14) … (D17、D16)
32位　32位　32位　32位
(b)

图 6-27　二进制除法指令的使用

二进制除法指令使用要点

在使用二进制除法指令时要注意：

① 当除数为 0 时，运算会发生错误，不能执行指令。

② 若将位元件作为目标操作数，无法得到余数。

③ 当被除数或除数中有一方为负数时，商则为负，当被除数为负时，余数则为负。

（5）二进制加 1 运算指令

① 指令格式　二进制加 1 运算指令格式如下：

指令名称	助记符	功能号	操作数	程序步
			D	
二进制加 1 运算指令	INC	FNC24	KnY、KnS、KnM T、C、D、V、Z	INC、INCP：3 步 DINC、DINCP：5 步

② 使用说明　二进制加 1 指令的使用如图 6-28 所示。当常开触点 X000 闭合时，INCP 指令执行，数据寄存器 D12 中的数据自动加 1。若采用连续执行型指令 INC，则每个扫描周期数据都要增加 1，在 X000 闭合时可能会经过多个扫描周期，因此增加结果很难确定，故常采用脉冲执行型指令进行加 1 运算。

图 6-28   二进制加 1 指令的使用

（6）二进制减 1 运算指令

① 指令格式   二进制减 1 运算指令格式如下：

指令名称	助记符	功能号	操作数	程序步
			D	
二进制减 1 运算指令	DEC	FNC25	KnY、KnS、KnM T、C、D、V、Z	DEC、DECP：3 步 DDEC、DDECP：5 步

② 使用说明   二进制减 1 指令的使用如图 6-29 所示。当常开触点 X000 闭合时，DECP 指令执行，数据寄存器 D12 中的数据自动减 1。为保证 X000 每闭合一次数据减 1 一次，常采用脉冲执行型指令进行减 1 运算。

```
    X000
    ─┤├─────[    DECP  D12    ]    (D12)－1 ──► (D12)
```

图 6-29   二进制减 1 指令的使用

（7）逻辑与指令

① 指令格式   逻辑与指令格式如下：

指令名称	助记符	功能号	操作数			程序步
			S1	S2	D	
逻辑与指令	WAND	FNC26	K、H KnX、KnY、KnS、KnM T、C、D、V、Z		KnY、KnS、KnM T、C、D、V、Z	WAND、WANDP：7 步 DWAND、DWANDP：13 步

② 使用说明   逻辑与指令的使用如图 6-30 所示。当常开触点 X000 闭合时，WAND 指令执行，将 D10 与 D12 中的数据"逐位进行与运算"，结果保存在 D14 中。

与运算规律是"有 0 得 0，全 1 得 1"，具体为：$0 \cdot 0 = 0$，$0 \cdot 1 = 0$，$1 \cdot 0 = 0$，$1 \cdot 1 = 1$。

```
    X000            S1    S2    D
    ─┤├─────[ WAND  D10   D12   D14 ]   D10∧D12 ──► D14
```

图 6-30   逻辑与指令的使用

（8）逻辑或指令

① 指令格式   逻辑或指令格式如下：

指令名称	助记符	功能号	操作数			程序步
			S1	S2	D	
逻辑或指令	WOR	FNC27	K、H KnX、KnY、KnS、KnM T、C、D、V、Z		KnY、KnS、KnM T、C、D、V、Z	WOR、WORP：7 步 DWOR、DWORP：13 步

② 使用说明   逻辑或指令的使用如图 6-31 所示。当常开触点 X000 闭合时，WOR 指令执行，将 D10 与 D12 中的数据"逐位进行或运算"，结果保存在 D14 中。

或运算规律是"有 1 得 1，全 0 得 0"，具体为：0＋0＝0，0＋1＝1，1＋0＝1，1＋1＝1。

图 6-31　逻辑或指令的使用

（9）异或指令

① 指令格式　逻辑异或指令格式如下：

指令名称	助记符	功能号	操作数			程序步
			S1	S2	D	
异或指令	WXOR	FNC28	K、H KnX、KnY、KnS、KnM T、C、D、V、Z		KnY、KnS、KnM T、C、D、V、Z	WXOR、WXORP：7 步 DWXOR、DWXORP：13 步

② 使用说明　异或指令的使用如图 6-32 所示。当常开触点 X000 闭合时，WXOR 指令执行，将 D10 与 D12 中的数据"逐位进行异或运算"，结果保存在 D14 中。

异或运算规律是"相同得 0，相异得 1"，具体为：0 ⊕ 0＝0，0 ⊕ 1＝1，1 ⊕ 0＝1，1 ⊕ 1＝0。

```
 X000                 S1      S2       D
──┤├──────────[ WXOR   D10     D12      D14  ]   D10⊕D12──►D14
```

图 6-32　异或指令的使用

（10）求补指令

① 指令格式　逻辑求补指令格式如下：

指令名称	助记符	功能号	操作数	程序步
			D	
求补指令	NEG	FNC29	KnY、KnS、KnM T、C、D、V、Z	NEG、NEGP：3 步 DNEG、DNEGP：5 步

② 使用说明　求补指令的使用如图 6-33 所示。当常开触点 X000 闭合时，NEGP 指令执行，将 D10 中的数据"逐位取反再加 1"。求补的功能是对数据进行变号（绝对值不变），如求补前 D10＝＋8，求补后 D10＝－8。为了避免每个扫描周期都进行求补运算，通常采用脉冲执行型求补指令 NEGP。

```
 X000                 D
──┤├──────────[ NEGP   D10  ]   D̄10 +1 ──► D10
```

图 6-33　求补指令的使用

6.2.4　循环与移位指令

循环与移位指令有 10 条，功能号是 FNC30～FNC39。

（1）循环右移指令

① 指令格式　循环右移指令格式如下：

指令名称	助记符	功能号	操作数		程序步
			D	n(移位量)	
循环右移指令	ROR	FNC30	K、H KnY、KnS、KnM T、C、D、V、Z	K、H n≤16(16位) n≤32(32位)	ROR、RORP：5 步 DROR、DRORP：9 步

② 使用说明　循环右移指令的使用如图 6-34 所示。当常开触点 X000 闭合时，RORP 指令执行，将 D0 中的数据右移（从高位往低位移）4 位，其中低 4 位移至高 4 位，最后移出的一位（即图中标有 * 号的位）除了移到 D0 的最高位外，还会移入进位标记继电器 M8022 中。为了避免每个扫描周期都进行右移，通常采用脉冲执行型指令 RORP。

图 6-34　循环右移指令的使用

（2）循环左移指令

① 指令格式　循环左移指令格式如下：

指令名称	助记符	功能号	操作数		程序步
			D	n(移位量)	
循环左移指令	ROL	FNC31	K、H KnY、KnS、KnM T、C、D、V、Z	K、H n≤16(16位) n≤32(32位)	ROL、ROLP：5 步 DROL、DROLP：9 步

② 使用说明　循环左移指令的使用如图 6-35 所示。当常开触点 X000 闭合时，ROLP 指令执行，将 D0 中的数据左移（从低位往高位移）4 位，其中高 4 位移至低 4 位，最后移出的一位（即图中标有 * 号的位）除了移到 D0 的最低位外，还会移入进位标记继电器 M8022 中。为了避免每个扫描周期都进行左移，通常采用脉冲执行型指令 ROLP。

图 6-35　循环左移指令的使用

（3）带进位循环右移指令

① 指令格式　带进位循环右移指令格式如下：

指令名称	助记符	功能号	操作数		程序步
			D	n（移位量）	
带进位循环右移指令	RCR	FNC32	K、H KnY、KnS、KnM T、C、D、V、Z	K、H n≤16（16 位） n≤32（32 位）	RCR、RCRP：5 步 DRCR、DRCRP：9 步

② 使用说明　带进位循环右移指令的使用如图 6-36 所示。当常开触点 X000 闭合时，RCRP 指令执行，将 D0 中的数据右移 4 位，D0 中的低 4 位与继电器 M8022 的进位标记位（图中为 1）一起往高 4 位移，D0 最后移出的一位（即图中标有 * 号的位）移入 M8022。为了避免每个扫描周期都进行右移，通常采用脉冲执行型指令 RCRP。

图 6-36　带进位循环右移指令的使用

（4）带进位循环左移指令

① 指令格式　带进位循环左移指令格式如下：

指令名称	助记符	功能号	操作数		程序步
			D	n（移位量）	
带进位循环左移指令	RCL	FNC33	K、H KnY、KnS、KnM T、C、D、V、Z	K、H n≤16（16 位） n≤32（32 位）	RCL、RCLP：5 步 DRCL、DRCLP：9 步

② 使用说明　带进位循环左移指令的使用如图 6-37 所示。当常开触点 X000 闭合时，RCLP 指令执行，将 D0 中的数据左移 4 位，D0 中的高 4 位与继电器 M8022 的进位标记位（图中为 0）一起往低 4 位移，D0 最后移出的一位（即图中标有 * 号的位）移入 M8022。为了避免每个扫描周期都进行左移，通常采用脉冲执行型指令 RCLP。

图 6-37　带进位循环左移指令的使用

（5）位右移指令

① 指令格式　位右移指令格式如下：

指令名称	助记符	功能号	操作数				程序步
			S	D	n1 （目标位元件的个数）	n2 （移位量）	
位右移指令	SFTR	FNC34	X、Y M、S	Y、M、S	K、H n2≤n1≤1024		SFTR、SFTRP：9 步

② 使用说明　位右移指令的使用如图 6-38 所示。在图 6-38（a）中，当常开触点 X010 闭合时，SFTRP 指令执行，将 X003～X000 四个元件的位状态（1 或 0）右移入 M15～M0 中，如图 6-38（b）所示，X000 为源起始位元件，M0 为目标起始位元件，K16 为目标位元件数量，K4 为移位量。SFTRP 指令执行后，M3～M0 移出丢失，M15～M4 移到原 M11～M0，X003～X000 则移入原 M15～M12。

为了避免每个扫描周期都移动，通常采用脉冲执行型指令 SFTRP。

图 6-38　位右移指令的使用

（6）位左移指令

① 指令格式　位左移指令格式如下：

指令名称	助记符	功能号	操作数				程序步
			S	D	n1 （目标位元件的个数）	n2 （移位量）	
位左移指令	SFTL	FNC35	X、Y M、S	Y、M、S	K、H n2≤n1≤1024		SFTL、SFTLP：9 步

② 使用说明　位左移指令的使用如图 6-39 所示。在图 6-39（a）中，当常开触点 X010 闭合时，SFTLP 指令执行，将 X003～X000 四个元件的位状态（1 或 0）左移入 M15～M0

图 6-39　位左移指令的使用

中，如图 6-39 （b）所示，X000 为源起始位元件，M0 为目标起始位元件，K16 为目标位元件数量，K4 为移位量。SFTLP 指令执行后，M15～M12 移出丢失，M11～M0 移到原 M15～M4，X003～X000 则移入原 M3～M0。

为了避免每个扫描周期都移动，通常采用脉冲执行型指令 SFTLP。

（7）字右移指令

① 指令格式　字右移指令格式如下：

指令名称	助记符	功能号	操作数				程序步
			S	D	n1 （目标位元件的个数）	n2 （移位量）	
字右移指令	WSFR	FNC36	KnX、KnY、 KnS、KnM T、C、D、	KnY、KnS、 KnM T、C、D、	K、H n2≤n1≤1024		WSFR、WSFRP：9 步

② 使用说明　字右移指令的使用如图 6-40 所示。在图 6-40 （a）中，当常开触点 X000 闭合时，WSFRP 指令执行，将 D3～D0 四个字元件的数据右移入 D25～D10 中，如图 6-40 （b）所示，D0 为源起始字元件，D10 为目标起始字元件，K16 为目标字元件数量，K4 为移位量。WSFRP 指令执行后，D13～D10 的数据移出丢失，D25～D14 的数据移入原 D21～D10，D3～D0 则移入原 D25～D22。

为了避免每个扫描周期都移动，通常采用脉冲执行型指令 WSFRP。

(a)

(b)

图 6-40　字右移指令的使用

（8）字左移指令

① 指令格式　字左移指令格式如下：

指令名称	助记符	功能号	操作数				程序步
			S	D	n1 （目标位元件的个数）	n2 （移位量）	
字左移指令	WSFL	FNC37	KnX、KnY、 KnS、KnM T、C、D、	KnY、KnS、 KnM T、C、D、	K、H n2≤n1≤1024		WSFL、WSFLP：9 步

② 使用说明　字左移指令的使用如图 6-41 所示。在图 6-41 （a）中，当常开触点 X000 闭合时，WSFLP 指令执行，将 D3～D0 四个字元件的数据左移入 D25～D10 中，如图 6-41 （b）所示，D0 为源起始字元件，D10 为目标起始字元件，K16 为目标字元件数量，K4 为移位量。WSFLP 指令执行后，D25～D22 的数据移出丢失，D21～D10 的数据移入原 D25～D14，D3～D0 则移入原 D13～D10。

为了避免每个扫描周期都移动，通常采用脉冲执行型指令 WSFLP。

(a)

图 6-41　字左移指令的使用

（9）先进先出（FIFO）写指令

① 指令格式　先进先出（FIFO）写指令格式如下：

指令名称	助记符	功能号	操作数			程序步
			S	D	n	
先进先出（FIFO）写指令	SFWR	FNC38	K、H KnX、KnY、KnS、KnM T、C、D、V、Z	KnY、KnS、KnM T、C、D、	K、H 2≤n≤512	SFWR、SFWRP：7 步

② 使用说明　先进先出（FIFO）写指令的使用如图 6-42 所示。当常开触点 X000 闭合时，SFWRP 指令执行，将 D0 中的数据写入 D2 中，同时作为指示器（或称指针）的 D1 的数据自动为 1，当 X000 触点第二次闭合时，D0 中的数据被写入 D3 中，D1 中的数据自动变为 2，连续闭合 X000 触点时，D0 中的数据将依次写入 D4、D5⋯中，D1 中的数据也会自动递增 1，当 D1 超过 n−1 时，所有寄存器被存满，进位标志继电器 M8022 会被置 1。

D0 为源操作元件，D1 为目标起始元件，K10 为目标存储元件数量。为了避免每个扫描周期都移动，通常采用脉冲执行型指令 SFWRP。

图 6-42　先进先出（FIFO）写指令的使用

（10）先进先出（FIFO）读指令

① 指令格式　先进先出（FIFO）读指令格式如下：

指令名称	助记符	功能号	操作数			程序步
			S	D	n（源操作元件数量）	
先进先出（FIFO）读指令	SFRD	FNC39	K、H KnY、KnS、KnM T、C、D	KnY、KnS、KnM T、C、D、V、Z	K、H 2≤n≤512	SFRD、SFRDP：7 步

② 使用说明　先进先出（FIFO）读指令的使用如图 6-43 所示。当常开触点 X000 闭合时，SFRDP 指令执行，将 D2 中的数据读入 D20 中，指示器 D1 的数据自动减 1，同时 D3 数据移入 D2（即 D10～D3→D9～D2）。当连续闭合 X000 触点时，D2 中的数据会不断读入

D20，同时 D10～D3 中的数据也会由左往右不断逐字移入 D2 中，D1 中的数据会随之递减1，同时当 D1 减到 0 时，所有寄存器的数据都被读出，0 标志继电器 M8020 会被置 1。

D1 为源起始操作元件，D20 为目标元件，K10 为源操作元件数量。为了避免每个扫描周期都移动，通常采用脉冲执行型指令 SFRDP。

图 6-43　先进先出（FIFO）读指令的使用

6.2.5　数据处理指令

数据处理指令有 10 条，功能号为 FNC40～FNC49。

（1）成批复位指令

① 指令格式　成批复位指令格式如下：

指令名称	助记符	功能号	操作数		程序步
			D1	D2	
成批复位指令	ZRST	FNC40	Y、M、T、C、S、D（D1≤D2，且为同一系列元件）		ZRST、ZRSTP：5 步

图 6-44　成批复位指令的使用

② 使用说明　成批复位指令的使用如图 6-44 所示。在 PLC 开始运行的瞬间，M8002 触点接通一个扫描周期，ZRST 指令执行，将辅助继电器 M500～M599、计数器 C235～C255 和状态继电器 S0～S127全部复位清 0。

在使用 ZRST 指令时要注意，目标操作数 D2 序号应大于 D1，并且为同一系列元件。

（2）解码指令

① 指令格式　解码指令格式如下：

指令名称	助记符	功能号	操作数			程序步
			S	D	n	
解码指令	DECO	FNC41	K、H X、Y、M、S、T、C、D、V、Z	Y、M、S、T、C、D	K、H n=1～8	DECO、DECOP：7 步

② 使用说明　解码指令的使用如图 6-45 所示，该指令的操作数为位元件，在图 6-45（a）中，当常开触点 X004 闭合时，DECO 指令执行，将 X000 为起始编号的 3 个连号位元件（由 n=K3 指定）组合状态进行解码，3 位数解码有 8 种结果，解码结果存入在 M17～M10（以 M10 为起始目标位元件）的 M13 中，因 X002、X001、X000 分别为 0、1、1，而 $(011)_2=3$，即指令执行结果使 M17～M10 的第 3 位 M13=1。

图 6-45（b）的操作数为字元件，当常开触点 X004 闭合时，DECO 指令执行，对 D0 的低 4 位数进行解码，4 位数解码有 16 种结果，而 D0 的低 4 位为 0111，$(0111)_2=7$，解码

结果使目标字元件 D1 的第 7 位为 1，D1 的其他位均为 0。

当 n 在 K1～K8 范围内变化时，解码则有 2～255 种结果，结果保存的目标元件不要在其他控制中重复使用。

(a)

(b)

图 6-45 解码指令的使用

（3）编码指令

① 指令格式 编码指令格式如下：

指令名称	助记符	功能号	操作数			程序步
			S	D	n	
编码指令	ENCO	FNC42	X、Y、M、S、T、C、D、V、Z	T、C、D、V、Z	K、H n=1～8	ENCO、ENCOP：7 步

② 使用说明 编码指令的使用如图 6-46 所示。图 6-46（a）的源操作数为位元件，当

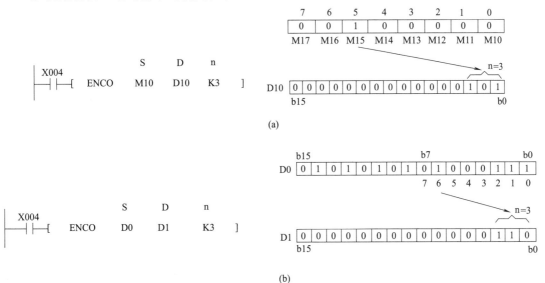

(a)

(b)

图 6-46 编码指令的使用

常开触点 X004 闭合时，ENCO 指令执行，对 M17～M10 中的 1 进行编码（第 5 位 M15＝1），编码采用 3 位（由 n＝3 确定），编码结果 101（即 5）存入 D10 低 3 位中。M10 为源操作起始位元件，D10 为目标操作元件，n 为编码位数。

图 6-46（b）的源操作数为字元件，当常开触点 X004 闭合时，ENCO 指令执行，对 D0 低 8 位中的 1（b6＝1）进行编码，编码采用 3 位（由 n＝3 确定），编码结果 110（即 6）存入 D1 低 3 位中。

当源操作元件中有多个 1 时，只对高位 1 进行编码，低位 1 忽略。

（4）1 总数和指令

① 指令格式　1 总数和指令格式如下：

指令名称	助记符	功能号	操作数		程序步
			S	D	
1 总数和指令	SUM	FNC43	K、H KnX、KnY、KnM、KnS、 T、C、D、V、Z	KnY、KnM、KnS、 T、C、D、V、Z	SUM、SUMP：5 步 DSUM、DSUMP：9 步

② 使用说明　1 总数和指令的使用如图 6-47 所示。当常开触点 X000 闭合时，SUM 指令执行，计算源操作元件 D0 中 1 的总数，并将总数值存入目标操作元件 D2 中，图中 D0 中总共有 9 个 1，那么存入 D2 的数值为 9（即 1001）。

若 D0 中无 1，0 标志继电器 M8020 会动作，M8020＝1。

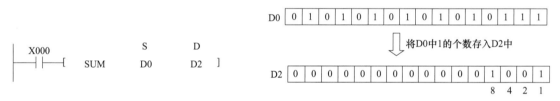

图 6-47　1 总数和指令的使用

（5）1 位判别指令

① 指令格式　1 位判别指令格式如下：

指令名称	助记符	功能号	操作数			程序步
			S	D	n	
1 位判别指令	BON	FNC44	K、H KnX、KnY、KnM、KnS、 T、C、D、V、Z	Y、S、M	K、H n＝0～15(16 位操作) n＝0～32(32 位操作)	BON、BONP：5 步 DBON、DBONP：9 步

② 使用说明　1 位判别指令的使用如图 6-48 所示。当常开触点 X000 闭合时，BON 指令执行，判别源操作元件 D10 的第 15 位（n＝15）是否为 1，若为 1，则让目标操作位元件 M0＝1，若为 0，M0＝0。

图 6-48　1 位判别指令的使用

(6) 平均值指令

① 指令格式　平均值指令格式如下：

指令名称	助记符	功能号	操作数			程序步
			S	D	n	
平均值指令	MEAN	FNC45	KnX、KnY、KnM、KnS、T、C、D	KnY、KnM、KnS、T、C、D	K、H n=1~64	MEAN、MEANP：7 步 DMEAN、DMEANP：13 步

② 使用说明　平均值指令的使用如图 6-49 所示。当常开触点 X000 闭合时，MEAN 指令执行，计算 D0~D2 中数据的平均值，平均值存入目标元件 D10 中。D0 为源起始元件，D10 为目标元件，n＝3 为源元件的个数。

```
   X000
───┤ ├───┤   MEAN   D0   D10   K3   ]   D0+D1+D2 ──→ D10
                                          ─────────
                                              3
```

图 6-49　平均值指令的使用

(7) 报警置位指令

① 指令格式　报警置位指令格式如下：

指令名称	助记符	功能号	操作数			程序步
			S	D	m	
报警置位指令	ANS	FNC46	T（T0~T199）	S（S900~S999）	K m=1~32767 （100ms 单位）	ANS：7 步

② 使用说明　报警置位指令的使用如图 6-50 所示。当常开触点 X000、X001 同时闭合时，定时器 T0 开始 1s 计时（m＝10），若两触点同时闭合时间超过 1s，ANS 指令会将报警状态继电器 S900 置位，若两触点同时闭合时间不到 1s，定时器 T0 未计完 1s 即复位，ANS 指令不会对 S900 置位。

```
   X000     X001                S       m       D
───┤ ├─────┤ ├───┤   ANS   T0   K10   S900   ]
```

图 6-50　报警置位指令的使用

(8) 报警复位指令

① 指令格式　报警复位指令格式如下：

指令名称	助记符	功能号	操作数	程序步
报警复位指令	ANR	FNC47	无	ANR、ANRP：1 步

② 使用说明　报警复位指令的使用如图 6-51 所示。当常开触点 X003 闭合时，ANRP 指令执行，将信号报警继电器 S900~S999 中正在动作（即处于置位状态）的报警继电器复位，若这些报警器有多个处于置位状态，在 X003 闭合时小编号的报警器复位，当 X003 再一次闭合时，则对下一个编号的报警器复位。

```
   X003
───┤ ├───┤   ANRP   ]
```

图 6-51　报警复位指令的使用

如果采用连续执行型 ANR 指令，在 X003 闭合期间，每经过一个扫描周期，ANR 指令就会依次对编号由小到大的报警器进行复位。

（9）求平方根指令

① 指令格式　求平方根指令格式如下：

指令名称	助记符	功能号	操作数		程序步
			S	D	
求平方根指令	SQR	FNC48	K、H、D	D	SQR、SQRP：5 步 DSQR、DSQRP：9 步

② 使用说明　求平方根指令的使用如图 6-52 所示。当常开触点 X000 闭合时，SQR 指令执行，对源操作元件 D10 中的数进行求平方根运算，运算结果的整数部分存入目标操作元件 D12 中，若存在小数部分，小数部分舍去，同时进位标志继电器 M8021 置位，若运算结果为 0，零标志继电器 M8020 置位。

图 6-52　求平方根指令的使用

（10）二进制整数转换为浮点数指令

① 指令格式　二进制整数转换成浮点数指令格式如下：

指令名称	助记符	功能号	操作数		程序步
			S	D	
二进制整数转换为浮点数指令	FLT	FNC49	K、H、D	D	FLT、FLTP：5 步 DFLT、DFLTP：9 步

② 使用说明　二进制整数转换为浮点数指令的使用如图 6-53 所示。当常开触点 X000 闭合时，FLT 指令执行，将源操作元件 D10 中的二进制整数转换成浮点数，再将浮点数存入目标操作元件 D13、D12 中。

由于 PLC 编程很少用到浮点数运算，读者若对浮点数及运算感兴趣，可查阅有关资料，这里不作介绍。

图 6-53　二进制整数转换为浮点数指令的使用

6.2.6　高速处理指令

高速处理指令共有 10 条，功能号为 FNC50～FNC59。

（1）输入/输出刷新指令

① 指令格式　输入/输出刷新指令格式如下：

指令名称	助记符	功能号	操作数		程序步
			D	n	
输入/输出刷新指令	REF	FNC50	X、Y	K、H	REF、REFP：5 步

② 使用说明　在 PLC 运行程序时，若通过输入端子输入信号，PLC 通常不会马上处理输入信号，要等到下一个扫描周期才处理输入信号，这样从输入到处理有一段时间差，另外，PLC 在运行程序产生输出信号时，也不是马上从输出端子输出，而是等程序运行到 END 时，才将输出信号从输出端子输出，这样从产生输出信号到信号从输出端子输出也有一段时间差。如果希望 PLC 在运行时能即刻接收输入信号，或能即刻输出信号，可采用输入/输出刷新指令。

输入/输出刷新指令的使用如图 6-54 所示。图 6-54（a）为输入刷新，当常开触点 X000 闭合时，REF 指令执行，将以 X010 为起始元件的 8 个（n＝8）输入继电器 X010～X017 刷新，即让 X010～X017 端子输入的信号能马上被这些端子对应的输入继电器接收。图 6-54（b）为输出刷新，当常开触点 X001 闭合时，REF 指令执行，将以 Y000 为起始元件的 24 个（n＝24）输出继电器 Y000～Y007、Y010～Y017、Y020～Y027 刷新，让这些输出继电器能即刻往相应的输出端子输出信号。

REF 指令指定的首元件编号应为 X000、X010、X020…，Y000、Y010、Y020…，刷新的点数 n 就应是 8 的整数倍，如 8、16、24 等。

图 6-54　输入/输出刷新指令的使用

（2）输入滤波常数调整指令

① 指令格式　输入滤波常数调整指令格式如下：

指令名称	助记符	功能号	操作数	程序步
			n	
输入滤波常数调整指令	REFF	FNC51	K、H	REFF、REFFP：3 步

② 使用说明　为了提高 PLC 输入端子的抗干扰性，在输入端子内部都设有滤波器，滤波时间常数在 10ms 左右，可以有效吸收短暂的输入干扰信号，但对于正常的高速短暂输入信号也有抑制作用，为此 PLC 将一些输入端子的电子滤波器时间常数设为可调。三菱 FX$_{2N}$ 系列 PLC 将 X000～X017 端子内的电子滤波器时间常数设为可调，调节采用 REFF 指令，时间常数调节范围为 0～60ms。

输入滤波常数调整指令的使用如图 6-55 所示。当常开触点 X010 闭合时，REFF 指令执行，将 X000～X017 端子的滤波常数设为 1ms（n＝1），该指令执行前这些端子的滤波常数为 10ms，该指令执行后这些端子时间常数为 1ms，当常开触点 X020 闭合时，REFF 指令执行，将 X000～

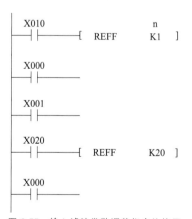

图 6-55　输入滤波常数调整指令的使用

X017 端子的滤波常数为 20ms（n＝20），此后至 END 或 FEND 处，这些端子的滤波常数为 20ms。

当 X000～X007 端子用作高速计数输入、速度检测或中断输入时，它们的输入滤波常数自动设为 50μs。

（3）矩阵输入指令

① 指令格式　矩阵输入指令格式如下：

指令名称	助记符	功能号	操作数				程序步
			S	D1	D2	n	
矩阵输入指令	MTR	FNC52	X	Y	Y、M、S	K、H n＝2～8	MTR：9 步

② 矩阵输入电路　PLC 通过输入端子来接收外界输入信号，由于输入端子数量有限，若采用一个端子接受一路信号的普通输入方式，很难实现大量多路信号输入，给 PLC 加设矩阵输入电路可以有效解决这个问题。

图 6-56（a）是一种 PLC 矩阵输入电路，它采用 X020～X027 端子接收外界输入信号，这些端子外接 3 组由二极管和按键组成的矩阵输入电路，这三组矩阵电路一端都接到 X020～X027 端子，另一端则分别接 PLC 的 Y020、Y021、Y022 端子。在工作时，Y020、Y021、Y022 端子内硬触点轮流接通，如图 6-56（b）所示，当 Y020 接通（ON）时，Y021、Y022 断开，当 Y021 接通时，Y020、Y022 断开，当 Y022 接通时，Y020、Y021 断开，然后重复这个过程，一个周期内每个端子接通时间为 20ms。

(a)　　　　　　　　　　　　(b)

图 6-56　一种 PLC 矩阵输入电路

在 Y020 端子接通期间，若第一组输入电路中的某个按键按下，如 M37 按键按下，X027 端子输出的电流经二极管、按键流入 Y020 端子，并经 Y020 端子内部闭合的硬触点流到 COM 端，X027 端子有电流输出，相当于该端子有输入信号，该输入信号在 PLC 内部被转存到辅助继电器 M37 中。在 Y020 端子接通期间，若按第二组或第三组中某个按键，由于此时 Y021、Y022 端子均断开，故操作这两组按键均无效。在 Y021 端子接通期间，

X020~X027 端子接受第二组按键输入，在 Y022 端子接通期间，X020~X027 端子接受第三组按键输入。

在采用图 6-56（a）形式的矩阵输入电路时，如果将输出端子 Y020~Y027 和输入端子 X020~X027 全部利用起来，则可以实现 8×8＝64 个开关信号输入，由于 Y020~Y027 每个端子接通时间为 20ms，故矩阵电路的扫描周期为 8×20ms＝160ms。对于扫描周期长的矩阵输入电路，若输入信号时间小于扫描周期，可能会出现输入无效的情况，例如在图 6-56（a)中，若在 Y020 端子刚开始接通时按下按键 M52，按下时间为 30ms 再松开，由于此时 Y022 端子还未开始导通（从 Y020 到 Y022 导通时间间隔为 40ms），故操作按键 M52 无效，因此矩阵输入电路不适用于要求快速输入的场合。

③ 矩阵输入指令的使用 若 PLC 采用矩阵输入方式，除了要加设矩阵输入电路外，还须用 MTR 指令进行矩阵输入设置。矩阵输入指令的使用如图 6-57 所示。当触点 M0 闭合时，MTR 指令执行，将［S］X020 为起始编号的 8 个连号元件作为矩阵输入，将［D1］Y020 为起始编号的 3 个（n=3）连号元件作为矩阵输出，将矩阵输入信号保存在以 M30 为起始编号的三组 8 个连号元件（M30~M37、M40~M47、M50~M57）中。

图 6-57 矩阵输入指令的使用

（4）高速计数器置位指令

① 指令格式 高速计数器置位指令格式如下：

指令名称	助记符	功能号	操作数			程序步
			S1	S2	D	
高速计数器置位指令	HSCS	FNC53	K、H、KnX、KnY、KnM、KnS、T、C、D、V、Z	C（C235~C255）	Y、M、S	DHSCS：13 步

② 使用说明 高速计数器置位指令的使用如图 6-58 所示。当常开触点 X010 闭合时，若高速计数器 C255 的当前值变为 100（99→100 或 101→100），DHSCS 指令执行，将 Y010 置位。

```
    X010                  S1       S2       D
    ┤├────[ DHSCS       K100      C255     Y010    ]
```

图 6-58 高速计数器置位指令的使用

（5）高速计数器复位指令

① 指令格式 高速计数器复位指令格式如下：

指令名称	助记符	功能号	操作数			程序步
			S1	S2	D	
高速计数器复位指令	HSCR	FNC54	K、H、KnX、KnY、KnM、KnS、T、C、D、V、Z	C（C235~C255）	Y、M、S	DHSCR：13 步

② 使用说明 高速计数器复位指令的使用如图 6-59 所示。当常开触点 X010 闭合时，

若高速计数器 C255 的当前值变为 100（99→100 或 101→100），DHSCR 指令执行，将 Y010 复位。

图 6-59　高速计数器复位指令的使用

（6）高速计数器区间比较指令

① 指令格式　高速计数器区间比较指令格式如下：

指令名称	助记符	功能号	操作数				程序步
			S1	S2	S3	D	
高速计数器区间比较指令	HSZ	FNC55	K、H、KnX、KnY、KnM、KnS、T、C、D、V、Z	C（C235~C255）	Y、M、S（3个连号元件）		DHSZ：13步

② 使用说明　高速计数器区间比较指令的使用如图 6-60 所示。在 PLC 运行期间，M8000 触点始终闭合，高速计数器 C251 开始计数，同时 DHSZ 指令执行，当 C251 当前计数值＜1000 时，让输出继电器 Y000 为 ON，当 1000≤C251 当前计数值≤2000 时，让输出继电器 Y001 为 ON，当 C251 当前计数值＞2000 时，让输出继电器 Y003 为 ON。

图 6-60　高速计数器区间比较指令的使用

（7）速度检测指令

① 指令格式　速度检测指令格式如下：

指令名称	助记符	功能号	操作数			程序步
			S1	S2	D	
速度检测指令	SPD	FNC56	X0~X5	K、H、KnX、KnY、KnM、KnS、T、C、D、V、Z	T、C、D、V、Z	SPD：7步

② 使用说明　速度检测指令的使用如图 6-61 所示。当常开触点 X010 闭合时，SPD 指令执行，计算 X000 输入端子在 100ms 输入脉冲的个数，并将个数值存入 D0 中，指令还使用 D1、D2，其中 D1 用来存放当前时刻的脉冲数值（会随时变化），到 100ms 时复位，D2 用来存放计数的剩余时间，到 100ms 时复位。

```
   X010
───┤ ├───[ SPD    X000    K100    D0  ]
           S1      S2      D
```

图 6-61　速度检测指令的使用

采用旋转编码器配合 SPD 指令可以检测电动机的转速。旋转编码器结构如图 6-62 所示，旋转编码器盘片与电动机转轴连动，在盘片旁安装有接近开关，盘片凸起部分靠近接近开关时，开关会产生脉冲输出，n 为编码器旋转一周输出的脉冲数。在测速时，先将测速用的旋转编码器与电动机转轴连接，编码器的输出线接 PLC 的 X0 输入端子，再根据电动机的转速

计算公式 $N = \left(\dfrac{60 \times [D]}{n \times [S2]} \times 10^3 \right) r/\min$ 编写梯形图程序。

设旋转编码器的 $n = 360$，计时时间 $S2 = 100ms$，则 $N = \left(\dfrac{60 \times [D]}{n \times [S2]} \times 10^3 \right) r/\min = \left(\dfrac{60 \times [D]}{360 \times 100} \times 10^3 \right) r/\min = \left(\dfrac{5 \times [D]}{3} \right) r/\min$。电动机转速检测程序如图 6-63 所示。

图 6-62　旋转编码器结构

```
        S1      S2      D
X010 ┤├─[ SPD   X000    K100    D0 ]─     将X000端子在100ms内输
     │                                   入的脉冲个数值存入D0中
     ├───[ MUL  D0      K5      D3 ]─     将D0的脉冲个数值与5相
     │                                   乘,结果存入D3中
     ├───[ DDIV D3      K3      D10 ]─    将D3中的数除以3,结果存
     │                                   入D10,D10中的数值即为电
     │                                   动机转速值
     └──────────────────[ END ]─
```

图 6-63　电动机转速检测程序

（8）脉冲输出指令

① 指令格式　脉冲输出指令格式如下：

指令名称	助记符	功能号	操作数			程序步
			S1	S2	D	
脉冲输出指令	PLSY	FNC57	K、H、KnX、KnY、KnM、KnS、T、C、D、V、Z		Y0 或 Y1	PLSY：7 步 DPLSY：13 步

② 使用说明　脉冲输出指令的使用如图 6-64 所示。当常开触点 X010 闭合时，PLSY 指令执行，让 Y000 端子输出占空比为 50% 的 1000Hz 脉冲信号，产生脉冲个数由 D0 指定。

```
        S1      S2      D
X010 ┤├─[ PLSY  K1000   D0      Y000 ]
```

图 6-64　脉冲输出指令的使用

脉冲输出指令使用要点

脉冲输出指令使用要点如下：

① [S1] 为输出脉冲的频率，对于 FX$_{2N}$ 系列 PLC，频率范围为 $10 \sim 20kHz$；[S2] 为要求输出脉冲的个数，对于 16 位操作元件，可指定的个数为 $1 \sim 32767$，对于 32 位操作元件，

可指定的个数为 1~2147483647，如指定个数为 0，则持续输出脉冲；［D］为脉冲输出端子，要求为输出端子为晶体管输出型，只能选择 Y000 或 Y001。

② 脉冲输出结束后，完成标记继电器 M8029 置 1，输出脉冲总数保存在 D8037（高位）和 D8036（低位）。

③ 若选择产生连续脉冲，在 X010 断开后 Y000 停止脉冲输出，X010 再闭合时重新开始。

④ ［S1］中的内容在该指令执行过程中可以改变，［S2］在指令执行时不能改变。

（9）脉冲调制指令

① 指令格式　脉冲调制指令格式如下：

指令名称	助记符	功能号	操作数			程序步
			S1	S2	D	
脉冲调制指令	PWM	FNC58	K、H、KnX、KnY、KnM、KnS、T、C、D、V、Z		Y0 或 Y1	PWM:7 步

② 使用说明　脉冲调制指令的使用如图 6-65 所示。当常开触点 X010 闭合时，PWM 指令执行，让 Y000 端子输出脉冲宽度为［S1］D10、周期为［S2］50 的脉冲信号。

图 6-65　脉冲调制指令的使用

脉冲调制指令使用要点

脉冲调制指令使用要点如下：

① ［S1］为输出脉冲的宽度 t，$t=0\sim32767ms$；［S2］为输出脉冲的周期 T，$T=1\sim32767ms$，要求［S2］>［S1］，否则会出错；　［D］为脉冲输出端子，只能选择 Y000 或 Y001。

② 当 X010 断开后，Y000 端子停止脉冲输出。

（10）可调速脉冲输出指令

① 指令格式　可调速脉冲输出指令格式如下：

指令名称	助记符	功能号	操作数				程序步
			S1	S2	S3	D	
可调速脉冲输出指令	PLSR	FNC59	K、H、KnX、KnY、KnM、KnS、T、C、D、V、Z			Y0 或 Y1	PLSR:9 步 DPLSR:17 步

② 使用说明　可调速脉冲输出指令的使用如图 6-66 所示。当常开触点 X010 闭合时，PLSR 指令执行，让 Y000 端子输出脉冲信号，要求输出脉冲频率由 0 开始，在 3600ms 内升到最高频率 500Hz，在最高频率时产生 D0 个脉冲，再在 3600ms 内从最高频率降到 0。

图 6-66　可调速脉冲输出指令的使用

可调速脉冲输出指令使用要点

可调速脉冲输出指令使用要点如下：

① [S1] 为输出脉冲的最高频率，最高频率要设成 10 的倍数，设置范围为 10～20kHz。

② [S2] 为最高频率时输出脉冲数，该数值不能小于 110，否则不能正常输出，[S2] 的范围是 110～32767（16 位操作数）或 110～2147483647（32 位操作数）。

③ [S3] 为加减速时间，它是指脉冲由 0 升到最高频率（或最高频率降到 0）所需的时间。输出脉冲的一次变化为最高频率的 1/10。加减速时间设置有一定的范围，具体可采用以下式子计算：

$$\frac{90000}{[S1]} \times 5 \leq [S3] \leq \frac{[S2]}{[S1]} \times 818$$

④ [D] 为脉冲输出点，只能为 Y000 或 Y001，且要求是晶体管输出型。

⑤ 若 X010 由 ON 变为 OFF，停止输出脉冲，X010 再 ON 时，从初始重新动作。

⑥ PLSR 和 PLSY 两条指令在程序中只能使用一条，并且只能使用一次。这两条指令中的某一条与 PWM 指令同时使用时，脉冲输出点不能重复。

6.2.7 方便指令

方便指令共有 10 条，功能号是 FNC60～FNC69。

（1）状态初始化指令

① 指令格式 状态初始化指令格式如下：

指令名称	助记符	功能号	操作数			程序步
			S	D1	D2	
状态初始化指令	IST	FNC60	X、Y、M、S（8 个连号元件）	S（S20～S899）		IST：7 步

② 使用说明 状态初始化指令主要用于步进控制，且在需要进行多种控制时采用，使用这条指令可以使控制程序大大简化，如在机械手控制中，有 5 种控制方式：手动、回原点、单步运行、单周期运行（即运行一次）和自动控制。在程序中采用该指令后，只需编写手动、回原点和自动控制 3 种控制程序即可实现 5 种控制。

状态初始化指令的使用如图 6-67 所示。当 M8000 由 OFF→ON 时，IST 指令执行，将 X020 为起始编号的 8 个连号元件进行功能定义（具体见后述），将 S20、S40 分别设为自动操作时的编号最小和最大状态继电器。

```
                        S           D1          D2
    M8000
 ───┤ ├───────[ IST     X020        S20         S40 ]
```

图 6-67 状态初始化指令的使用

状态初始化指令的使用要点如下。

① [S] 为功能定义起始元件，它包括 8 个连号元件，这 8 个元件的功能定义如下：

X020：手动控制	X024：全自动运行控制
X021：回原点控制	X025：回原点启动
X022：单步运行控制	X026：自动运行启动
X023：单周期运行控制	X027：停止控制

图 6-68　旋转开关

其中 X020～X024 是工作方式选择，不能同时接通，通常选用图 6-68 所示的旋转开关。

② [D1]、[D2] 分别为自动操作控制时，实际用到的最小编号和最大编号状态继电器。

③ IST 指令在程序中只能用一次，并且要放在步进顺控指令 STL 之前。

（2）数据查找指令

① 指令格式　数据查找指令格式如下：

指令名称	助记符	功能号	操作数				程序步
			S1	S2	D	n	
数据查找指令	SER	FNC61	KnX,KnY、KnM,KnS、T,C,D	K,H,KnX,KnY、KnM,KnS、T,C,D,V,Z	KnY,KnM、KnS、T,C,D	K、H、D	SER、SERP：9 步 DSER,DSERP：17 步

② 使用说明　数据查找指令的使用如图 6-69 所示。当常开触点 X010 闭合时，SER 指令执行，从 [S1] D100 为首编号的 [n] 10 个连号元件（D100～D109）中查找与 [S2] D0 相等的数据，查找结果存放在 [D] D10 为首编号的 5 个连号元件 D10～D14 中。

在 D10～D14 中，D10 存放数据相同的元件个数，D11、D12 分别存放数据相同的第一个和最后一个元件位置，D13 存放最小数据的元件位置，D14 存放最大数据的元件位置。例如在 D100～D109 中，D100、D102、D106 中的数据都与 D10 相同，D105 中的数据最小，D108 中数据最大，那么 D10＝3、D11＝0、D12＝6、D13＝5、D14＝8。

图 6-69　数据查找指令的使用

（3）绝对值式凸轮顺控指令

① 指令格式　绝对值式凸轮顺控指令格式如下：

指令名称	助记符	功能号	操作数				程序步
			S1	S2	D	n	
绝对值式凸轮顺控指令	ABSD	FNC62	KnX,KnY,KnM、KnS,T,C,D	C	Y,M,S	K,H、（1≤n≤64）	ABSD：9 步 DABSD：17 步

② 使用说明　ABSD 指令用于产生与计数器当前值对应的多个波形，其使用如图 6-70 所示。在图 6-70（a）中，当常开触点 X000 闭合时，ABSD 指令执行，将 [D] M0 为首编号的 [n] 4 个连号元件 M0～M3 作为波形输出元件，并将 [S2] C0 计数器当前计数值与 [S1] D300 为首编号的 8 个连号元件 D300～D307 中的数据进行比较，然后让 M0～M3 输出与 D300～D307 数据相关的波形。

M0～M3 输出波形与 D300～D307 数据的关系如图 6-70（b）所示。D300～D307 中的数据可采用 MOV 指令来传送，D300～D307 的偶数编号元件用来存储上升数据点（角度值），奇数编号元件存储下降数据点。下面对照图 6-70（b）来说明图 6-70（a）梯形图工作过程。

在常开触点 X000 闭合期间，X001 端子外接平台每旋转 1°，该端子就输入一个脉冲，X001 常开触点就闭合一次（X001 常闭触点则断开一次），计数器 C0 的计数值就增 1。当平台旋转到 40°时，C0 的计数值为 40，C0 的计数值与 D300 中的数据相等，ABSD 指令则让

M0 元件由 OFF 变为 ON；当 C0 的计数值为 60 时，C0 的计数值与 D305 中的数据相等，ABSD 指令则让 M2 元件由 ON 变为 OFF。C0 计数值由 60 变化到 360 之间的工作过程请对照图 6-70（b）自行分析。当 C0 的计数值达到 360 时，C0 常开触点闭合，"RST C0"指令执行，将计数器 C0 复位，然后又重新上述工作过程。

1°1个脉冲的旋转角度信号
(即平台每旋转1°，X001触点就通断一次)

(a)

上升数据点	下降数据点	输出元件
D300=40	D301=140	M0
D302=100	D303=200	M1
D304=160	D305=60	M2
D306=240	D307=280	M3

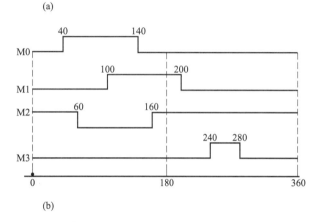

(b)

图 6-70　ABSD 指令的使用

（4）增量式凸轮顺控指令

① 指令格式　增量式凸轮顺控指令格式如下：

指令名称	助记符	功能号	操作数				程序步
			S1	S2	D	n	
增量式凸轮顺控指令	INCD	FNC63	KnX、KnY、KnM、KnS、T、C、D	C（两个连号元件）	Y、M、S	K、H、（1≤n≤64）	INCD:9 步 DINCD:17 步

② 使用说明　INCD 指令的使用如图 6-71 所示。INCD 指令的功能是将［D］M0 为首编号的［n］4 个连号元件 M0～M3 作为波形输出元件，并将［S2］C0 当前计数值与［S1］D300 为首编号的 4 个连号元件 D300～D303 中的数据进行比较，让 M0～M3 输出与 D300～D304 数据相关的波形。

首先用 MOV 指令往 D300～D303 中传送数据，让 D300＝20、D301＝30、D302＝10、D303＝40。在常开触点 X000 闭合期间，1s 时钟辅助继电器 M8013 触点每隔 1s 就通断一次（通断各 0.5s），计数器 C0 的计数值就计 1，随着 M8013 不断动作，C0 计数值不断增大。在 X000 触点刚闭合时，M0 由 OFF 变为 ON，当 C0 计数值与 D300 中的数据 20 相等时，C0 自动复位清 0，同时 M0 元件也复位（由 ON 变为 OFF），然后 M1 由 OFF 变为 ON，当 C0 计数值与 D301 中的数据 30 相等时，C0 又自动复位，M1 元件随之复位，当 C0 计数值与最后寄存器 D303 中的数据 40 相等时，M3 元件复位，完成标记辅助继电器 M8029 置 ON，表示完成一个周期，接着开始下一个周期。

在 C0 计数的同时，C1 也计数，C1 用来计 C0 的复位次数，完成一个周期后，C1 自动复位。当触点 X000 断开时，C1、C0 均复位，M0~M3 也由 ON 转为 OFF。

图 6-71　INCD 指令的使用

（5）示教定时器指令

① 指令格式　示教定时器指令格式如下：

指令名称	助记符	功能号	操作数		程序步
			D	n	
示教定时器指令	TTMR	FNC64	D	K、H、(n=0~2)	TTMR:5 步

② 使用说明　TTMR 指令的使用如图 6-72 所示。TTMR 指令的功能是测定 X010 触点的接通时间。当常开触点 X010 闭合时，TTMR 指令执行，用 D301 存储 X010 触点当前接通时间 t0（D301 中的数据随 X010 闭合时间变化），再将 D301 中的时间 t0 乘以 10^n，乘积结果存入 D300 中。当触点 X010 断开时，D301 复位，D300 中的数据不变。

利用 TTMR 指令可以将按钮闭合时间延长 10 倍或 100 倍。

图 6-72　TTMR 指令的使用

（6）特殊定时器指令

① 指令格式　特殊定时器指令格式如下：

指令名称	助记符	功能号	操作数			程序步
			S	n	D	
特殊定时器指令	STMR	FNC65	T (T0~T199)	K、H n=1~32767	Y、M、S (4 个连号)	STMR:7 步

② 使用说明 STMR 指令的使用如图 6-73 所示。STMR 指令的功能是产生延时断开定时、单脉冲定时和闪动定时。当常开触点 X000 闭合时，STMR 指令执行，让［D］M0 为首编号的 4 个连号元件 M0～M3 产生［n］10s 的各种定时脉冲，其中 M0 产生 10s 延时断开定时脉冲，M1 产生 10s 单定时脉冲，M2、M3 产生闪动定时脉冲（即互补脉冲）。

当触点 X010 断开时，M0～M3 经过设定的值后变为 OFF，同时定时器 T10 复位。

图 6-73 STMR 指令的使用

（7）交替输出指令

① 指令格式 交替输出指令格式如下：

指令名称	助记符	功能号	操作数	程序步
			D	
交替输出指令	ALT	FNC66	Y、M、S	ALT、ALTP：3 步

② 使用说明 ALT 指令的使用如图 6-74 所示。ALT 指令的功能是产生交替输出脉冲。当常开触点 X000 由 OFF→ON 时，ALTP 指令执行，让［D］M0 由 OFF→ON，在 X000 由 ON→OFF 时，M0 状态不变，当 X000 再一次由 OFF→ON 时，M0 由 ON→OFF。若采用连续执行型指令 ALT，在每个扫描周期 M0 状态就会改变一次，因此通常采用脉冲执行型 ALTP 指令。

图 6-74 ALT 指令的使用

利用 ALT 指令可以实现分频输出，如图 6-75 所示，当 X000 按图示频率通断时，M0 产生的脉冲频率降低一半，而 M1 产生的脉冲频率较 M0 再降低一半，每使用一次 ALT 指令可进行一次 2 分频。

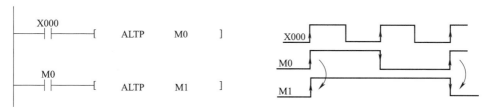

图 6-75 利用 ALT 指令实现分频输出

```
  X000
  ─┤├─────[ ALTP    M0 ]

  M0
  ─┤/├─────( Y000 )

  M0
  ─┤├──────( Y001 )
```

图 6-76 利用 ALT 指令实现一个
按钮控制多个负载启动/停止

利用 ALT 指令还可以实现一个按钮控制多个负载启动/停止。如图 6-76 所示,当常开触点 X000 闭合时,辅助继电器 M0 由 OFF→ON,M0 常闭触点断开,Y000 对应的负载停止,M0 常开触点闭合,Y001 对应的负载启动,X000 断开后,辅助继电器 M0 状态不变;当 X000 第二次闭合时,M0 由 ON→OFF,M0 常闭触点闭合,Y000 对应的负载启动,M0 常开触点断开,Y001 对应的负载停止。

（8）斜波信号输出指令

① 指令格式　斜波信号输出指令格式如下:

指令名称	助记符	功能号	操作数				程序步
			S1	S2	D	n	
斜波信号输出指令	RAMP	FNC67	D			K、H n=1～32767	RAMP:9 步

② 使用说明　RAMP 指令的使用如图 6-77 所示。RAMP 指令的功能是产生斜波信号。当常开触点 X000 闭合时,RAMP 指令执行,让 [D] D3 的内容从 [S1] D1 的值变化到 [S2] D2 的值,变化时间为 [n] 1000 个扫描周期,扫描次数存放在 D4 中。

设置 PLC 的扫描周期可确定 D3（值）从 D1 变化到 D2 的时间。先往 D8039（恒定扫描时间寄存器）写入设定扫描周期时间（ms）,设定的扫描周期应大于程序运行扫描时间,再将 M8039（定时扫描继电器）置位,PLC 就进入恒扫描周期运行方式。如果设定的扫描周期为 20ms,那么图 6-77 的 D3（值）从 D1 变化到 D2 所需的时间应为 20ms×1000＝20s。

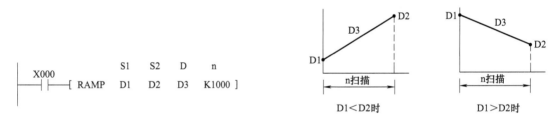

图 6-77　RAMP 指令的使用

（9）旋转工作台控制指令

① 指令格式　旋转工作台控制指令格式如下:

指令名称	助记符	功能号	操作数				程序步
			S	m1	m2	D	
旋转工作台控制指令	ROTC	FNC68	D (3 个连号元件)	K、H m1=2～32767	K、H m2=0～32767 m1≥m2	Y、M、S (8 个连号元件)	ROTC:9 步

② 使用说明　ROTC 指令的功能是对旋转工作台的方向和位置进行控制,使工作台上指定的工件能以最短的路径转到要求的位置。图 6-78 是一种旋转工作台的结构示意图,它由转台和工作手臂两大部分组成,转台被均分成 10 个区,每个区放置一个工件,转台旋转时会使检测开关 X000、X001 产生两相脉冲,利用这两相脉冲不但可以判断转台正转/反转外,还检测转台当前旋转位置,检测开关 X002 用来检测转台的 0 位置。

图 6-78　一种旋转工作台的结构示意图

ROTC 指令的使用如图 6-79 所示。

图 6-79　ROTC 指令的使用

在图 6-79 中，当常开触点 X010 闭合时，ROTC 指令执行，将操作数 [S]、[m1]、[m2]、[D] 的功能作如下定义：

[S] {
D200：作为计数寄存器使用
D201：调用工作手臂号 } 用传送指令MOV设定
D202：调用工件号

[m1]：工作台每转一周旋转编码器产生的脉冲数

[m2]：低速运行区域，取值一般为 1.5～2 个工件间距

[D] {
M0：A相信号
M1：B相信号 } 用输入X(旋转编码器)来驱动，X000→M0、X001→M1、X002→M2
M2：0点检测信号
M3：高速正转
M4：低速正转
M5：停止 } 当X010置ON时，ROTC指令执行，可以自动得到M3～M7的功能，当X010置OFF时，M3～M7为OFF
M6：低速反转
M7：高速反转
}

③ ROTC 指令应用实例　有一个图 6-78 所示的旋转工作台，转台均分 10 个区，编号为 0～9，每区可放 1 个工件，转台每转一周两相旋转编码器能产生 360 个脉冲，低速运行区为工件间距的 1.5 倍，采用数字开关输入要加工的工件号，加工采用默认 1 号工作手臂。要求使用 ROTC 指令并将有关硬件进行合适的连接，让工作台能以最高的效率调任意一个工件进行加工。

a. 硬件连接　旋转工作台的硬件连接如图 6-80 所示。4 位拨码开关用于输入待加工的工件号，旋转编码器用于检测工作台的位置信息，0 点检测信号用于告知工作台是否到达 0 点位置，启动按钮用于启动工作台运行，Y000～Y004 端子用于输出控制信号，通过控制变频器来控制工作台电动机的运行。

b. 编写程序　旋转工作台控制梯形图程序如图 6-81 所示。在编写程序时要注意，工件号和工作手臂设置与旋转编码器产生的脉冲个数有关，如编码器旋转一个工件间距产生 n 个

图 6-80　旋转工作台的硬件连接

脉冲，如 n＝10，那么工件号 0～9 应设为 0～90，工作手臂号 0、1 应分别设为 0，10。在本例中，旋转编码器转一周产生 360 个脉冲，工作台又分为 10 个区，每个工件间距应产生 36 个脉冲，因此 D201 中的 1 号工作手臂应设为 36，D202 中的工件号就设为"实际工件号×36"。

　　PLC 在进行旋转工作台控制时，在执行 ROTC 指令时，会根据有关程序和输入信号（输入工作号、编码器输入、0 点检测输入和启动输入）产生控制信号（高速、低速、正转、反转），通过变频器来对旋转工作台电动机进行各种控制。

图 6-81　旋转工作台控制梯形图程序

（10）数据排序指令

① 指令格式　数据排序指令格式如下：

指令名称	助记符	功能号	操作数					程序步
			S	m1	m2	D	n	
数据排序指令	SORT	FNC69	D（连号元件）	K、H m1=2～32 m1≥m2	K、H m2=1～6	D（连号元件）	D	SORT：9步

② 使用说明　SORT 指令的使用如图 6-82 所示。
SORT 指令的功能是将 [S] D100 为首编号的 [m1] 5
行 [m2] 4 列共 20 个元件（即 D100～D119）中的数
据进行排序，排序以 [n] D0 指定的列作为参考，排序

```
        X010                    S  m1 m2  D  n
        ─┤ ├────────[ SORT  D100 K5 K4 D200 D0 ]
```
图 6-82　SORT 指令的使用

按由小到大进行，排序后的数据存入 [D] D200 为首编号的 5×5＝20 个连号元件中。

表 6-2 为排序前 D100～D119 中的数据，若 D0＝2，当常开触点 X010 闭合时，SORT
指令执行，将 D100～D119 中的数据以第 2 列作参考进行由小到大排列，排列后的数据存放
在 D200～D219 中，D200～D219 中数据排列见表 6-3。

表 6-2　排序前 D100～D119 中的数据

行号＼列号	1 人员号码	2 身长	3 体重	4 年龄
1	D 100 1	D 105 150	D 110 45	D 115 20
2	D 101 2	D 106 180	D 111 50	D 116 40
3	D 102 3	D 107 160	D 112 70	D 117 30
4	D 103 4	D 108 100	D 113 20	D 118 8
5	D 104 5	D 109 150	D 114 50	D 119 45

表 6-3　排序后 D200～D219 中的数据

行号＼列号	1 人员号码	2 身长	3 体重	4 年龄
1	D 200 4	D 205 100	D 210 20	D 215 8
2	D 201 1	D 206 150	D 211 45	D 216 20
3	D 202 5	D 207 150	D 212 50	D 217 45
4	D 203 3	D 208 160	D 213 70	D 218 30
5	D 204 2	D 209 180	D 214 50	D 219 40

6.2.8　外部 I/O 设备指令

外部 I/O 设备指令共有 10 条，功能号为 FNC70～FNC79。

（1）十键输入指令

① 指令格式　十键输入指令格式如下：

指令名称	助记符	功能号	操作数			程序步
			S	D1	D2	
十键输入指令	TKY	FNC70	X、Y、M、S（10个连号元件）	KnY、KnM、KnS、T、C、D、V、Z	X、Y、M、S（11个连号元件）	TKY：7步 DTKY：13步

② 使用说明　TKY 指令的使用如图 6-83 所示。在图 6-83（a）中，TKY 指令的功能是
将 [S] 为首编号的 X000～X011 十个端子输入的数据送入 [D1] D0 中，同时将 [D2] 为
首地址的 M10～M19 中相应的位元件置位。

使用 TKY 指令时，可在 PLC 的 X000～X011 十个端子外接代表 0～9 的十个按键，如
图 6-83（b）所示，当常开触点 X030 闭合时，如果依次操作 X002、X001、X003、X000，
就往 D0 中输入数据 2130，同时与按键对应的位元件 M12、M11、M13、M10 也依次被置

ON，如图 6-83（c）所示，当某一按键松开后，相应的位元件还会维持 ON，直到下一个按键被按下才变为 OFF。该指令还会自动用到 M20，当依次操作按键时，M20 会依次被置 ON，ON 的保持时间与按键的按下时间相同。

图 6-83　TKY 指令使用

十键输入指令使用要点

十键输入指令的使用要点如下：

① 若多个按键都按下，先按下的键有效。

② 当常开触点 X030 断开时，M10～M20 都变为 OFF，但 D0 中的数据不变。

③ 在做 16 位操作时，输入数据范围是 0～9999，当输入数据超过 4 位，最高位数（千位数）会溢出，低位补入；在做 32 位操作时，输入数据范围是 0～99999999。

（2）十六键输入指令

① 指令格式　十六键输入指令格式如下：

指令名称	助记符	功能号	操作数				程序步
			S	D1	D2	D2	
十六键输入指令	HKY	FNC71	X（4 个连号元件）	Y	T、C、D、V、Z	Y、M、S（8 个连号元件）	HKY：9 步 DHKY：17 步

② 使用说明　HKY 指令的使用如图 6-84 所示。在使用 HKY 指令时，一般要给 PLC 外围增加键盘输入电路，如图 6-84（b）所示。HKY 指令的功能是将 [S] 为首编号的 X000～X003 四个端子作为键盘输入端，将 [D1] 为首编号的 Y000～Y003 四个端子作为 PLC 扫描键盘输出端，[D2] 指定的元件 D0 用来存储键盘输入信号，[D3] 指定的以 M0 为首编号的 8 个元件 M0～M7 用来响应功能键 A～F 输入信号。

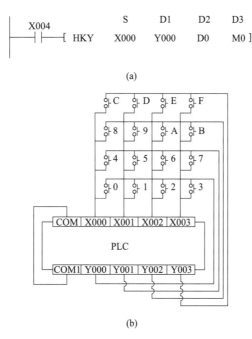

图 6-84　HKY 指令的使用

十六键输入指令使用要点

十六键输入指令的使用要点如下。

① 利用 0～9 数字键可以输入 0～9999 数据，输入的数据以 BIN 码（二进制数）形式保存在［D2］D0 中，若输入数据大于 9999，则数据的高位溢出，使用 32 位操作 DHKY 指令时，可输入 0～9999999，数据保存在 D1、D0 中。按下多个按键时，先按下的键有效。

② Y000～Y003 完成一次扫描工作后，完成标记继电器 M8029 会置位。

③ 当操作功能键 A～F 时，M0～M7 会有相应的动作，A～F 与 M0～M5 的对应关系如下：

F	E	D	C	B	A
↓	↓	↓	↓	↓	↓
M5	M4	M3	M2	M1	M0

如按下 A 键时，M0 置 ON 并保持，当按下另一键时，如按下 D 键，M0 变为 OFF，同时 D 键对应的元件 M3 置 ON 并保持。

④ 在按下 A～F 某键时，M6 置 ON（不保持），松开按键 M6 由 ON 转为 OFF；在按下 0～9 某键时，M7 置 ON（不保持）。当常开触点 X004 断开时，［D2］D0 中的数据仍保存，但 M0～M7 全变为 OFF。

⑤ 如果将 M8167 置 ON，那么可以通过键盘输入十六进制数并保存在［D2］D0 中。如操作键盘输入 123BF，那么该数据会以二进制形式保持在［D2］中。

⑥ 键盘一个完整扫描过程需要 8 个 PLC 扫描周期，为防止键输入滤波延时造成存储错误，要求使用恒定扫描模式或定时中断处理。

（3）数字开关指令

① 指令格式　数字开关指令格式如下：

指令名称	助记符	功能号	操作数				程序步
			S	D1	D2	n	
数字开关指令	DSW	FNC72	X（4个连号元件）	Y	T、C、D、V、Z	K、H n=1、2	DSW：9步

② 使用说明　DSW 指令的使用如图 6-85 所示。DSW 指令的功能是读入一组或两组 4 位数字开关的输入值。［S］指定键盘输入端的首编号，将首编号为起点的四个连号端子 X010～X013 作为键盘输入端；［D1］指定 PLC 扫描键盘输出端的首编号，将首编号为起点的四个连号端子 Y010～Y013 作为扫描输出端；［D2］指定数据存储元件；［n］指定数字开关的组数，n＝1 表示一组，n＝2 表示两组。

在使用 DSW 指令时，须给 PLC 外接相应的数字开关输入电路。PLC 与一组数字开关连接电路如图 6-85（b）所示。在常开触点 X000 闭合时，DSW 指令执行，PLC 从 Y010～Y013 端子依次输出扫描脉冲，如果数字开关设置的输入值为 1101 0110 1011 1001（数字开关某位闭合时，表示该位输入 1），当 Y010 端子为 ON 时，数字开关的低 4 位往 X013～X010 输入 1001，1001 被存入 D0 低 4 位，当 Y011 端子为 ON 时，数字开关的次低 4 位往 X013～X010 输入 1011，该数被存入 D0 的次低 4 位，一个扫描周期完成后，1101 0110 1011 1001 全被存入 D0 中，同时完成标志继电器 M8029 置 ON。

如果需要使用两组数字开关，可将第二组数字开关一端与 X014～X017 连接，另一端则和第一组一样与 Y010～Y013 连接，当将［n］设为 2 时，第二组数字开关输入值通过 X014～X017 存入 D1 中。

图 6-85　DSW 指令的使用

（4）七段译码指令

① 指令格式　七段译码指令格式如下：

指令名称	助记符	功能号	操作数		程序步
			S	D	
七段译码指令	SEGD	FNC73	K、H、KnY、KnM、KnS、T、C、D、V、Z	KnY、KnM、KnS、T、C、D、V、Z	SEGD、SEDP：5步

② 使用说明　SEGD 指令的使用如图 6-86 所示。
SEGD 指令的功能是将源操作数［S］D0 中的低 4 位二
进制数（代表十六进制数 0～F）转换成七段显示格式的
数据，再保存在目标操作数［D］Y000～Y007 中，源操
作数中的高位数不变。4 位二进制数与七段显示格式数对应关系见表 6-4。

图 6-86　SEGD 指令的使用

表 6-4　4 位二进制数与七段显示格式数对应关系

[S]		七段码构成	[D]								显示数据
十六进制	二进制		B7	B6	B5	B4	B3	B2	B1	B0	
0	0000		0	0	1	1	1	1	1	1	0
1	0001		0	0	0	0	0	1	1	0	1
2	0010		0	1	0	1	1	0	1	1	2
3	0011		0	1	0	0	1	1	1	1	3
4	0100		0	1	1	0	0	1	1	0	4
5	0101		0	1	1	0	1	1	0	1	5
6	0110		0	1	1	1	1	1	0	1	6
7	0111		0	0	1	0	0	1	1	1	7
8	1000		0	1	1	1	1	1	1	1	8
9	1001		0	1	1	0	1	1	1	1	9
A	1010		0	1	1	1	0	1	1	1	A
B	1011		0	1	1	1	1	1	0	0	b
C	1100		0	0	1	1	1	0	0	1	C
D	1101		0	1	0	1	1	1	1	0	d
E	1110		0	1	1	1	1	0	0	1	E
F	1111		0	1	1	1	0	0	0	1	F

③ 用 SEGD 指令驱动七段码显示器　利用 SEGD 指令可以驱动七段码显示器显示字符，
七段码显示器外形与结构如图 6-87 所示，它是由 7 个发光二极管排列成 "8" 字形，根据发
光二极管共用电极不同，可分为共阳极和共阴极两种。PLC 与七段码显示器连接如图 6-88
所示。在图 6-86 所示的梯形图中，设 D0 的低 4 位二进制数为 1001，当常开触点 X000 闭合
时，SEGD 指令执行，1001 被转换成七段显示格式数据 01101111，该数据存入 Y007～

(a) 外形

共阳极

(b) 结构

共阴极

图 6-87　七段码显示器外形与结构

图 6-88　PLC 与七段码显示器连接

Y000，Y007～Y000 端子输出 01101111，七段码显示管 B6、B5、B3、B2、B1、B0 段亮（B4 段不亮），显示十进制数 "9"。

（5）带锁存的七段码显示指令

① 关于带锁存的七段码显示器　普通的七段码显示器显示一位数字需用到 8 个端子来驱动，若显示多位数字时则要用到大量引线，很不方便。采用带锁存的七段码显示器可实现用少量几个端子来驱动显示多位数字。带锁存的七段码显示器与 PLC 的连接如图 6-89 所示。下面以显示 4 位十进制数 "1836" 为例来

说明电路工作原理。

图 6-89　带锁存的七段码显示器与 PLC 的连接

首先 Y13、Y12、Y11、Y10 端子输出 "6" 的 BCD 码 "0110" 到显示器，经显示器内部电路转换成 "6" 的七段码格式数据 "01111101"，与此同时 Y14 端子输出选通脉冲，该选通脉冲使显示器的个位数显示有效（其他位不能显示），显示器个数显示 "6"；然后 Y13、Y12、Y11、Y10 端子输出 "3" 的 BCD 码 "0011" 到显示器，给显示器内部电路转换成 "3" 的七段码格式数据 "01001111"，同时 Y15 端子输出选通脉冲，该选通脉冲使显示器的十位数显示有效，显示器十位数显示 "3"；在显示十位的数字时，个位数的七段码数据被锁存下来，故个位的数字仍显示，采用同样的方法依次让显示器百、千位分别显示 8、1，结果就在显示器上显示出 "1836"。

② 带锁存的七段码显示指令格式　带锁存的七段码显示指令格式如下：

指令名称	助记符	功能号	操作数			程序步
			S	D	n	
带锁存的七段码显示指令	SEGL	FNC74	K、H、KnY、KnM、KnS、T、C、D、V、Z	Y	K、H（一组时 n=0～3，两组时 n=4～7）	SEGL:7 步

③ 使用说明　SEGL 指令的使用如图 6-90 所示，当 X000 闭合时，SEGL 指令执行，将源操作数 [S] D0 中数据（0～9999）转换成 BCD 码并形成选通信号，再从目标操作数 [D] Y010～Y017 端子输出，去驱动带锁存功能的七段码显示器，

图 6-90　SEGL 指令的使用

使之以十进制形式直观显示 D0 中的数据。

指令中［n］的设置与 PLC 输出类型、BCD 码和选通信号有关，具体见表 6-5。例如
PLC 的输出类型＝负逻辑（即输出端子内接 NPN 型三极管），显示器输入数据类型＝负逻
辑（如 6 的负逻辑 BCD 码为 1001，正逻辑为 0110），显示器选通脉冲类型＝正逻辑（即脉
冲为高电平），若是接 4 位一组显示器，则 n＝1，若是接 4 位两组显示器，n＝5。

表 6-5　PLC 输出类型、BCD 码、选通信号与［n］的设置关系

PLC 输出类型		显示器数据输入类型		显示器选通脉冲类型		n 取值	
PNP	NPN	高电平有效	低电平有效	高电平有效	低电平有效	4 位一组	4 位两组
正逻辑	负逻辑	正逻辑	负逻辑	正逻辑	负逻辑		
	√	√		√		3	7
	√	√			√	2	6
	√		√	√		1	5
	√		√		√	0	4
√		√		√		0	4
√		√			√	1	5
√			√	√		2	6
√			√		√	3	7

④ 4 位两组带锁存的七段码显示器与 PLC 的连接　4 位两组带锁存的七段码显示器与
PLC 的连接如图 6-91 所示，在执行 SEGL 指令时，显示器可同时显示 D10、D11 中的数据，
其中 Y13～Y10 端子所接显示器显示 D10 中的数据，Y23～Y20 端子所接显示器显示 D11 中
的数据，Y14～Y17 端子输出扫描脉冲（即依次输出选通脉冲），Y14～Y17 完成一次扫描
后，完成标志继电器 M8029 会置 ON。Y14～Y17 端子输出的选通脉冲是同时送到两组显示
器的，如 Y14 端输出选通脉冲时，两显示器分别接收 Y13～Y10 和 Y23～Y20 端子送来的
BCD 码，并在内部转换成七段码格式数据，再驱动各自的个位显示数字。

图 6-91　4 位两组带锁存的七段码显示器与 PLC 的连接

（6）方向开关指令

① 指令格式　方向开关指令格式如下：

指令名称	助记符	功能号	操作数				程序步
			S	D1	D2	n	
方向开关指令	ARWS	FNC75	X、Y、M、S	T、C、D、V、Z	Y	K、H（n＝0～3）	ARWS：9 步

```
  X000              S    D1   D2   n
───┤├────────[ ARWS   X010   D0  Y000  K0 ]
```

图 6-92 ARWS 指令的使用

② 使用说明 ARWS 指令的使用如图 6-92 所示。ARWS 指令不但可以像 SEGL 指令一样，能将 [D1] D0 中的数据通过 [D2] Y000～Y007 端子驱动带锁存的七段码显示器显示出来，还可以利用 [S] 指定的 X010～X013 端子输入来修改 [D] D0 中的数据。[n] 的设置与 SEGL 指令相同，见表 6-5。

利用 ARWS 指令驱动并修改带锁存的七段码显示器的 PLC 连接电路如图 6-93 所示。当常开触点 X000 闭合时，ARWS 指令执行，将 D0 中的数据转换成 BCD 码并形成选通脉冲，从 Y000～Y007 端子输出，驱动带锁存的七段码显示器显示 D0 中的数据。

如果要修改显示器显示的数字（也即修改 D0 中的数据），可操作 X010～X013 端子外接的按键。显示器千位默认是可以修改的（即 Y007 端子默认处于 OFF），按压增加键 X011 或减少键 X010 可以将数字调大或调小，按压右移键 X012 或左移键 X013 可以改变修改位，连续按压右移键时，修改位变化为 $10^3 \rightarrow 10^2 \rightarrow 10^1 \rightarrow 10^0$，当某位所在的指示灯 OFF 时，该位可以修改。

ARWS 指令在程序中只能使用一次，且要求 PLC 为晶体管输出型。

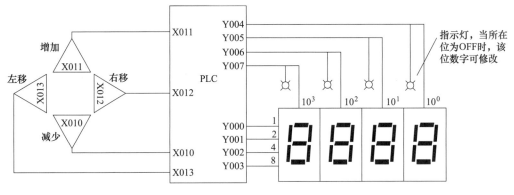

图 6-93 利用 ARWS 指令驱动并修改带锁存的七段码显示器的 PLC 连接电路

（7）ASCII 码转换指令

① 指令格式 ASCII 码转换指令格式如下：

指令名称	助记符	功能号	操作数		程序步
			S	D	
ASCII 码转换指令	ASC	FNC76	8 个以下的字母或数字	T、C、D	ASC：11 步

② 使用说明 ASC 指令的使用如图 6-94 所示。当常开触点 X000 闭合时，ASC 指令执行，将 ABCDEFGH 这 8 个字母转换成 ASCII 码并存入 D300～D303 中。如果将 M8161 置 ON 后再执行 ASC 指令，ASCII 码只存

```
  X000                    S         D
───┤├────────[ ASC   ABCDEFGH   D300 ]
```

图 6-94 ASC 指令的使用

入 [D] 低 8 位（要占用 D300～D307）。M8161 处于不同状态时 ASCII 码存储位置如图6-95 所示。

（8）ASCII 码打印输出指令

图 6-95 M8161 处于不同状态时 ASCII 码的存储位置

① 指令格式 ASCII 码打印输出指令格式如下：

指令名称	助记符	功能号	操作数		程序步
			S	D	
ASCII 码打印输出指令	PR	FNC77	8 个以下的字母或数字	T、C、D	PR:11 步

② 使用说明 PR 指令的使用如图 6-96 所示。当常开触点 X000 闭合时，PR 指令执行，将 D300 为首编号的几个连号元件中的 ASCII 码从 Y000 为首编号的几个端子输出。在输出 ASCII 码时，先从 Y000～Y007 端输出 A 的 ASCII 码（由 8 位二进制数组成），然后输出 B、C、…、H，在输出 ASCII 码的同时，Y010 端会输出选通脉冲，Y011 端输出正在执行标志，如图 6-96 （b）所示，Y010、Y011 端输出信号去 ASCII 码接收电路，使之能正常接收 PLC 发出的 ASCII 码。

图 6-96 PR 指令的使用

（9）读特殊功能模块指令

① 指令格式 读特殊功能模块指令格式如下：

指令名称	助记符	功能号	操作数				程序步
			m1	m2	D	n	
读特殊功能模块指令	FROM	FNC78	K、H m1=0～7	K、H m2=0～32767	KnY、KnM、KnS、T、C、D、V、Z	K、H n=0～32767	FROM、FROMP:9 步 DFROM、DFROMP:17 步

图 6-97　FROM 指令的使用

② 使用说明　FROM 指令的使用如图 6-97 所示。当常开触点 X000 闭合时，FROM 指令执行，将 [m1] 单元号为 1 的特殊功能模块中的 [m2] 29 号缓冲存储器（BFM）中的 [n] 16 位数据读入 K4M0（M0～M16）。

在 X000＝ON 时执行 FROM 指令，X000＝OFF 时，不传送数据，传送地点的数据不变。脉冲指令执行也一样。

（10）写特殊功能模块指令

① 指令格式　写特殊功能模块指令格式如下：

指令名称	助记符	功能号	操作数				程序步
			m1	m2	D	n	
写特殊功能模块指令	TO	FNC79	K、H m1＝0～7	K、H m2＝0～32767	KnY、KnM、KnS、T、C、D、V、Z	K、H n＝0～32767	TO、TOP：9 步 DTO、DTOP：17 步

② 使用说明　TO 指令的使用如图 6-98 所示。当常开触点 X000 闭合时，TO 指令执行，将 [D] D0 中的 [n] 16 位数据写入 [m1] 单元号为 1 的特殊功能模块中的 [m2] 12 号缓冲存储器（BFM）中。

图 6-98　TO 指令的使用

6.2.9　外部设备（SER）指令

外部设备指令共有 8 条，功能号是 FNC80～FNC86、FNC88。

（1）串行数据传送指令

① 指令格式　串行数据传送指令格式如下：

指令名称	助记符	功能号	操作数				程序步
			S	m	D	n	
串行数据传送指令	RS	FNC80	D	K、H、D	D	K、H、D	RS：5 步

② 使用说明

a. 指令的使用形式　利用 RS 指令可以让两台 PLC 之间进行数据交换，首先使用 FX₂ₙ-485-BD 通信板将两台 PLC 连接好，如图 6-99 所示。RS 指令的使用形式如图 6-100 所示，当常开触点 X000 闭合时，RS 指令执行，将 [S] D200 为首编号的 [m] D0 个寄存器中的数据传送给 [D] D500 为首编号的 [n] D1 个寄存器中。

图 6-99　利用 RS 指令通信时的两台 PLC 连接

图 6-100　RS 指令的使用形式

b. 定义发送数据的格式　在使用 RS 指令发送数据时，先要定义发送数据的格式，设置特殊数据寄存器 D8120 各位数可以定义发送数据格式。D8120 各位数与数据格式关系见表 6-6。例如，要求发送的数据格式为：数据长＝7 位、奇偶校验＝奇校验、停止位＝1 位、传输速度＝19200、无起始和终止符。D8120 各位应作如图 6-101 所示设置。

图 6-101　D8120 各位的设置

要将 D8120 设为 0092H，可采用图 6-102 所示的程序，当常开触点 X001 闭合时，MOV 指令执行，将十六进制数 0092 送入 D8120（指令会自动将十六进制数 0092 转换成二进制数，再送入 D8120）。

图 6-102　将 D8120 设为 0092H 的梯形图

表 6-6　D8120 各位数与数据格式的关系

位号	名称	内容	
		0	1
b0	数据长	7 位	8 位
b1 b2	奇偶校验	b2,b1 (0,0)：无校验 (0,0)：奇校验 (1,1)：偶校验	
b3	停止位	1 位	2 位
b4 b5 b6 b7	传送速率 （bps）	b7,b6,b5,b4 (0,0,1,1)：300　　(0,0,1,1)：4800 (0,1,0,0)：600　　(1,0,0,0)：9600 (0,1,0,1)：1200　　(1,0,0,1)：19200 (0,1,1,0)：2400	
b8	起始符	无	有(D8124)
b9	终止符	无	有(D8125)
b10 b11	控制线	通常固定设为 00	
b12	不可使用(固定为 0)		
b13	和校验		
b14	协议	通常固定设为 000	
b15	控制顺序		

c. 指令的使用说明　图 6-103 是一个典型的 RS 指令使用程序。

（2）八进制位传送指令

① 指令格式　八进制位传送指令格式如下：

指令名称	助记符	功能号	操作数		程序步
			S	D	
八进制位传送指令	PRUN	FNC81	KnX、KnM (n=1~8,元件最低 位要为 0)	KnX、KnM (n=1~8,元件最低 位要为 0)	PRUN,PRUNP：5 步 DPRUN,DPRUNP：9 步

② 使用说明　PRUN 指令的使用如图 6-104 所示，以图 6-104（a）为例，当常开触点 X030 闭合时，PRUN 指令执行，将 [S] 位元件 X000~X007、X010~X017 中的数据分别

图 6-103　一个典型的 RS 指令使用程序

送入 [D] 位元件 M0~M7、M10~M17 中，由于 X 采用八进制编号，而 M 采用十进制编号，尾数为 8、9 的继电器 M 自动略过。

图 6-104　PRUN 指令的使用

（3）十六进制数转 ASCII 码指令

① 关于 ASCII 码知识　ASCII 码又称美国标准信息交换码，它是一种使用 7 位或 8 位二进制数进行编码的方案，最多可以对 256 个字符（包括字母、数字、标点符号、控制字符及其他符号）进行编码。ASCII 编码表见表 6-7。计算机采用 ASCII 编码方式，当按下键盘上的 "A" 键时，键盘内的编码电路就将该键编码成 1000001，再送入计算机处理。

表 6-7　ASCII 编码表

$b_4 b_3 b_2 b_1$ ＼ $b_7 b_6 b_5$	000	001	010	011	100	101	110	111
0000	nul	dle	sp	0	@	P	、	p
0001	soh	dc1	!	1	A	Q	a	q
0010	stx	dc2	"	2	B	R	b	r
0011	etx	dc3	#	3	C	S	c	s
0100	eot	dc4	$	4	D	T	d	t
0101	enq	nak	%	5	E	U	e	u

续表

b₇b₆b₅ b₄b₃b₂b₁	000	001	010	011	100	101	110	111
0110	ack	svn	&	6	F	V	f	v
0111	bel	etb	,	7	G	W	g	w
1000	bs	can	(	8	H	X	h	x
1001	ht	em	)	9	I	Y	i	y
1010	lf	sub	*	:	J	Z	j	z
1011	vt	esc	+	;	K	[	k	{
1100	ff	fs	,	<	L	\	l	|
1101	cr	gs	—	=	M	]	m	}
1110	so	rs	.	>	N	`	n	~
1111	si	us	/	?	O	-	o	del

② 十六进制数转 ASCII 码指令格式　十六进制数转 ASCII 码指令格式如下：

指令名称	助记符	功能号	操作数			程序步
			S	D	n	
十六进制数转 ASCII 码指令	ASCI	FNC82	K、H、 KnX、KnY、KnM、KnS、 T、C、D	KnX、KnY、KnM、 KnS、T、C、D	K、H n=1～256	ASCI；7 步

③ 使用说明　ASCI 指令的使用如图 6-105 所示。
在 PLC 运行时，M8000 常闭触点断开，M8161 失电，
将数据存储设为 16 位模式。当常开触点 X010 闭合时，
ASCI 指令执行，将 [S] D100 存储的 [n] 4 个十六进
制数转换成 ASCII 码，并保存在 [D] D200 为首编号的
几个连号元件中。

图 6-105　ASCI 指令的使用

当 8 位模式处理辅助继电器 M8161＝OFF 时，数据
存储形式是 16 位，此时 [D] 元件的高 8 位和低 8 位分别存放一个 ASCII 码，如图 6-106 所
示，D100 中存储十六进制数 0ABC，执行 ASCI 指令后，0、A 被分别转换成 0、A 的
ASCII 码 30H、41H，并存入 D200 中；当 M8161＝ON 时，数据存储形式是 8 位，此时
[D] 元件仅用低 8 位存放一个 ASCII 码。

图 6-106　M8161 处于不同状态时 ASC 指令使用

（4）ASCII 码转十六进制数指令

① 指令格式　ASCII 码转十六进制数指令格式如下：

指令名称	助记符	功能号	操作数			程序步
			S	D	n	
ASCII 码转十六 进制数指令	HEX	FNC83	K、H、 KnX、KnY、KnM、KnS、 T、C、D	KnX、KnY、KnM、 KnS、T、C、D	K、H n=1～256	HEX、HEXP；7 步

图 6-107　HEX 指令的使用

② 使用说明　HEX 指令的使用如图 6-107 所示。在 PLC 运行时，M8000 常闭触点断开，M8161 失电，将数据存储设为 16 位模式。当常开触点 X010 闭合时，HEX 指令执行，将 [S] D200、D201 存储的 [n] 4 个 ASCII 码转换成十六进制数，并保存在 [D] D100 中。

当 M8161＝OFF 时，数据存储形式是 16 位，[S] 元件的高 8 位和低 8 位分别存放一个 ASCII 码；当 M8161＝ON 时，数据存储形式是 8 位，此时 [S] 元件仅低 8 位有效，即只用低 8 位存放一个 ASCII 码。如图 6-108 所示。

(a) 当M8161=OFF，n=4时　　　　　　　(b) 当M8161=ON，n=2时

图 6-108　M8161 处于不同状态时 HEX 指令的使用

（5）校验码指令

① 指令格式　校验码指令格式如下：

指令名称	助记符	功能号	操作数			程序步
			S	D	n	
校验码指令	CCD	FNC84	KnX、KnY、KnM、KnS、T、C、D	KnY、KnM、KnS、T、C、D	K、H n＝1～256	CCD、CCDP：7 步

② 使用说明　CCD 指令的使用如图 6-109 所示。在 PLC 运行时，M8000 常闭触点断开，M8161 失电，将数据存储设为 16 位模式。当常开触点 X010 闭合时，CCD 指令执行，将 [S] D100 为首编号元件的 [n] 10 点数据（8 位为 1 点）进行求总和，并生成校验码，再将数据总和及校验码分别保存在 [D]、[D] ＋1 中（D0、D1）。

数据求总和及校验码生成如图 6-110 所示。在求总和时，将 D100～D104 中的 10 点数据相加，得到总和为 1091（二进制数为 10001000011）。生成校验码的方法是：逐位计算 10 点数据中每位 1 的总数，每位 1 的总数为奇数时，生成的校验码对应位为 1，总数为偶数时，生成的校验码对应位为 0，图 6-110 表中 D100～D104 中的 10 点数据的最低位 1 的总数为 3，是奇数，故生成校验码对应位为 1，10 点数据生成的校验码为 1000101。数据总和存入 D0 中，校验码存入 D1 中。

图 6-109　CCD 指令的使用

校验码指令常用于检验通信中数据是否发生错误。

S	数据内容							
D 100低	K100 = 0	1	1	0	0	1	0	0
D 100高	K111 = 0	1	1	0	1	1	1	1
D 101低	K100 = 0	1	1	0	0	1	0	0
D 101高	K 98 = 0	1	1	0	0	0	1	0
D 102低	K123 = 0	1	1	1	1	0	1	1
D 102高	K 66 = 0	1	0	0	0	0	1	0
D 103低	K100 = 0	1	1	0	0	1	0	0
D 103高	K 95 = 0	1	0	1	1	1	1	1
D 104低	K210 = 1	1	0	1	0	0	1	0
D 104高	K 88 = 0	1	0	1	1	0	0	0
合计	K1091							
校检	1	0	0	0	0	1	0	1

1的个数是奇数，校验为1
1的个数是偶数，校验为0

D0 | 0 | 0 | 0 | 0 | 0 | 1 | 0 | 0 | 0 | 0 | 1 | 0 | 0 | 0 | 0 | 1 | 1 | ⇐ 1091

D1 | 0 | 0 | 0 | 0 | 0 | 0 | 0 | 0 | 1 | 0 | 0 | 0 | 0 | 1 | 0 | 1 | ⇐ 校验

图 6-110　数据求总和及校验码生成

（6）模拟量读出指令

① 指令格式　模拟量读出指令格式如下：

指令名称	助记符	功能号	操作数		程序步
			S	D	
模拟量读出指令	VRRD	FNC85	K、H 变量号 0～7	KnY、KnM、KnS、T、C、D、V、Z	VRRD、VRRDP：7 步

② 使用说明　VRRD 指令的功能是将模拟量调整器［S］号电位器的模拟值转换成二进制数 0～255，并存入［D］元件中。模拟量调整器是一种功能扩展板，FX$_{1N}$-8AV-BD 和 FX$_{2N}$-8AV-BD 是两种常见的调整器，安装在 PLC 的主单元上，调整器上有 8 个电位器，编号为 0～7，当电位器阻值由 0 调到最大时，相应转换成的二进制数由 0 变到 255。

图 6-111　VRRD 指令的使用

VRRD 指令的使用如图 6-111 所示。当常开触点 X000 闭合时，VRRD 指令执行，将模拟量调整器的［S］0 号电位器的模拟值转换成二进制数，再保存在［D］D0 中，当常开触点 X001 闭合时，定时器 T0 开始以 D0 中的数作为计时值进行计时，这样就可以通过调节电位器来改变定时时间，如果定时时间大于 255，可用乘法指令 MUL 将［D］与某常数相乘而得到更大的定时时间。

（7）模拟量开关设定指令

① 指令格式　模拟量开关设定指令格式如下：

指令名称	助记符	功能号	操作数		程序步
			S	D	
模拟量开关设定指令	VRSC	FNC86	K、H 变量号 0～7	KnY、KnM、KnS、T、C、D、V、Z	VRSC、VRSCP：7 步

② 使用说明　VRSC 指令的功能与 VRRD 指令类似，但 VRSC 指令是将模拟量调整器 [S] 号电位器均分成 0～10 部分（相当于 0～10 挡），并转换成二进制数 0～10，再存入 [D] 元件中。电位器在旋转时是通过四舍五入化成整数值 0～10。

VRSC 指令的使用如图 6-112 所示。当常开触点 X000 闭合时，VRSC 指令执行，将模拟量调整器的 [S] 1 号电位器的模拟值转换成二进制数 0～10，再保存在 [D] D1 中。

```
    X000
──┤├──────[ VRSC    S    D
                    K1   D1 ]
```

图 6-112　VRSC 指令的使用

利用 VRSC 指令能将电位器分成 0～10 共 11 挡，可实现一个电位器进行 11 种控制切换，程序如图 6-113 所示。当常开触点 X000 闭合时，VRSC 指令执行，将 1 号电位器的模拟量值转换成二进制数（0～10），并存入 D1 中；当常开触点 X001 闭合时，DECO（解码）指令执行，对 D1 的低 4 位数进行解码，4 位数解码有 16 种结果，解码结果存入 M0～M15 中，设电位器处于 1 挡，D1 的低 4 位数则为 0001，因 $(0001)_2=1$，解码结果使 M1 为 1（M0～M15 其他的位均为 0），M1 常开触点闭合，执行设定的程序。

（8）PID 运算指令

① 关于 PID 控制　PID 控制又称比例微积分控制，是一种闭环控制。下面以图 6-114 所示的恒压供水系统来说明 PID 控制原理。

```
    X000
──┤├──────[ VRSC    K1      D1      ]

    X001
──┤├──────[ DEC0    D1   M0    K4   ]

    M0
──┤├────── 电位器旋至0挡时M0闭合

    M1
──┤├────── 电位器旋至1挡时M1闭合
    ⋮
    M10
──┤├────── 电位器旋至10挡时M10闭合
```

图 6-113　利用 VRSC 指令将电位器分成 11 挡的程序

电动机驱动水泵将水抽入水池，水池中的水除了经出水口提供用水外，还经阀门送到压力传感器，传感器将水压大小转换成相应的电信号 X_f，X_f 反馈到比较器与给定信号 X_i 进行比较，得到偏差信号 ΔX（$\Delta X = X_i - X_f$）。

若 $\Delta X > 0$，表明水压小于给定值，偏差信号经 PID 运算得到控制信号，控制变频器，使之输出频率上升，电动机转速加快，水泵抽水量增多，水压增大。

若 $\Delta X < 0$，表明水压大于给定值，偏差信号经 PID 运算得到控制信号，控制变频器，使之输出频率下降，电动机转速变慢，水泵抽水量减少，水压下降。

若 $\Delta X = 0$，表明水压等于给定值，偏差信号经 PID 运算得到控制信号，控制变频器，使之输出频率不变，电动机转速不变，水泵抽水量不变，水压不变。

图 6-114　恒压供水的 PID 控制

由于控制回路存在滞后性，会使水压值总与给定值有偏差。例如当用水量增多水压下降时，电路需要对有关信号进行处理，再控制电动机转速变快，提高水泵抽水量，从压力传感器检测到水压下降到控制电动机转速加快，提高抽水量，恢复水压需要一定时间。通过提高电动机转速恢复水压后，系统又要将电动机转速调回正常值，这也要一定时间，在这段回调时间内水泵抽水量会偏多，导致水压又增大，又需进行反调。这样的结果是水池水压会在给定值上下波动（振荡），即水压不稳定。

采用了 PID 运算可以有效减小控制环路滞后和过调问题（无法彻底消除）。PID 运算包括 P 处理、I 处理和 D 处理。P（比例）处理是将偏差信号 ΔX 按比例放大，提高控制的灵敏度；I（积分）处理是对偏差信号进行积分处理，缓解 P 处理比例放大量过大引起的超调和振荡；D（微分）处理是对偏差信号进行微分处理，以提高控制的迅速性。

② PID 运算指令格式 PID 运算指令格式如下：

指令名称	助记符	功能号	操作数				程序步
			S1	S2	S3	D	
PID 运算指令	PID	FNC88	D	D	D	D	PID：9 步

③ 使用说明

a. 指令的使用形式 PID 指令的使用形式如图 6-115 所示。当常开触点 X000 闭合时，PID 指令执行，将［S1］D0 设定值与［S2］D1 测定值之差按［S3］D100～D124 设定的参数表进行 PID 运算，运算结果存入［D］D150 中。

b. PID 参数设置 PID 运算的依据是［S3］指定首地址的 25 个连号数据寄存器保存的参数表。参数表一部分内容必须在执行 PID 指令前由用户用指令写入（如用 MOV 指令），一部分留作内部运算使用，还有一部分用来存入运算结果。［S3］～［S3］+24 保存的参数表内容见表 6-8。

图 6-115 PID 指令的使用形式

表 6-8 ［S3］～［S3］+24 保存的参数表内容

元件	功 能	
［S3］	采样时间（TS）	1～32767(ms)（但比运算周期短的时间数值无法执行）
［S3］+1	动作方向（ACT）	bit0 0：正动作（如空调控制） 1：逆动作（如加热炉控制） bit1 0 输入变化量报警无 1：输入变化量报警有效 bit2 0 输出变化量报警无 1：输出变化量报警有效 bit3 不可使用 bit4 自动调谐不动作 1：执行自动调谐 bit5 输出值上下限设定无 1：输出值上下限设定有效 bit6～bit15 不可使用 另外，请不要使 bit5 和 bit2 同时处于 ON
［S3］+2	输入滤波常数（a）	0～99［%］ 0 时没有输入滤波
［S3］+3	比例增益（KP）	1～32767［%］
［S3］+4	积分时间（TI）	0～32767（×100ms） 0 时作为 ∞ 处理（无积分）
［S3］+5	微分增益（KD）	0～100［%］ 0 时无积分增益
［S3］+6	微分时间（TD）	0～32767（×10ms） 0 时无微分处理
［S3］+7～［S3］+9	PID 运算的内部处理占用	
［S3］+20	输入变化量（增侧）报警设定值	0～32767（［S3］+1＜ACT＞的 bit1＝1 时有效）
［S3］+21	输入变化量（减侧）报警设定值	0～32767（［S3］+1＜ACT＞的 bit1＝1 时有效）
［S3］+22	输出变化量（增侧）报警设定值	0～32767（［S3］+1＜ACT＞的 bit2＝1,bit5＝0 有效）
	另外，输出上限设定值	−32768～32767（［S3］+1＜ACT＞的 bit2＝0,bit5＝1 时有效）
［S3］+23	输出变化量（减侧）报警设定值	0～32767（［S3］+1＜ACT＞的 bit2＝1,bit5＝0 有效）
	另外，输出下限设定值	−32768～32767（［S3］+1＜ACT＞的 bit2＝0,bit5＝1 时有效）
［S3］+24	报警输出	bit0 输入变化量（增侧）溢出 bit1 输入变化量（减侧）溢出　（［S3］+1＜ACT＞的 bit1＝1 或 bit2＝1 时有效） bit2 输出变化量（增侧）溢出 bit3 输出变化量（减侧）溢出

c. PID 控制应用举例　在恒压供水 PID 控制系统中，压力传感器将水压大小转换成电信号，该信号是模拟量，PLC 无法直接接收，需要用电路将模拟量转换成数字量，再将数字量作为测定值送入 PLC，将它与设定值之差进行 PID 运算，运算得到控制值，控制值是数字量，变频器无法直接接收，需要用电路将数字量控制值转换成模拟量信号，去控制变频器，使变频器根据控制信号来调制泵电机的转速，以实现恒压供水。

三菱 FX$_{2N}$ 型 PLC 有专门配套的模拟量输入/输出功能模块 FX$_{0N}$-3A，在使用时将它用专用电缆与 PLC 连接好，如图 6-116 所示，再将模拟输入端接压力传感器，模拟量输出端接变频器。在工作时，压力传感器送来的反映压力大小的电信号进入 FX$_{0N}$-3A 模块转换成数字量，再送入 PLC 进行 PID 运算，运算得到的控制值送入 FX$_{0N}$-3A 转换成模拟量控制信号，该信号去调节变频器的频率，从而调节泵电机的转速。

图 6-116　PID 控制恒压供水的硬件连接

6.2.10　浮点运算

浮点运算指令包括浮点数比较、变换、四则运算、开平方和三角函数等指令。这些指令的使用方法与二进制数运算指令类似，但浮点运算都是 32 位。在大多数情况下，很少用到浮点运算指令。浮点运算指令见表 6-9。

表 6-9　浮点运算指令

种类	功能号	助记符	功　　能
浮点运算指令	110	ECMP	二进制浮点数比较
	111	EZCP	二进制浮点数区间比较
	118	EBCD	二进制浮点数→十进制浮点数转换
	119	EBIN	十进制浮点数→二进制浮点数转换
	120	EADD	二进制浮点数加法
	121	ESUB	二进制浮点数减法
	122	EMUL	二进制浮点数乘法
	123	EDIV	二进制浮点数除法
	127	ESOR	二进制浮点数开方
	129	INT	二进制浮点数→BIN 整数转换
	130	SIN	浮点数 SIN 运算
	131	COS	浮点数 COS 运算
	132	TAN	浮点数 TAN 运算

6.2.11　高低位变换指令

高低位变换指令只有一条，功能号为FNC147，指令助记符为SWAP。

（1）高低位变换指令格式

高低位变换指令格式如下：

指令名称	助记符	功能号	操作数	程序步
			S	
高低位变换指令格式	SWAP	FNC147	KnY、KnM、KnS、T、C、D、V、Z	SWAP,SWAP:9步 DSWAP,DSWAPP:9步

（2）使用说明

高低位变换指令的使用如图6-117所示，图6-117（a）中的SWAPP为16位指令，当常开触点X000闭合时，SWAPP指令执行，D10中的高8位和低8位数据互换；图6-117（b）的DSWAPP为32位指令，当常开触点X001闭合时，DSWAPP指令执行，D10中的高8位和低8位数据互换，D11中的高8位和低8位数据互换。

图 6-117　高低位变换指令的使用

6.2.12　时钟运算指令

时钟运算指令有7条，功能号为160～163、166、167、169，其中169号指令仅适用于FX$_{1S}$、FX$_{1N}$机型，不适用于FX$_{2N}$、FX$_{2NC}$机型。

（1）时钟数据比较指令

① 指令格式　时钟数据比较指令格式如下：

指令名称	助记符	功能号	操作数					程序步
			S1	S2	S3	S	D	
时钟数据比较指令	TCMP	FNC160	K、H、KnX、KnY、KnM、KnS、T、C、D、V、Z			T、C、D（占3个连续元件）	Y、M、S（占3个连续元件）	TCMP、TCMPP：11步

② 使用说明　TCMP指令的使用如图6-118所示。[S1] 为指定基准时间的小时值（0～23），[S2] 为指定基准时间的分钟值（0～59），[S3] 为指定基准时间的秒钟值（0～59），[S] 指定待比较的时间值，其中 [S]、[S]+1、[S]=2分别为待比较的小时、分、秒值，[D] 为比较输出元件，其中 [D]、[D]+1、[D]+2分别为＞、＝、＜时的输出元件。

当常开触点X000闭合时，TCMP指令执行，将时间值"10时30分50秒"与D0、D1、D2中存储的小时、分、秒值进行比较，根据比较结果驱动M0～M2，具体如下：

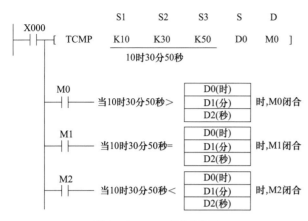

图 6-118 TCMP 指令的使用

a. 若"10 时 30 分 50 秒"大于"D0、D1、D2 存储的小时、分、秒值",M0 被驱动,M0 常开触点闭合。

b. 若"10 时 30 分 50 秒"等于"D0、D1、D2 存储的小时、分、秒值",M1 驱动,M1 开触点闭合。

c. 若"10 时 30 分 50 秒"小于"D0、D1、D2 存储的小时、分、秒值",M2 驱动,M2 开触点闭合。

当常开触点 X000 = OFF 时,TCMP 指令停止执行,但 M0～M2 仍保持 X000 为 OFF 前时的状态。

（2）时钟数据区间比较指令

① 指令格式 时钟数据区间比较指令格式如下:

指令名称	助记符	功能号	操作数				程序步
			S1	S2	S	D	
时钟数据区间比较指令	TZCP	FNC161	T、C、D [S1]≤[S2] (3 个连续元件)		T、C、D	Y、M、S (占 3 个连续元件)	TZCP、TZCPP:11 步

② 使用说明 TZCP 指令的使用如图 6-119 所示。[S1] 指定第一基准时间值（小时、分、秒值），[S2] 指定第二基准时间值（小时、分、秒值），[S] 指定待比较的时间值，[D] 为比较输出元件，[S1]、[S2]、[S]、[D] 都需占用 3 个连号元件。

当常开触点 X000 闭合时，TZCP 指令执行，将"D20、D21、D22"、"D30、D31、D32"中的时间值与"D0、D1、D2"中的时间值进行比较，根据比较结果驱动 M3～M5，具体如下:

a. 若"D0、D1、D2"中的时间值小于"D20、D21、D22"中的时间值，M3 被驱动，M3 常开触点闭合。

b. 若"D0、D1、D2"中的时间值处于"D20、D21、D22"和"D30、D31、D32"时间值之间，M4 被驱动，M4 开触点闭合。

c. 若"D0、D1、D2"中的时间值大于"D30、D31、D32"中的时间值，M5 被驱动，M5 常开触点闭合。

当常开触点 X000＝OFF 时，TZCP 指令停止执行，但 M3～M5 仍保持 X000 为 OFF 前时的状态。

（3）时钟数据加法指令

① 指令格式 时钟数据加法指令格式如下:

指令名称	助记符	功能号	操作数			程序步
			S1	S2	D	
时钟数据加法指令	TADD	FNC162	T、C、D		T、C、D	TADD、TADDP:7 步

② 使用说明 TADD 指令的使用如图 6-120 所示。[S1] 指定第一时间值（小时、分、秒值），[S2] 指定第二时间值（小时、分、秒值），[D]保存[S1]+[S2]的和值，[S1]、

[S2]、[D]都需占用 3 个连号元件。

图 6-119　TZCP 指令的使用

当常开触点 X000 闭合时，TADD 指令执行，将"D10、D11、D12"中的时间值与"D20、D21、D22"中的时间值相加，结果保存在"D30、D31、D32"中。

如果运算结果超过 24h，进位标志会置 ON，将加法结果减去 24h 再保存在[D]中，如图 6-120(b)所示。如果运算结果为 0，零标志会置 ON。

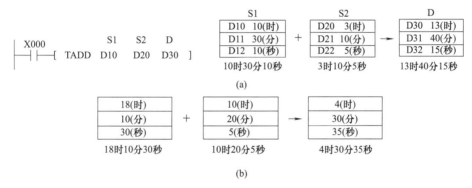

图 6-120　TADD 指令的使用

（4）时钟数据减法指令

① 指令格式　时钟数据减法指令格式如下：

指令名称	助记符	功能号	操作数			程序步
			S1	S2	D	
时钟数据减法指令	TSUB	FNC163	T、C、D		T、C、D	TSUB、TSUBP；7 步

② 使用说明　TSUB 指令的使用如图 6-121 所示。[S1]指定第一时间值（小时、分、秒值），[S2]指定第二时间值（小时、分、秒值），[D]保存[S1]－[S2]的差值，[S1]、[S2]、[D]都需占用 3 个连号元件。

当常开触点 X000 闭合时，TSUB 指令执行，将"D10、D11、D12"中的时间值与"D20、D21、D22"中的时间值相减，结果保存在"D30、D31、D32"中。

如果运算结果小于 0h，借位标志会置 ON，将减法结果加 24h 再保存在 [D] 中，如图 6-121 所示。

（5）时钟数据读出指令

① 指令格式　时钟数据读出指令格式如下：

指令名称	助记符	功能号	操作数 D	程序步
时钟数据读出指令	TRD	FNC166	T、C、D(7个连号元件)	TRD、TRDP；5步

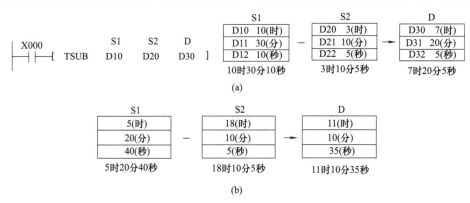

图 6-121　TSUB 指令的使用

② 使用说明　TRD 指令的使用如图 6-122 所示。TRD 指令的功能是将 PLC 当前时间（年、月、日、时、分、秒、星期）读入［D］D0 为首编号的 7 个连号元件 D0～D6 中。PLC 当前时间保存在实时时钟用的特殊数据寄存器 D8013～D8019 中，这些寄存器中的数据会随时间变化而变化。D0～D6 和 D8013～D8019 的内容及对应关系如图 6-122（b）所示。

当常开触点 X000 闭合时，TRD 指令执行，将"D8018～D8013、D8019"中的时间值保存到（读入）D0～D7 中，如将 D8018 中的数据作为年值存入 D0 中，将 D8019 中的数据作为星期值存入 D6 中。

图 6-122　TRD 指令的使用

（6）时钟数据写入指令

① 指令格式　时钟数据写入指令格式如下：

指令名称	助记符	功能号	操作数 S	程序步
时钟数据写入指令	TWR	FNC167	T、C、D(7个连号元件)	TWR、TWRP；5步

② 使用说明　TWR 指令的使用如图 6-123 所示。TWR 指令的功能是将［S］D10 为首编号的 7 个连号元件 D10～D16 中的时间值（年、月、日、时、分、秒、星期）写入特殊数据寄存器 D8013～D8019 中。D10～D16 和 D8013～D8019 的内容及对应关系如图 6-123（b）所示。

当常开触点 X001 闭合时，TWR 指令执行，将"D10～D16"中的时间值写入 D8018～D8013、D8019 中，如将 D10 中的数据作为年值写入 D8018 中，将 D16 中的数据作为星期值写入 D8019 中。

元件	项目	时钟数据		元件	项目
D10	年(公历)	0～99(公历后两位)	→	D8018	年(公历)
D11	月	1～12	→	D8017	月
D12	日	1～31	→	D8016	日
D13	时	0～23	→	D8015	时
D14	分	0～59	→	D8014	分
D15	秒	0～59	→	D8013	秒
D16	星期	0(日)～6(六)	→	D8019	星期

(a)　　　　　　　　　　　　　　　　(b)

图 6-123　TWR 指令的使用

③ 修改 PLC 的实时时钟　PLC 在出厂时已经设定了实时时钟，以后实时时钟会自动运行，如果实时时钟运行不准确，可以采用程序修改。图 6-124 为修改 PLC 实时时钟的梯形图程序，利用它可以将实时时钟设为 05 年 4 月 25 日 3 时 20 分 30 秒星期二。

在编程时，先用 MOV 指令将要设定的年、月、日、时、分、秒、星期值分别传送给 D0～D6，然后用 TWR 指令将 D0～D6 中的时间值写入 D8018～D8013、D8019。在进行时钟设置时，设置的时间应较实际时间晚几分钟，当实际时间到达设定时间后让 X000 触点闭合，程序就将设置的时间写入 PLC 的实时时钟数据寄存器中，闭合触点 X001，M8017 置 ON，可对时钟进行 ±30s 修正。

PLC 实时时钟的年值默认为两位（如 05 年），如果要改成 4 位（2005 年），可给图 6-124 程序追加图 6-125 所示的程序，在第二个扫描周期开始年值就为 4 位。

图 6-124　修改 PLC 实时时钟的梯形图程序

图 6-125　将年值改为 4 位需增加的梯形图程序

6.2.13 格雷码变换指令

(1) 有关格雷码的知识

两个相邻代码之间仅有一位数码不同的代码称为格雷码。十进制数、二进制数与格雷码的对应关系如表 6-10 所示。

表 6-10 十进制数、二进制数与格雷码的对应关系

十进制数	二进制数	格雷码	十进制数	二进制数	格雷码
0	0000	0000	8	1000	1100
1	0001	0001	9	1001	1101
2	0010	0011	10	1010	1111
3	0011	0010	11	1011	1110
4	0100	0110	12	1100	1010
5	0101	0111	13	1101	1011
6	0110	0101	14	1110	1001
7	0111	0100	15	1111	1000

从表可以看出，相邻的两个格雷码之间仅有一位数码不同，如 5 的格雷码是 0111，它与 4 的格雷码 0110 仅最后一位不同，与 6 的格雷码 0101 仅倒数第二位不同。二进制数在递增或递减时，往往多位发生变化，3 的二进制数 0011 与 4 的二进制数 0100 同时有三位发生变化，这样在数字电路处理中很容易出错，而格雷码在递增或递减时，仅有一位发生变化，这样不容易出错，所以格雷码常用于高分辨率的系统中。

(2) 二进制码（BIN 码）转格雷码指令

① 指令格式　二进制码转格雷码指令格式如下：

指令名称	助记符	功能号	操作数		程序步
			S	D	
二进制码转格雷码指令	GRY	FNC170	K、H、KnX、KnY、KnM、KnS、T、C、D	KnY、KnM、KnS、T、C、D	GRY、GRYP：5 步 GRY、GRYP：9 步

② 使用说明　GRY 指令的使用如图 6-126 所示。GRY 指令的功能是将 [S] 指定的二进制码转换成格雷码，并存入 [D] 指定的元件中。当常开触点 X000 闭合时，GRY 指令执行，将 "1234" 的二进制码转换成格雷码，并存入 Y23～Y20、Y17～Y10 中。

图 6-126　GRY 指令的使用

(3) 格雷码转二进制码指令

① 指令格式　格雷码转二进制码指令格式如下：

指令名称	助记符	功能号	操作数		程序步
			S	D	
格雷码转二进制码指令	GBIN	FNC171	K、H、KnX、KnY、KnM、KnS、T、C、D	KnY、KnM、KnS、T、C、D	GBIN、GBINP：5 步 GBIN、GBINP：9 步

② 使用说明　GBIN 指令的使用如图 6-127 所示。GBIN 指令的功能是将 [S] 指定的

格雷码转换成二进制码，并存入 [D] 指定的元件中。当常开触点 X020 闭合时，GBIN 指
令执行，将 X13～X10、X7～X0 中的格雷码转换成二进制码，并存入 D10 中。

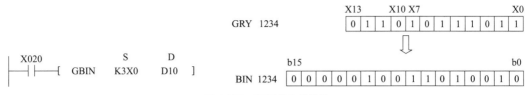

图 6-127　GBIN 指令的使用

6.2.14　触点比较指令

触点比较指令分为三类：LD＊指令、AND＊指令和 OR＊指令。

（1）触点比较 LD＊指令

触点比较 LD＊指令共有 6 条，具体见表 6-11。

表 6-11　触点比较 LD＊指令

功能号	16 位指令	32 位指令	导通条件	非导通条件
FNC224	LD=	LD. D=	S1=S2	S1≠S2
FNC225	LD>	LD. D>	S1>S2	S1≤S2
FNC226	LD<	LD. D<	S1<S2	S1≥S2
FNC228	LD<>	LD. D<>	S1≠S2	S1=S2
FNC229	LD≤	LD. D≤	S1≤S2	S1>S2
FNC230	LD≥	LD. D≥	S1≥S2	S1<S2

① 指令格式　触点比较 LD＊指令格式如下：

指令名称	助记符	操作数		程序步
		S₁	S₂	
触点比较 LD＊指令	LD=、LD>、 LD<、LD<>、 LD≤、LD≥	K、H、 KnX、KnY、KnM、KnS、 T、C、D、V、Z	K、H、KnX、 KnY、KnM、KnS、 T、C、D、V、Z	16 位运算：5 步 32 位运算：9 步

② 使用说明　LD＊指令是连接左母线的触点
比较指令，其功能是将 [S1]、[S2] 两个源操作
数进行比较，若结果满足要求则执行驱动。LD＊
指令的使用如图 6-128 所示。

当计数器 C10 的计数值等于 200 时，驱动 Y010；
当 D200 中的数据大于－30 并且常开触点 X001 闭合
时，将 Y011 置位；当计数器 C200 的计数值小于
678493 时，或者 M3 触点闭合时，驱动 M50。

（2）触点比较 AND＊指令

触点比较 AND＊指令共有 6 条，具体见表 6-12。

图 6-128　LD＊指令的使用

表 6-12　触点比较 AND＊指令

功能号	16 位指令	32 位指令	导通条件	非导通条件
FNC232	AND=	AND. D=	S1=S2	S1≠S2
FNC233	AND>	AND. D>	S1>S2	S1≤S2
FNC234	AND<	AND. D<	S1<S2	S1≥S2

续表

功能号	16位指令	32位指令	导通条件	非导通条件
FNC236	AND<>	AND. D<>	$S1 \neq S2$	$S1 = S2$
FNC237	AND≤	AND. D≤	$S1 \leqslant S2$	$S1 > S2$
FNC238	AND≥	AND. D≥	$S1 \geqslant S2$	$S1 < S2$

① 指令格式　触点比较 AND∗ 指令格式如下：

指令名称	助记符	操作数		程序步
		S_1	S_2	
触点比较 AND∗ 指令	AND=、AND>、AND<、AND<>、AND≤、AND≥	K、H、KnX、KnY、KnM、KnS、T、C、D、V、Z	K、H、KnX、KnY、KnM、KnS、T、C、D、V、Z	16位运算：5步 32位运算：9步

② 使用说明　AND∗ 指令是串联型触点比较指令，其功能是将［S1］、［S2］两个源操作数进行比较，若结果满足要求则执行驱动。AND∗ 指令的使用如图 6-129 所示。

图 6-129　AND∗ 指令的使用

当常开触点 X000 闭合且计数器 C10 的计数值等于 200 时，驱动 Y010；当常闭触点 X001 闭合且 D0 中的数据不等于 -10 时，将 Y011 置位；当常开触点 X002 闭合且 D10、D11 中的数据小于 678493 时，或者触点 M3 闭合时，驱动 M50。

（3）触点比较 OR∗ 指令

触点比较 OR∗ 指令共有 6 条，具体见表 6-13。

表 6-13　触点比较 OR∗ 指令

功能号	16位指令	32位指令	导通条件	非导通条件
FNC240	OR=	OR. D=	$S1 = S2$	$S1 \neq S2$
FNC241	OR>	OR. D>	$S1 > S2$	$S1 \leqslant S2$
FNC242	OR<	OR. D<	$S1 < S2$	$S1 \geqslant S2$
FNC244	OR<>	OR. D<>	$S1 \neq S2$	$S1 = S2$
FNC245	OR≤	OR. D≤	$S1 \leqslant S2$	$S1 > S2$
FNC246	OR≥	OR. D≥	$S1 \geqslant S2$	$S1 < S2$

① 指令格式　触点比较 OR∗ 指令格式如下：

指令名称	助记符	操作数		程序步
		S_1	S_2	
触点比较 OR∗ 指令	OR=、OR>、OR<、OR<>、OR≤、OR≥	K、H、KnX、KnY、KnM、KnS、T、C、D、V、Z	K、H、KnX、KnY、KnM、KnS、T、C、D、V、Z	16位运算：5步 32位运算：9步

② 使用说明　OR∗ 指令是并联型触点比较指令，其功能是将［S1］、［S2］两个源操作数进行比较，若结果满足要求则执行驱动。OR∗ 指令的使用如图 6-130 所示。

当常开触点 X001 闭合时，或者计数器 C10 的计数值等于 200 时，驱动 Y000；当常开触点 X002、M30 均闭合，或者 D100 中的数据大于或等于 100000 时，驱动 M60。

图 6-130　OR∗ 指令的使用

Chapter 07

第7章 模拟量模块的使用

三菱 FX 系列 PLC 基本单元（又称主单元）只能处理数字量，在遇到处理模拟量时就需要给基本单元连接模拟量处理模块。模拟量是指连续变化的电压或电流，例如压力传感器能将不断增大的压力转换成不断升高的电压，该电压就是模拟量。模拟量模块包括模拟量输入模块、模拟量输出模块和温控模块。

图 7-1 中的 PLC 基本单元（FX_{2N}-48MR）通过扩展电缆连接了 I/O 扩展模块和模拟量处理模块，FX_{2N}-4AD 为模拟量输入模块，它属于特殊功能模块，并且最靠近 PLC 基本单元，其设备号为 0，FX_{2N}-4DA 为模拟量输出模块，它也是特殊功能模块，其设备号为 1（扩展模块不占用设备号），FX_{2N}-4AD-PT 为温度模拟量输入模块，它属于特殊功能模块，其设备号为 2，FX_{2N}-16EX 为输入扩展模块，给 PLC 扩展了 16 个输入端子（X030～X047），FX_{2N}-32ER 为输入和输出扩展模块，给 PLC 扩展了 16 个输入端子（X050～X067）和 16 个输出端子（Y030～Y047）。

FX_{2N}-48MR	FX_{2N}-4AD	FX_{2N}-16EX	FX_{2N}-4DA	FX_{2N}-32ER	FX_{2N}-4AD-PT
PLC基本单元	模拟量输入模块	输入扩展模块	模拟量输出模块	输入/输出扩展模块	温度模拟量输入模块
X000～X027	NO.0	X030～X047	NO.1	X050～X067	NO.2
Y000～Y027				Y030～Y047	

图 7-1 PLC 基本单元连接扩展和模拟量模块

7.1 模拟量输入模块 FX_{2N}-4AD

模拟量输入模块简称 AD 模块，其功能是将外界输入的模拟量（电压或电流）转换成数字量并存在内部特定的 BFM（缓冲存储器）中，PLC 可使用 FROM 指令从 AD 模块中读取这些 BFM 中的数字量。三菱 FX 系列 AD 模块型号很多，常用的有 FX_{0N}-3A、FX_{2N}-2AD、FX_{2N}-4AD 和 FX_{2N}-8AD 等，本节以 FX_{2N}-4AD 模块为例来介绍模拟量输入模块。

7.1.1 外形

模拟量输入模块 FX_{2N}-4AD 的外形如图 7-2 所示。

图 7-2　模拟量输入模块 FX$_{2N}$-4AD

7.1.2　接线

FX$_{2N}$-4AD 模块有 CH1～CH4 四个模拟量输入通道，可以同时将 4 路模拟量信号转换成数字量，存入模块内部相应的缓冲存储器（BFM）中，PLC 可使用 FROM 指令读取这些存储器中的数字量。FX$_{2N}$-4AD 模块有一条扩展电缆和 18 个接线端子（需要打开面板才能看见），扩展电缆用于连接 PLC 基本单元或上一个模块，FX$_{2N}$-4AD 模块的接线方式如图 7-3 所示，每个通道内部电路均相同，且都占用 4 个接线端子。

FX$_{2N}$-4AD 模块的每个通道均可设为电压型模拟量输入或电流型模拟量输入。当某通道设为电压型模拟量输入时，电压输入线接该通道的 V$_+$、VI$_-$ 端子，可接受的电压输入范围为 $-10～10$V，为增强输入抗干扰性，可在 V$_+$、VI$_-$ 端子间接一个 $0.1～0.47\mu$F 的电容；当某通道设为电流型模拟量输入时，电流输入线接该通道的 I$_+$、VI$_-$ 端子，同时将 I$_+$、V$_+$ 端子连接起来，可接受 $-20～20$mA 范围的电流输入。

图 7-3　FX$_{2N}$-4AD 模块的接线方式

7.1.3　性能指标

FX$_{2N}$-4AD 模块的性能指标见表 7-1。

表 7-1　FX$_{2N}$-4AD 模块的性能指标

项目	电压输入	电流输入
模拟输入范围	DC $-10～10$V（输入阻抗：200kΩ） 如果输入电压超过±15V，单元会被损坏	DC $-20～20$mA（输入阻抗：250Ω） 如果输入电流超过±32mA，单元会被损坏
数字输出	12 位的转换结果以 16 位二进制补码方式存储 最大值：$+2047$，最小值：-2048	
分辨率	5mV（10V 默认范围：1/2000）	20μA（20mA 默认范围：1/1000）

续表

项目	电压输入	电流输入
总体精度	±1%（对于−10～10V 的范围）	±1%（对于−20～20mA 的范围）
转换速度	15ms/通道（常速），6ms/通道（高速）	
适用 PLC	FX$_{1N}$/FX$_{2N}$/FX$_{2NC}$	

7.1.4 输入输出曲线

FX$_{2N}$-4AD 模块可以将输入电压或输入电流转换成数字量，其转换关系如图 7-4 所示。当某通道设为电压输入时，如果输入−10～+10V 范围内的电压，AD 模块可将该电压转换成−2000～+2000 范围的数字量（用 12 位二进制数表示），转换分辨率为 5mV（1000mV/2000），例如 10V 电压会转换成数字量 2000，9.995V 转换成的数字量为 1999；当某通道设为+4～+20mA 电流输入时，如果输入+4～+20mA 范围的电流，AD 模块可将该电压转换成 0～+1000 范围的数字量；当某通道设为−20～+20mA 电流输入时，如果输入−20～+20mA 范围的电流，AD 模块可将该电压转换成−1000～+1000 范围的数字量。

图 7-4 FX$_{2N}$-4AD 模块的输入/输出关系曲线

7.1.5 增益和偏移说明

（1）增益

FX$_{2N}$-4AD 模块可以将−10～+10V 范围内的输入电压转换成−2000～+2000 范围的数字量，若输入电压范围只有−5～+5V，转换得到的数字量为−1000～+1000，这样大量的数字量未被利用。如果希望提高转换分辨率，将−5～+5V 范围的电压也可以转换成−2000～+2000 范围的数字量，可通过设置 AD 模块的增益值来实现。

增益是指输出数字量为 1000 时对应的模拟量输入值。增益说明如图 7-5 所示，以图 7-5（a）为例，当 AD 模块某通道设为−10～+10V 电压输入时，其默认增益值为 5000（即+5V），当输入+5V 时会转换得到数字量 1000，输入+10V 时会转换得到数字量 2000，增益为 5000 时的输入输出关系如图中 A 线所示，如果将增益值设为 2500，当输入+2.5V 时会转换得到数字量 1000，输入+5V 时会转换得到数字量 2000，增益为 2500 时的输入输出关系如图中 B 线所示。

（2）偏移

FX$_{2N}$-4AD 模块某通道设为−10～+10V 电压输入时，若输入−5～+5V 电压，转换可得到−1000～+1000 范围的数字量。如果希望将−5～+5V 范围内的电压转换成 0～2000 范围的数字量，可通过设置 AD 模块的偏移量来实现。

(a) 电压输入时   (b) 电流输入时

图 7-5 增益说明

图 7-6 偏移说明

偏移量是指输出数字量为 0 时对应的模拟量输入值。偏移说明如图 7-6 所示，当 AD 模块某通道设为 $-10 \sim +10V$ 电压输入时，其默认偏移量为 0（即 0V），当输入 $-5V$ 时会转换得到数字量 -1000，输入 $+5V$ 时会转换得到数字量 $+1000$，偏移量为 0 时的输入输出关系如图中 F 线所示，如果将偏移量设为 -5000（即 $-5V$），当输入 $-5V$ 时会转换得到数字量 0000，输入 0V 时会转换得到数字量 $+1000$，输入 $+5V$ 时会转换得到数字量 $+2000$，偏移量为 $-5V$ 时的输入输出关系如图中 E 线所示。

7.1.6 缓冲存储器（BFM）功能说明

FX$_{2N}$-4AD 模块内部有 32 个 16 位 BFM（缓冲存储器），这些 BFM 的编号为 ♯0～♯31，在这些 BFM 中，有的 BFM 用来存储由模拟量转换来的数字量，有的 BFM 用来设置通道的输入形式（电压或电流输入），还有的 BFM 具有其他功能。

FX$_{2N}$-4AD 模块的各个 BFM 功能见表 7-2 。

表 7-2 FX$_{2N}$-4AD 模块的各个 BFM 功能

BFM	内　　容	
＊♯0	通道初始化,默认值＝H0000	
＊♯1	通道1	平均采样次数1～4096 默认设置为8
＊♯2	通道2	
＊♯3	通道3	
＊♯4	通道4	
♯5	通道1	平均值
♯6	通道2	
♯7	通道3	
♯8	通道4	
♯9	通道1	当前值
♯10	通道2	
♯11	通道3	
♯12	通道4	

续表

BFM	内　　容							
♯13～♯14	保留							
♯15	选择 A/D 转换速度：设置 0，则选择正常转换速度，15ms/通道（默认）；设置 1，则选择高速，6ms/通道							
♯16～♯19	保留							
＊♯20	复位到默认值，默认设定＝0							
＊♯21	禁止调整偏移值、增益值。默认＝(0,1)，允许							
＊♯22	偏移值、增益值	B7	B6	B5	B4	B3	B2	B1	B0
	调整	G4	O4	G3	O3	G2	O2	G1	O1
＊♯23	偏移值　　默认值＝0							
＊♯24	增益值　　默认值＝5000							
♯25～♯28	保留							
♯29	错误状态							
♯30	识别码 K2010							
♯31	禁用							

注：表中带 ＊ 号的 BFM 中的值可以由 PLC 使用 TO 指令来写入，不带 ＊ 号的 BFM 中的值可以由 PLC 使用 FROM 指令来读取。

下面对表 7-2 中的 BFM 功能作进一步的说明。

（1）♯0 BFM

♯0 BFM 用来初始化 AD 模块四个通道，即用来设置四个通道的模拟量输入形式，该 BFM 中的 16 位二进制数据可用 4 位十六进制数 H□□□□ 表示，每个□用来设置一个通道，最高位□设置 CH4 通道，最低位□设置 CH1 通道。

当□＝0 时，通道设为－10～＋10V 电压输入；当□＝1 时，通道设为＋4～＋20mA 电流输入；当□＝2 时，通道设为－20～＋20mA 电流输入；当□＝3 时，通道关闭，输入无效。

例如♯0 BFM 中的值为 H3310 时，CH1 通道设为－10～＋10V 电压输入，CH2 通道设为＋4～＋20mA 电流输入，CH3、CH4 通道关闭。

（2）♯1～♯4 BFM

♯1～♯4 BFM 分别用来设置 CH1～CH4 通道的平均采样次数，例如♯1 BFM 中的次数设为 3 时，CH1 通道需要对输入的模拟量转换 3 次，再将得到 3 个数字量取平均值，数字量平均值存入♯5 BFM 中。♯1～♯4 BFM 中的平均采样次数越大，得到平均值的时间越长，如果输入的模拟量变化较快，平均采样次数值应设小一些。

（3）♯5～♯8 BFM

♯5～♯8 BFM 分别用存储 CH1～CH4 通道的数字量平均值。

（4）♯9～♯12 BFM

♯9～♯12 BFM 分别用存储 CH1～CH4 通道在当前扫描周期转换来的数字量。

（5）♯15 BFM

♯15 BFM 用来设置所有通道的模/数转换速度，若♯15 BFM＝0，所有通道的模/数转换速度设为 15ms（普速），若♯15 BFM＝1，所有通道的模/数转换速度为 6ms（高速）。

（6）♯20 BFM

当往♯20 BFM 中写入 1 时，所有参数恢复到出厂设置值。

（7）♯21 BFM

♯21 BFM 用来禁止/允许偏移值和增益的调整。当♯21 BFM 的 b1 位＝1、b0 位＝0

时，禁止调整偏移值和增益，当 b1 位＝0、b0 位＝1 时，允许调整。

（8）♯22 BFM

♯22 BFM 使用低 8 位来指定增益和偏移调整的通道，低 8 位标记为 $G_4 O_4$ $G_3 O_3$ $G_2 O_2$ $G_1 O_1$，当 $G_\square$ 位为 1 时，则 $CH_\square$ 通道增益值可调整，当 $O_\square$ 位为 1 时，则 $CH_\square$ 通道偏移量可调整，例如♯22 BFM＝H0003，则♯22 BFM 的低 8 位 $G_4 O_4$ $G_3 O_3$ $G_2 O_2$ $G_1 O_1$＝00000011，CH1 通道的增益值和偏移量可调整，♯24 BFM 的值被设为 CH1 通道的增益值，♯23 BFM 的值被设为 CH1 通道的偏移量。

（9）♯23 BFM

♯23 BFM 用来存放偏移量，该值可由 PLC 使用 TO 指令写入。

（10）♯24 BFM

♯24 BFM 用来存放增益值，该值可由 PLC 使用 TO 指令写入。

（11）♯29 BFM

♯29 BFM 以位的状态来反映模块的错误信息。♯29 BFM 各位错误定义见表 7-3，例如♯♯29 BFM 的 b1 位为 1（ON），表示存储器中的偏移值和增益数据不正常，为 0 表示数据正常，PLC 使用 FROM 指令读取♯29 BFM 中的值可以了解 AD 模块的操作状态。

表 7-3　♯29 BFM 各位错误定义

BFM♯29 的位	ON	OFF
b0：错误	b1～b4 中任何一位为 ON 如果 b1～b4 中任何一个为 ON，所有通道的 A/D 转换停止	无错误
b1：偏移和增益错误	在 EEPROM 中的偏移和增益数据不正常或者调整错误	增益和偏移数据正常
b2：电源故障	DC 24V 电源故障	电源正常
b3：硬件错误	A/D 转换器或其他硬件故障	硬件正常
b10：数字范围错误	数字输出值小于－2048 或大于＋2047	数字输出值正常
b11：平均采样错误	平均采样数不小于 4097 或不大于 0(使用默认值 8)	平均采样设置正常(在 1～4096 之间)
b12：偏移和增益调整禁止	禁止：BFM♯21 的(b1,b0)设为(1,0)	允许 BFM♯21 的(b1,b0)设置为(1,0)

注：b4～b7、b9 和 b13～b15 没有定义

（12）♯30 BFM

♯30 BFM 用来存放 FX_{2N}-4AD 模块的 ID 号（身份标识号码），FX_{2N}-4AD 模块的 ID 号为 2010，PLC 通过读取♯30 BFM 中的值来判别该模块是否为 FX_{2N}-4AD 模块。

7.1.7　实例程序

在使用 FX_{2N}-4AD 模块时，除了要对模块进行硬件连接外，还需给 PLC 编写有关的程序，用来设置模块的工作参数和读取模块转换得到的数字量及模块的操作状态。

（1）基本使用程序

图 7-7 是设置和读取 FX_{2N}-4AD 模块的 PLC 程序。程序工作原理说明如下。

当 PLC 运行开始时，M8002 触点接通一个扫描周期，首先 FROM 指令执行，将 0 号模块♯30 BFM 中的 ID 值读入 PLC 的数据存储器 D4，然后 CMP 指令（比较指令）执行，将 D4 中的数值与数值 2010 进行比较，若两者相等，表明当前模块为 FX_{2N}-4AD 模块，则将辅助继电器 M1 置 1。M1 常开触点闭合，从上往下执行 TO、FROM 指令，第一个 TO 指令（TOP 为脉冲型 TO 指令）执行，让 PLC 往 0 号模块的♯0 BFM 中写入 H3300，将 CH1、CH2 通道设为－10～＋10V 电压输入，同时关闭 CH3、CH4 通道，然后第二个 TO 指令执

行，让 PLC 往 0 号模块的♯1、♯2 BFM 中写入 4，将 CH1、CH2 通道的平均采样数设为 4，接着 FROM 指令执行，将 0 号模块的♯29 BFM 中的操作状态值读入 PLC 的 M10～M25，若模块工作无错误，并且转换得到的数字量范围正常，则 M10 继电器为 0，M10 常闭触点闭合，M20 继电器也为 0，M20 常闭触点闭合，FROM 指令执行，将♯5、♯6 BFM 中的 CH1、CH2 通道转换来的数字量平均值读入 PLC 的 D0、D1 中。

图 7-7　设置和读取 FX₂N-4AD 模块的 PLC 程序

（2）增益和偏移量的调整程序

如果在使用 FX₂N-4AD 模块时需要调整增益和偏移量，可以在图 7-7 程序之后增加图 7-8 所示的程序，当 PLC 的 X010 端子外接开关闭合时，可启动该程序的运行。程序工作原理说明如下：

当按下 PLC X010 端子外接开关时，程序中的 X010 常开触点闭合，"SET M30" 指令执行，继电器 M30 被置 1，M30 常开触点闭合，三个 TO 指令从上往下执行，第一个 TO 指令执行时，PLC 往 0 号模块的♯0 BFM 中写入 H0000，CH1～CH4 通道均被设为 −10～+10V 电压输入，第二个 TO 指令执行时，PLC 往 0 号模块的♯21 BFM 中写入 1，♯21 BFM 的 b1=0、b0=1，允许增益/偏移量调整，第三个 TO 指令执行时，往 0 号模块的♯22BFM 中写入 0，将用作指定调整通道的所有位（b7～b0）复位，然后定时器 T0 开始 0.4s 计时。

0.4s 后，T0 常开触点闭合，又有三个 TO 指令从上往下执行，第一个 TO 指令执行时，PLC 往 0 号模块的♯23 BFM 中写入 0，将偏移量设为 0，第二个 TO 指令执行时，PLC 往 0 号模块的♯24 BFM 中写入 2500，将增益值设为 2500，第三个 TO 指令执行时，PLC 往 0 号模块的♯22 BFM 中写入 H0003，将偏移/增益调整的通道设为 CH1，然后定时器 T1 开始 0.4s 计时。

0.4s 后，T1 常开触点闭合，首先 RST 指令执行，M30 复位，结束偏移/增益调整，接着 TO 指令执行，往 0 号模块的♯21 BFM 中写入 2，♯21 BFM 的 b1=1、b0=0，禁止增益/偏移量调整。

图 7-8 调整增益和偏移量的 PLC 程序

7.2 模拟量输出模块 FX₂ₙ-4DA

模拟量输出模块简称 DA 模块，其功能是将模块内部特定 BFM（缓冲存储器）中的数字量转换成模拟量输出。三菱 FX 系列常用 DA 模块有 FX₂ₙ-2DA 和 FX₂ₙ-4DA，本节以 FX₂ₙ-4DA 模块为例来介绍模拟量输出模块。

7.2.1 外形

模拟量输出模块 FX₂ₙ-4DA 的实物外形如图 7-9 所示。

图 7-9 模拟量输出模块 FX₂ₙ-4DA

7.2.2 接线

FX₂ₙ-4DA 模块有 CH1～CH4 四个模拟量输出通道，可以将模块内部特定的 BFM 中的数字量（由 PLC 使用 TO 指令写入）转换成模拟量输出。FX₂ₙ-4DA 模块的接线方式如图 7-10 所示，每个通道内部电路均相同。

FX₂ₙ-4DA 模块的每个通道均可设为电压型模拟量输出或电流型模拟量输出。当某通道设为电压型模拟量输出时，电压输出线接该通道的 V+、VI− 端子，可输出−10～10V 范围的电压；当某通道设为电流型模拟量输出时，电流输出线接该通道的 I$_+$ 、VI$_-$ 端子，可输出$-20\sim20$mA 范围的电流。

① 双绞屏蔽电缆，应远离干扰源。

② 输出电缆的负载端使用单点接地。

③ 若有噪声或干扰可以连接一个平滑电位器。

④ FX$_{2N}$-4DA 与 PLC 基本单元的地应连接在一起。

⑤ 电压输出端或电流输出端，若短接，可能会损坏 FX$_{2N}$-4DA。

⑥ 24V 电源，电流 200mA 外接或用 PLC 的 24V 电源。

⑦ 不使用的端子，不要在这些端子上连接任何单元。

图 7-10　FX$_{2N}$-4DA 模块的接线

7.2.3　性能指标

FX$_{2N}$-4DA 模块的性能指标见表 7-4 。

表 7-4　FX$_{2N}$-4DA 模块的性能指标

项目	输出电压	输出电流
模拟量输出范围	$-10\sim+10$V(外部负载阻抗 2kΩ$\sim$1MΩ)	$0\sim20$mA(外部负载阻抗 500Ω)
数字输出	12 位	
分辨率	5mV	20μA
总体精度	±1%(满量程 10V)	±1%(满量程 20mA)
转换速度	4 个通道：2.1ms	
隔离	模数电路之间采用光电隔离	
电源规格	主单元提供 5V/30mA 直流，外部提供 24V/200mA 直流	
适用 PLC	FX$_{2N}$，FX$_{1N}$，FX$_{2NC}$	

7.2.4　输入输出曲线

FX$_{2N}$-4DA 模块可以将内部 BFM 中的数字量转换成输出电压或输出电流，其转换关系如图 7-11 所示。当某通道设为电压输出时，DA 模块可以将$-2000\sim+2000$ 范围的数字量转换成$-10\sim+10$V 范围的电压输出。

7.2.5　增益和偏移说明

与 FX$_{2N}$-4AD 模块一样，FX$_{2N}$-4DA 模块也可以调整增益和偏移量。

图 7-11　FX$_{2N}$-4DA 模块的输入/输出关系曲线

（1）增益

增益指数字量为 1000 时对应的模拟量输出值。增益说明如图 7-12 所示，以图 7-12（a）为例，当 DA 模块某通道设为 $-10\sim+10$V 电压输出时，其默认增益值为 5000（即 $+5$V），数字量 1000 对应的输出电压为 $+5$V，增益值为 5000 时的输入输出关系如图中 A 线所示，如果将增益值设为 2500，则数字量 1000 对应的输出电压为 $+2.5$V，其输入输出关系如图中 B 线所示。

图 7-12　增益说明

（2）偏移

偏移量指数字量为 0 时对应的模拟量输出值。偏移说明如图 7-13 所示，当 DA 模块某通道设为 $-10\sim+10$V 电压输出时，其默认偏移量为 0（即 0V），它能将数字量 0000 转换成 0V 输出，偏移量为 0 时的输入输出关系如图中 F 线所示，如果将偏移量设为 -5000（即 -5V），它能将数字量 0000 转换成 -5V 电压输出，偏移量为 -5V 时的输入输出关系如图中 E 线所示。

图 7-13　偏移说明

7.2.6　缓冲存储器（BFM）功能说明

FX$_{2N}$-4DA 模块内部也有 32 个 16 位 BFM（缓冲存储器），这些 BFM 的编号为 ♯0～♯31，FX$_{2N}$-4DA 模块的各个 BFM 功能见表 7-5。

表 7-5　FX$_{2N}$-4DA 模块的 BFM 功能表

BFM	内容	BFM	内容
* ♯0	输出模式选择,出厂设置 H0000	♯12	CH2 偏移数据
♯1		♯13	CH2 增益数据
♯2	CH1、CH2、CH3、CH4 持转换的数字量	♯14	CH3 偏移数据
♯3		♯15	CH3 增益数据
♯4		♯16	CH4 偏移数据
♯5	数据保持模式,出厂设置 H0000	♯17	CH4 增益数据
♯6～♯7	保留	♯18～♯19	保留
* ♯8	CH1、CH2 偏移/增益设定命令,出厂设置 H0000	♯20	初始化,初始值＝0
		♯21	禁止调整 I/O 特性(初始值＝1)
* ♯9	CH3、CH4 偏移/增益设定命令,出厂设置 H0000	♯22～♯28	保留
		♯29	错误状态
♯10	CH1 偏移数据	♯30	K3020 识别码
♯11	CH1 增益数据	♯31	保留

下面对表 7-5 中 BFM 功能作进一步的说明。

（1）♯0 BFM

♯0 BFM 用来设置 CH1～CH4 通道的模拟量输出形式。该 BFM 中的数据用 H□□□□表示,每个□用来设置一个通道,最高位的□设置 CH4 通道,最低位的□设置 CH1 通道。

当□＝0 时,通道设为－10～＋10V 电压输出。

当□＝1 时,通道设为＋4～＋20mA 电流输出。

当□＝2 时,通道设为 0～＋20mA 电流输出。

当□＝3 时,通道关闭,无输出。

例如♯0 BFM 中的值为 H3310 时,CH1 通道设为－10～＋10V 电压输出,CH2 通道设为＋4～＋20mA 电流输出,CH3、CH4 通道关闭。

（2）♯1～♯4 BFM

♯1～♯4 BFM 分别用来存储 CH1～CH2 通道的待转换的数字量。这些 BFM 中的数据由 PLC 用 TO 指令写入。

（3）♯5 BFM

♯5 BFM 用来设置 CH1～CH4 通道在 PLC 由 RUN→STOP 时的输出数据保持模式。当某位为 0 时,RUN 模式下对应通道最后输出值将被保持输出,当某位为 1 时,对应通道最后输出值为偏移值。

例如♯5 BFM＝H0011,CH1、CH2 通道输出变为偏移值,CH3、CH4 通道输出值保持为 RUN 模式下的最后输出值不变。

（4）♯8、♯9 BFM

♯8 BFM 用来允许/禁止调整 CH1、CH2 通道增益和偏移量。♯8 BFM 的数据格式为 H $G_2 O_2 G_1 O_1$,当某位为 0 时,表示禁止调整,为 1 时允许调整,♯10～♯13 BFM 中设定 CH1、CH2 通道的增益或偏移值才有效。

♯9 BFM 用来允许/禁止调整 CH3、CH4 通道增益和偏移量。♯9 BFM 的数据格式为 H $G_4 O_4 G_3 O_3$,当某位为 0 时,表示禁止调整,为 1 时允许调整,♯14～♯17 BFM 中设定

CH3、CH4 通道的增益或偏移值才有效。

（5）♯10～♯17 BFM

♯10、♯11 BFM 用来保存 CH1 通道的偏移值和增益值，♯12、♯13 BFM 用来保存 CH2 通道的偏移值和增益值，♯14、♯15 BFM 用来保存 CH3 通道的偏移值和增益值，♯16、♯17 BFM 用来保存 CH4 通道的偏移值和增益值。

（6）♯20 BFM

♯20 BFM 用来初始化所有 BFM。当♯20 BFM＝1 时，所有 BFM 中的值都恢复到出厂设定值，当设置出现错误时，常将♯20 BFM 设为 1 来恢复到初始状态。

（7）♯21 BFM

♯21 BFM 用来禁止/允许 I/O 特性（增益和偏移值）调整。当♯21 BFM＝1 时，允许增益和偏移值调整，当♯21 BFM＝2 时，禁止增益和偏移值调整。

（8）♯29 BFM

♯29 BFM 以位的状态来反映模块的错误信息。♯29 BFM 各位错误定义见表 7-6，例如♯29 BFM 的 b2 位为 ON（即 1）时，表示模块的 DC 24V 电源出现故障。

表 7-6　♯29 BFM 各位错误定义

♯29 BFM 的位	名称	ON(1)	OFF(0)
b0	错误	b1～b4 任何一位为 ON	错误无错
b1	O/G 错误	EEPROM 中的偏移/增益数据不正常或者发生设置错误	偏移/增益数据正常
b2	电源错误	24V DC 电源故障	电源正常
b3	硬件错误	D/A 转换器故障或者其他硬件故障	没有硬件缺陷
b10	范围错误	数字输入或模拟输出值超出指定范围	输入或输出值在规定范围内
b12	G/O 调整禁止状态	BFM♯21 没有设为"1"	可调整状态(BFM♯21＝1)

注：位 b4～b9，b11，b13～b15 未定义。

（9）♯30 BFM

♯30 BFM 存放 FX$_{2N}$-4DA 模块的 ID 号（身份标识号码），FX$_{2N}$-4DA 模块的 ID 号为 3020，PLC 通过读取♯30 BFM 中的值来判别该模块是否为 FX$_{2N}$-4DA 模块。

7.2.7　实例程序

在使用 FX$_{2N}$-4DA 模块时，除了要对模块进行硬件连接外，还需给 PLC 编写有关的程序，用来设置模块的工作参数和写入需转换的数字量及读取模块的操作状态。

（1）基本使用程序

图 7-14 程序用来设置 DA 模块的基本工作参数，并将 PLC 中的数据送入 DA 模块，让它转换成模拟量输出。

程序工作原理说明如下。

当 PLC 运行开始时，M8002 触点接通一个扫描周期，首先 FROM 指令执行，将 1 号模块♯30 BFM 中的 ID 值读入 PLC 的数据存储器 D0，然后 CMP 指令（比较指令）执行，将 D0 中的数值与数值 3020 进行比较，若两者相等，表明当前模块为 FX$_{2N}$-4DA 模块，则将辅助继电器 M1 置 1。M1 常开触点闭合，从上往下执行 TO、FROM 指令，第一个 TO 指令 （TOP 为脉冲型 TO 指令）执行，让 PLC 往 1 号模块的♯0 BFM 中写入 H2100，将 CH1、 CH2 通道设为−10～+10V 电压输出，将 CH3 通道设为 4～20mA 输出，将 CH4 通道设为 0～20mA 输出，然后第二个 TO 指令执行，将 PLC 的 D1～D4 中的数据分别写入 1 号模块 的♯1～♯4 BFM 中，让模块将这些数据转换成模拟量输出，接着 FROM 指令执行，将 1 号模块的♯29 BFM 中的操作状态值读入 PLC 的 M10～M25，若模块工作无错误，并且输入数字量或输出模拟量范围正常，则 M10 继电器为 0，M10 常闭触点闭合，M20 继电器也为 0，M20 常闭触点闭合，M3 线圈得电为 1。

图 7-14　设置 FX₂ₙ-4DA 模块并使之输出模拟量的 PLC 程序

（2）增益和偏移量的调整程序

如果在使用 FX₂ₙ-4DA 模块时需要调整增益和偏移量，可以在图 7-14 程序之后增加图 7-15 所示的程序，当 PLC 的 X011 端子外接开关闭合时，可启动该程序的运行。程序工作原理说明如下。

当按下 PLC X010 端子外接开关时，程序中的 X010 常开触点闭合，"SET M30" 指令执行，继电器 M30 被置 1，M30 常开触点闭合，两个 TO 指令从上往下执行，第一个 TO 指令执行时，PLC 往 1 号模块的♯0 BFM 中写入 H0010，将 CH2 通道设为+4～+20mA 电流输出，其他均设为−10～+10V 电压输出，第二个 TO 指令执行时，PLC 往 1 号模块的♯21 BFM 中写入 1，允许增益/偏移量调整，然后定时器 T0 开始 3s 计时。

3s 后，T0 常开触点闭合，三个 TO 指令从上往下执行，第一个 TO 指令执行时，PLC 往 1 号模块的♯12 BFM 中写入 7000，将偏移量设为 7mA，第二个 TO 指令执行时，PLC 往 1 号模块的♯13 BFM 中写入 20000，将增益值设为 20mA，第三个 TO 指令执行时，PLC 往 1 号模块的♯8 BFM 中写入 H1100，允许 CH2 通道的偏移/增益调整，然后定时器 T1 开始 3s 计时。

3s 后，T1 常开触点闭合，首先 RST 指令执行，M30 复位，结束偏移/增益调整，接着 TO 指令执行，往 1 号模块的♯21 BFM 中写入 2，禁止增益/偏移量调整。

图 7-15 调整增益和偏移量的 PLC 程序

7.3 温度模拟量输入模块 FX$_{2N}$-4AD-PT

温度模拟量输入模块的功能是将温度传感器送来的反映温度高低的模拟量转换成数字量。三菱 FX 系列常用温度模拟量模块有 FX$_{2N}$-4AD-PT 型和 FX$_{2N}$-4AD-TC 型，两者最大区别在于前者连接 PT100 型温度传感器，而后者使用热电偶型温度传感器。本节以 FX$_{2N}$-4AD-PT 型模块为例来介绍温度模拟量输入模块。

7.3.1 外形

FX$_{2N}$-4AD-PT 型温度模拟量输入模块的实物外形如图 7-16 所示。

图 7-16 FX$_{2N}$-4AD-PT 型温度模拟量输入模块

7.3.2 PT100 型温度传感器与模块的接线

（1）PT100 型温度传感器

PT100 型温度传感器的核心是铂热电阻，其电阻会随着温度的变化而改变。PT 后面的"100"表示其阻值在 0℃ 时为 100Ω，当温度升高时其阻值线性增大，在 100℃ 时阻值约为 138.5Ω。PT100 型温度传感器的外形和温度-电阻曲线如图 7-17 所示。

（2）模块的接线

FX$_{2N}$-4AD-PT 模块有 CH1～CH4 四个温度模

拟量输入通道，可以同时将 4 路 PT100 型温度传感器送来的模拟量转换成数字量，存入模块内部相应的缓冲存储器（BFM）中，PLC 可使用 FROM 指令读取这些存储器中的数字量。FX$_{2N}$-4AD-PT 模块接线方式如图 7-18 所示，每个通道内部电路均相同。

图 7-17　PT100 型温度传感器的外形和温度-电阻曲线

图 7-18　FX$_{2N}$-4AD-PT 模块接线方式

7.3.3　性能指标

FX$_{2N}$-4AD-PT 模块的性能指标见表 7-7。

表 7-7　FX$_{2N}$-4AD-PT 模块的性能指标

项目	摄氏度（℃）	华氏度（℉）
	通过读取适当的缓冲区，可以得到℃和℉两种可读数据	
模拟输入信号	铂温度 PT100 传感器（100Ω），3 线，4 通道（CH1，CH2，CH3，CH4），3850×10^{-6}/℃（DIN43760，JIS C1604-1989）	
传感器电流	1mA 传感器：100Ω PT100	

项目	摄氏度（℃）	华氏度（℉）
	通过读取适当的缓冲区，可以得到℃和℉两种可读数据	
补偿范围	−100～+600	−148～+1112
数字输出	−1000～+6000	−1480～+11120
	12 位转换 11 数据位＋1 符号位	
最小可测温度	0.2～0.3	0.36～0.54
总精度	全范围的±1％（补偿范围）参考特殊 EMC 考虑	
转换速度	4 通道 15ms	
适用的 PTC 型号	FX₁ₙ/FX₂ₙ/FX₂ₙᴄ	

7.3.4 输入输出曲线

FX₂ₙ-4AD-PT 模块可以将 PT100 型温度传感器送来的反映温度高低的模拟量转换成数字量，其温度/数字量转换关系如图 7-19 所示。

FX₂ₙ-4AD-PT 模块可接受摄氏温度（℃）和华氏温度（℉）。对于摄氏温度，水的冰点时温度定为 0℃，沸点为 100℃，对于华氏温度，水的冰点温度定为 32℉，沸点为 212℉，摄氏温度与华氏温度的换算关系式为：

$$℃ = 5/9×（℉−32）$$
$$℉ = 9/5×℃＋32$$

图 7-19（a）为摄氏温度与数字量转换关系，当温度为＋600℃时，转换成的数字量为＋6000；图 7-19（b）为华氏温度与数字量转换关系，当温度为＋1112℉时，转换成的数字量为＋11120。

(a) 摄氏温度输入时   (b) 华氏温度输入时

图 7-19 FX₂ₙ-4AD-PT 模块输入/输出曲线

7.3.5 缓冲存储器（BFM）功能说明

FX₂ₙ-4AD-PT 模块的各个 BFM 功能见表 7-8。

表 7-8 FX₂ₙ-4AD-PT 模块的 BFM 功能表

BFM 编号	内容	BFM 编号	内容
＊#1～#4	CH1～CH4 的平均采样次数（1～4096）默认值＝8	＊#21～#27	保留
＊#5～#8	CH1～CH4 在 0.1℃ 单位下的平均温度	＊#28	数字范围错误锁存
＊#9～#12	CH1～CH4 在 0.1℃ 单位下的当前温度	＊#29	错误状态
＊#13～#16	CH1～CH4 在 0.1℉ 单位下的平均温度	#30	识别码 K2040
＊#17～#20	CH1～CH4 在 0.1℉ 单位下的当前温度	#31	保留

下面对表 7-8 中 BFM 功能作进一步的说明。

（1）♯1～♯4 BFM

♯1～♯4 BFM 分别用来设置 CH1～CH4 通道的平均采样次数，例如♯1 BFM 中的次数设为 3 时，CH1 通道需要对输入的模拟量转换 3 次，再将得到的 3 个数字量取平均值，数字量平均值存入♯5 BFM 中。♯1～♯4 BFM 中的平均采样次数越大，得到平均值的时间越长，如果输入的模拟量变化较快，平均采样次数值应设小一些。

（2）♯5～♯8 BFM

♯5～♯8 BFM 分别用存储 CH1～CH4 通道的摄氏温度数字量平均值。

（3）♯9～♯12 BFM

♯9～♯12 BFM 分别用存储 CH1～CH4 通道在当前扫描周期转换来的摄氏温度数字量。

（4）♯13～♯16 BFM

♯13～♯16 BFM 分别用存储 CH1～CH4 通道的华氏温度数字量平均值。

（5）♯17～♯20 BFM

♯17～♯20 BFM 分别用存储 CH1～CH4 通道在当前扫描周期转换来的华氏温度数字量。

（6）♯28 BFM

♯28 BFM 以位状态来反映 CH1～CH4 通道的数字量范围是否在允许范围内。♯28 BFM 的位定义如下：

b15～b8	b7	b6	b5	b4	b3	b2	b1	b0
未用	高	低	高	低	高	低	高	低
	CH4		CH3		CH2		CH1	

当某通道对应的高位为 1 时，表明温度数字量高于最高极限值或温度传感器开路，低位为 1 时则说明温度数字量低于最低极限值，为 0 表明数字量范围正常。例如♯28 BFM 的 b7、b6 分别为 1、0，则表明 CH4 通道的数字量高于最高极限值，也可能是该通道外接的温度传感器开路。

FX$_{2N}$-4AD-PT 模块采用♯29 BFM b10 位的状态来反映数字量是否错误（超出允许范围），更具体的错误信息由♯28 BFM 的位来反映。♯28 BFM 的位指示出错后，即使数字量又恢复到正常范围，位状态也不会复位，需要用 TO 指令写入 0 或关闭电源进行错误复位。

（7）♯29 BFM

♯29 BFM 以位的状态来反映模块的错误信息。♯29 BFM 各位错误定义见表 7-9。

表 7-9　♯29 BFM 各位错误定义

♯29 BFM 的位	ON(1)	OFF(0)
b0：错误	如果 b1～b3 中任何一个为 ON，出错通道的 A/D 转换停止	无错误
b1：保留	保留	保留
b2：电源故障	24VDC 电源故障	电源正常
b3：硬件错误	A/D 转换器或其他硬件故障	硬件正常
b4～b9：保留	保留	保留
b10：数字范围错误	数字输出/模拟输入值超出指定范围	数字输出值正常
b11：平均错误	所选平均结果的数值超出可用范围参考 BFM♯1～♯4	平均正常（在 1～4096 之间）
b12～b15：保留	保留	保留

（8）♯30 BFM

♯30 BFM 存放 FX_{2N}-4AD-PT 模块的 ID 号（身份标识号码），FX_{2N}-4AD-PT 模块的 ID 号为 2040，PLC 通过读取♯30 BFM 中的值来判别该模块是否为 FX_{2N}-4AD-PT 模块。

7.3.6　实例程序

图 7-20 是设置和读取 FX_{2N}-4AD-PT 模块的 PLC 程序。

图 7-20　设置和读取 FX_{2N}-4AD-PT 模块的 PLC 程序

程序工作原理说明如下：

当 PLC 运行开始时，M8000 触点始终闭合，首先 FROM 指令执行，将 2 号模块♯30 BFM 中的 ID 值读入 PLC 的数据存储器 D10，然后执行 CMP（比较）指令，将 D10 中的数值与数值 2040 进行比较，若两者相等，表明当前模块为 FX_{2N}-4AD-PT 模块，则将辅助继电器 M1 置 1，接着又执行 FROM 指令，将 2 号模块的♯29 BFM 中的操作状态值读入 PLC 的 M10～M25。

如果 2 号模块为 FX_{2N}-4AD-PT 模块，并且模块工作无错误码，M1 常开触点闭合，M10 常闭触点闭合，TO、FROM 指令先后执行，在执行 TO 指令时，往 2 号模块♯1～♯4 BFM 均写入 4，将 CH1～CH4 通道的平均采样次数都设为 4，在执行 FROM 指令时，将 2 号模块♯5～♯8 BFM 中的 CH1～CH4 通道的摄氏温度数字量平均值读入 PLC 的 D0～D3。

第8章 通信

8.1 通信基础知识

通信是指一地与另一地之间的信息传递。PLC 通信是指 PLC 与计算机、PLC 与 PLC、PLC 与人机界面（触摸屏）和 PLC 与其他智能设备之间的数据传递。

8.1.1 通信方式

（1）有线通信和无线通信

有线通信是指以导线、电缆、光缆、纳米材料等看得见的材料为传输媒质的通信。无线通信是指以看不见的材料（如电磁波）为传输媒质的通信，常见的无线通信有微波通信、短波通信、移动通信和卫星通信等。

（2）并行通信与串行通信

① 并行通信　同时传输多位数据的通信方式称为并行通信。并行通信如图 8-1（a）所示，计算机中的 8 位数据 10011101 通过 8 条数据线同时送到外部设备中。并行通信的特点是数据传输速率快，它由于需要的传输线多，故成本高，只适合近距离的数据通信。PLC 主机与扩展模块之间通常采用并行通信。

② 串行通信　逐位传输数据的通信方式称为串行通信。串行通信如图 8-1（b）所示，计算机中的 8 位数据 10011101 通过一条数据逐位传送到外部设备中。串行通信的特点是数据传输速率慢，但由于只需要一条传输线，故成本低，适合远距离的数据通信。PLC 与计算机、PLC 与 PLC、PLC 与人机界面之间通常采用串行通信。

图 8-1　并行通信与串行通信

图 8-2　异步通信

（3）异步通信和同步通信

串行通信又可分为异步通信和同步通信。PLC 与其他设备通主要采用串行异步通信方式。

① 异步通信　在异步通信中，数据是一帧一帧地传送的。异步通信如图 8-2 所示，这种通信是以帧为单位进行数据传输的，一帧数据传送完成后，可以接着传送下一帧数据，也可以等待，等待期间为空闲位（高电平）。

串行通信时，数据是以帧为单位传送的，帧数据有一定的格式。帧数据格式如图 8-3 所示，从图中可以看出，一帧数据由起始位、数据位、奇偶校验位和停止位组成。

图 8-3　异步通信帧数据格式

起始位：表示一帧数据的开始，起始位一定为低电平。当甲机要发送数据时，先送一个低电平（起始位）到乙机，乙机接收到起始信号后，马上开始接收数据。

数据位：它是要传送的数据，紧跟在起始位后面。数据位的数据为 5～8 位，传送数据时是从低位到高位逐位进行的。

奇偶校验位：该位用于检验传送的数据有无错误。奇偶校验是检查数据传送过程中有无发生错误的一种校验方式，它分为奇校验和偶校验。奇校验是指数据和校验位中 1 的总个数为奇数，偶校验是指数据和校验位中 1 的总个数为偶数。

以奇校验为例，如果发送设备传送的数据中有偶数个 1，为保证数据和校验位中 1 的总个数为奇数，奇偶校验位应为 1，如果在传送过程中数据产生错误，其中一个 1 变为 0，那么传送到接收设备的数据和校验位中 1 的总个数为偶数，外部设备就知道传送过来的数据发生错误，会要求重新传送数据。

数据传送采用奇校验或偶校验均可，但要求发送端和接收端的校验方式一致。在帧数据中，奇偶校验位也可以不用。

停止位：它表示一帧数据的结束。停止位可以 1 位、1.5 位或 2 位，但一定为高电平。

一帧数据传送结束后，可以接着传送第二帧数据，也可以等待，等待期间数据线为高电平（空闲位）。如果要传送下一帧，只要让数据线由高电平变为低电平（下一帧起始位开始），接收器就开始接收下一帧数据。

② 同步通信　在异步通信中，每一帧数据发送前要用起始位，在结束时要用停止位，这样会占用一定的时间，导致数据传输速率较慢。为了提高数据传输速率，在计算机与一些高速设备数据通信时，常采用同步通信。同步通信的数据格式如图 8-4 所示。

从图中可以看出，同步通信的数据后面取消了停止位，前面的起始位用同步信号代替，在同步信号后面可以跟很多数据，所以同步通信传输速率快，但由于同步通信要求发送端和接收端严格保持同步，这需要用复杂的电路来保证，所以 PLC 不采用这种通信方式。

	同步信号	数据	数据	数据	数据	数据	

图 8-4　同步通信的数据格式

（4）单工通信和双工通信

在串行通信中，根据数据的传输方向不同，可分为三种通信方式：单工通信、半双工通信和全双工通信。这 3 种通信方式如图 8-5 所示。

① 单工通信：在这种方式下，数据只能往一个方向传送。单工通信如图 8-5（a）所示，数据只能由发送端（T）传输给接收端（R）。

② 半双工通信：在这种方式下，数据可以双向传送，但同一时间内，只能往一个方向传送，只有一个方向的数据传送完成后，才能往另一个方向传送数据。半双工通信如图 8-5（b）所示，通信的双方都有发送器和接收器，一方发送时，另一方接收，由于只有一条数据线，所以双方不能在发送数据时同时进行接收数据。

图 8-5　三种通信方式

③ 全双工通信：在这种方式下，数据可以双向传送，通信的双方都有发送器和接收器，由于有两条数据线，因此双方在发送数据的同时可以接收数据。全双工通信如图 8-5（c）所示。

8.1.2　通信传输介质

有线通信采用传输介质主要有双绞线、同轴电缆和光缆。这三种通信传输介质如图 8-6 所示。

(a) 双绞线　　　　　　(b) 同轴电缆　　　　　　(c) 光缆

图 8-6　三种通信传输介质

（1）双绞线

双绞线是将两根导线扭绞在一起，以减少电磁波的干扰，如果再加上屏蔽套层，则抗干扰能力更好。双绞线的成本低、安装简单，RS-232C、RS-422 和 RS-485 等接口多用双绞线电缆进行通信连接。

（2）同轴电缆

同轴电缆的结构是从内到外依次为内导体（芯线）、绝缘线、屏蔽层及外保护层。由于从截面看这四层构成了 4 个同心圆，故称为同轴电缆。根据通频带不同，同轴电缆可分为基带（50Ω）和宽带（75Ω）两种，其中基带同轴电缆常用于 Ethernet（以太网）中。同轴电缆的传送速率高、传输距离远，但价格较双绞线高。

（3）光缆

光缆是由石英玻璃经特殊工艺拉成细丝结构，这种细丝的直径比头发丝还要细，一般直径在 $8\sim9.5\mu m$（单模光纤）及 $50/62.5\mu m$（多模光纤，$50\mu m$ 为欧洲标准，$62.5\mu m$ 为美国标准），但它能传输的数据量却是巨大的。

光纤是以光的形式传输信号的，其优点是传输的为数字的光脉冲信号，不会受电磁干扰，不怕雷击，不易被窃听，数据传输安全性好，传输距离长，且带宽宽、传输速率快。但由于通信双方发送和接收的都是电信号，因此通信双方都需要价格昂贵的光纤设备进行光电转换，另外光纤连接头的制作与光纤连接需要专门工具和专门的技术人员。

双绞线、同轴电缆和光缆参数特性见表 8-1。

表 8-1 双绞线、同轴电缆和光缆参数特性

特性	双绞线	同轴电缆		光缆
		基带（50Ω）	宽带（75Ω）	
传输速率	1～4Mbit/s	1～10Mbit/s	1～450Mbit/s	10～500Mbit/s
网络段最大长度	1.5km	1～3km	10km	50km
抗电磁干扰能力	弱	中	中	强

8.2 通信接口设备

PLC 通信接口主要有三种标准：RS-232C、RS-422 和 RS-485。在 PLC 和其他设备通信时，应给 PLC 安装相应接口的通信板或通信模块。三菱 FX 系列常用的通信板型号有 FX$_{2N}$-232-BD、FX$_{2N}$-485-BD 和 FX$_{2N}$-422-BD。

8.2.1 FX$_{2N}$-232-BD 通信板

利用 FX$_{2N}$-232-BD 通信板，PLC 可与具有 RS-232C 接口的设备（如个人电脑、条码阅读器和打印机等）进行通信。

（1）外形与安装

FX$_{2N}$-232-BD 通信板如图 8-7 所示，在安装通信板时，拆下 PLC 上表面一侧的盖子，再将通信板上的连接器插入 PLC 电路板的连接器插槽内，如图 8-8 所示。

（2）RS-232C 接口的电气特性

FX$_{2N}$-232-BD 通信板上有一个 RS-232C 接口。RS-232C 接口又称 COM 接口，是美国 1969 年公布的串行通信接口，至今在计算机和 PLC 等工业控制中还广泛使用。RS-232C 标准有以下特点。

① 采用负逻辑，用＋5～＋15V 表示逻辑 "0"，用－5～－15V 表示逻辑 "1"。

② 只能进行一对一方式通信，最大通信距离为 15m，最高数据传输速率为 20kbit/s。

③ 该标准有 9 针和 25 针两种类型的接口，9 针接口使用更广泛，PLC 采用 9 针接口。

④ 该标准的接口采用单端发送、单端接收电路，如图 8-9 所示，这种电路的抗干扰性较差。

图 8-7　FX$_{2N}$-232-BD 通信板的外形

图 8-8　FX$_{2N}$-232-BD 通信板的安装

(a) 信号连接

(b) 电路结构

图 8-9　RS-232C 接口的结构

（3）RS-232C 接口的针脚功能定义

RS-232C 接口有 9 针和 25 针两种类型，FX$_{2N}$-232-BD 通信板上有一个 9 针的 RS-232C 接口，各针脚功能定义如图 8-10 所示。

针脚号	信号	意义	功能
1	CD(DCD)	载波检测	当检测到数据接收载波时，为ON
2	RD(RXD)	接收数据	接收数据(RS-232C 设备到232BD)
3	SD(TXD)	发送数据	发送数据(232BD 到RS-232C设备)
4	ER(DTR)	发送请求	数据发送到RS-232C设备的信号请求设备
5	SG(GND)	信号地	信号地
6	DR(DSR)	发送使能	表示RS-232C 设备准备好接收
7、8、9	NC	不接	

图 8-10　RS-232C 接口的针脚功能定义

（4）通信接线

PLC 要通过 FX$_{2N}$-232-BD 通信板与 RS-232C 设备通信，必须使用电缆将通信板的 RS-232C 接口与 RS-232C 设备的 RS-232C 接口连接起来，根据 RS-232C 设备特性不同，电缆接线主要有两种方式。

① 通信板与普通特性的 RS-232C 设备的接线　FX$_{2N}$-232-BD 通信板与普通特性 RS-232C 设备的接线方式如图 8-11 所示，这种连接方式不是将同名端连接，而是将一台设备的发送端与另一台设备的接收端连接。

普通的RS-232C设备						FX$_{2N}$-232-BD通信板	
使用ER,DR*			使用RS,CS			9针D-SUB	PLC基本单元
意义	25针 D-SUB	9针 D-SUB	意义	25针 D-SUB	9针 D-SUB		
RD(RXD)	③	②	RD(RXD)	③	②	② RD(RXD)	
SD(TXD)	②	③	SD(TXD)	②	③	③ SD(TXD)	
ER(DTR)	⑳	④	FR(RTS)	④	⑦	④ ER(DTR)	
SG(GND)	⑦	⑤	SG(GND)	⑦	⑤	⑤ SG(GND)	
DR(DSR)	⑥	⑥	CS(CTS)	⑤	⑧	⑥ DR(DSR)	

*使用ER和DR信号时,根据RS-232C设备的特性,检查是否需要RS和CS信号。

图 8-11　FX$_{2N}$-232-BD 通信板与普通特性 RS-232C 设备的接线方式

② 通信板与调制解调器特性的 RS-232C 设备的接线　RS-232C 接口之间的信号传输距离最大不能超过 15m，如果需要进行远距离通信，可以给通信板 RS-232C 接口接上调制解调器（MODEM），这样 PLC 可通过 MODEM 和电话线将与遥远的其他设备通信。FX$_{2N}$-232-BD 通信板与调制解调器特性 RS-232C 设备的接线方式如图 8-12 所示。

调制解调器特性的RS-232C设备						FX$_{2N}$-232-BD通信板	
使用ER,DR*			使用RS,CS			9针D-SUB	PLC基本单元
意义	25针 D-SUB	9针 D-SUB	意义	25针 D-SUB	9针 D-SUB		
CD(DCD)	⑧	①	CD(DCD)	⑧	①	① CD(DCD)	
RD(RXD)	③	②	RD(RXD)	③	②	② RD(RXD)	
SD(TXD)	②	③	SD(TXD)	②	③	③ SD(TXD)	
ER(DTR)	⑳	④	RS(RTS)	④	⑦	④ ER(DTR)	
SG(GND)	⑦	⑤	SG(GND)	⑦	⑤	⑤ SG(GND)	
DR(DSR)	⑥	⑥	CS(CTS)	⑤	⑧	⑥ DR(DSR)	

*使用ER和DR信号时,根据RS-232C设备的特性,检查是否需要RS和CS信号。

图 8-12　FX$_{2N}$-232-BD 通信板与调制解调器特性 RS-232C 设备的接线方式

8.2.2　FX$_{2N}$-422-BD 通信板

利用 FX$_{2N}$-422-BD 通信板，PLC 可与编程器（手持编程器或个人电脑）通信，也可以与 DU 单元（文本显示器）通信。三菱 FX$_{2N}$ PLC 自身带有一个 422 接口，如果再使用 FX$_{2N}$-422-BD 通信板，可同时连接两个 DU 单元或连接一个 DU 单元与一个编程工具。另外，PLC 上只能连接一个 FX$_{2N}$-422-BD 通信板，并且 FX$_{2N}$-422-BD 通信板不能同时与 FX$_{2N}$-485-BD 或 FX$_{2N}$-232-BD 通信板一起使用。

（1）外形与安装

FX$_{2N}$-422-BD 通信板的正、反面外形如图 8-13 所示，在安装通信板时，拆下 PLC 上表面一侧的盖子，再将通信板上的连接器插入 PLC 电路板的连接器插槽内，其安装方法与 FX$_{2N}$-232-BD 通信板相同。

（2）RS-422 接口的电气特性

FX$_{2N}$-422-BD 通信板上有一个 RS-422 接口。RS-422 接口采用平衡驱动差分接收电路，如图 8-14 所示，该电路采用极性相反的两根导线传送信号，这两根线都不接地，当 B 线电压较 A 线电压高时，规定传送的为"1"电平，当 A 线电压较 B 线电压高时，规定传送的为"0"电平，A、B 线的电压差可从零点几伏到近十伏。采用平衡驱动差分接收电路作接口电路，可使 RS-422 接口有较强的抗干扰性。

图 8-13　FX$_{2N}$-422-BD 通信板的外形

RS-422 接口采用发送和接收分开处理，数据传送采用 4 根导线，如图 8-15 所示，由于发送和接收独立，两者可同时进行，故 RS-422 通信是全双工方式。与 RS-232C 接口相比，RS-422 的通信速率和传输距离有了很大的提高，在最高通信速率 10Mbit/s 时最大通信距离为 12m，在通信速率为 100kbit/s 时最大通信距离可达 1200m，一台发送端可接 12 个接收端。

图 8-14　平衡驱动差分接收电路

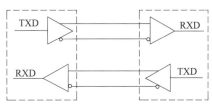

图 8-15　RS-422 接口的电路结构

（3）RS-422 接口的针脚功能定义

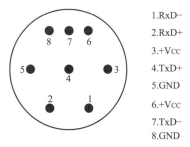

1.RxD−
2.RxD+
3.+Vcc
4.TxD+
5.GND
6.+Vcc
7.TxD−
8.GND

图 8-16　RS-422 接口针脚功能定义

RS-422 接口没有特定的形状，FX$_{2N}$-422-BD 通信板上有一个 8 针的 RS-422 接口，各针脚功能定义如图 8-16 所示。

8.2.3　FX$_{2N}$-485-BD 通信板

利用 FX$_{2N}$-485-BD 通信板，可进行两台 PLC 并行连接通信，也可以进行多台 PLC 的 N∶N 通信，如果使用 RS-485/RS-232C 转换器，PLC 还可以与具有 RS-232C 接口的设备（如个人电脑、条码阅读器和打印机等）进行通信。

（1）外形与安装

FX$_{2N}$-485-BD 通信板如图 8-17 所示，在使用时，将通信板上的连接器插入 PLC 电路板的连接器插槽内，其安装方法与 FX$_{2N}$-232-BD 通信板相同。

（2）RS-485 接口的电气特性

RS-485 是 RS-422A 的变形，RS-485 接口可使用一对平衡驱动差分信号线，如图 8-18 所示，发送和接收不能同时进行，属于半双工通信方式。使用 RS-485 接口与双绞线可以组成分布式串行通信网络，如图 8-19 所示，网络中最多可接 32 个站。

图 8-17　FX$_{2N}$-485-BD 通信板

图 8-18　RS-485 接口的电路结构

图 8-19　RS-485 与双绞线组成分布式串行通信网络

（3）RS-485 接口的针脚功能定义

RS-485 接口没有特定的形状，FX$_{2N}$-485-BD 通信板上有一个 5 针的 RS-485 接口，各针脚功能定义如图 8-20 所示。

（4）RS-485 通信接线

RS-485 设备之间的通信接线有 1 对和 2 对两种方式，当使用 1 对接线方式时，设备之间只能进行半双工通信。当使用 2 对接线方式时，设备之间可进行全双工通信。

① 1 对接线方式　RS-485 设备的 1 对接线方式如图 8-21 所示。在使用 1 对接线方式时，需要将各设备的 RS-485 接口的发送端和接收端并接起来，设备之间使用 1 对线接各接口的同名端，另外要在始端和终端设备的 RDA、RDB 端上接上 110Ω 的终端电阻，提高数据传输质量，减小干扰。

② 2 对接线方式　RS-485 设备的 2 对接线方式如图

图 8-20　RS-485 接口
的针脚功能定义

8-22 所示。在使用 2 对接线方式时，需要用 2 对线将主设备接口的发送端、接收端分别和从设备的接收端、发送端连接，从设备之间用 2 对线将同名端连接起来，另外要在始端和终端设备的 RDA、RDB 端上接上 330Ω 的终端电阻，提高数据传输质量，减小干扰。

图 8-21　RS-485 设备的 1 对接线方式

图 8-22　RS-485 设备的 2 对接线方式

8.3　PLC 通信

8.3.1　PLC 与打印机通信（无协议通信）

（1）通信要求

用一台三菱 FX$_{2N}$ 型 PLC 与一台带有 RS-232C 接口的打印机通信，PLC 往打印机发送字符 "0ABCDE"，打印机将接收的字符打印出来。

（2）硬件接线

三菱 FX$_{2N}$ PLC 自身带有 RS-422 接口，而打印机的接口类型为 RS-232C，由于接口类型不一致，故两者无法直接，给 PLC 安装 FX$_{2N}$-232-BD 通信板则可解决这个问题。三菱 FX$_{2N}$ PLC 与打印机的通信连接如图 8-23 所示，其中 RS-232 通信电缆需要用户自己制作，电缆的接线方法见图 8-11。

（3）通信程序

PLC 的无协议通信一般使用 RS（串行数据传送）指令来编写，关于 RS 指令的使用方法见第 6 章 6.2.9。PLC 与打印机的通信程序如图 8-24 所示。

图 8-23　三菱 FX$_{2N}$ PLC 与打印机的通信连接

图 8-24　PLC 与打印机的通信程序

程序工作原理说明如下。

PLC 运行期间，M8000 触点始终闭合，M8161 继电器（数据传送模式继电器）为 1，将数据传送设为 8 位模式。PLC 运行时，M8002 触点接通一个扫描周期，往 D8120 存储器（通信格式存储器）写入 H67，将通信格式设为：数据长＝8 位，奇偶校验＝偶校验，停止位＝1 位，通信速率＝2400bit/s。当 PLC 的 X000 端子外接开关闭合时，程序中的 X000 常开触点闭合，RS 指令执行，将 D300～D307 设为发送数据存储区，无接收数据存储区。当

PLC 的 X001 端子外接开关闭合时，程序中的 X001 常开触点由断开转为闭合，产生一个上升沿脉冲，M0 线圈得电一个扫描周期（即 M0 继电器在一个扫描周期内为 1），M0 常开触点接通一个扫描周期，8 个 MOV 指令从上往下依次执行，分别将字符 0、A、B、C、D、E、回车、换行的 ASCII 码送入 D300～D307，再执行 SET 指令，将 M8122 继电器（发送请求继电器）置 1，PLC 马上将 D300～D307 中的数据通过通信板上的 RS-232C 接口发送给打印机，打印机则将这样字符打印出来。

（4）与无协议通信有关的特殊功能继电器和数据寄存器

在图 8-24 程序中用到了特殊功能继电器 M8161、M8122 和特殊功能数据存储器 D8120，在使用 RS 指令进行无协议通信时，可以使用表 8-2 中的特殊功能继电器和表 8-3 中的特殊功能数据存储器。

表 8-2　与无协议通信有关的特殊功能继电器

特殊功能继电器	名称	内容	R/W
M8063	串行通信错误（通道 1）	发生通信错误时置 ON 当串行通信错误（M8063）为 ON 时，在 D8063 中保存错误代码	R
M8120	保持通信设定用	保持通信设定状态（FX$_{0N}$ 可编程控制器用）	W
M8121	等待发送标志位	等待发送状态时置 ON	R
M8122	发送请求	设置发送请求后，开始发送	R/W
M8123	接收结束标志位	接收结束时置 ON。当接收结束标志位（M8123）为 ON 时，不能再接收数据	R/W
M8124	载波检测标志位	与 CD 信号同步置 ON	R
M8129[①]	超时判定标志位	当接收数据中断，在超时时间设定（D8129）中设定的时间内，没有收到要接收的数据时置 ON	R/W
M8161	8 位处理模式	在 16 位数据和 8 位数据之间切换发送接收数据 ON：8 位模式 OFF：16 位模式	W

① FX$_{0N}$、FX$_2$（FX）、FX$_{2C}$、FX$_{2N}$（Ver. 2.00 以下）尚未对应。

表 8-3　与无协议通信有关的特殊功能数据存储器

特殊功能存储器	名称	内容	R/W
D8063	显示错误代码	当串行通信错误（M8063）为 ON 时，在 D8063 中保存错误代码	R/W
D8120	通信格式设定	可以通信格式设定	R/W
D8122	发送数据的剩余点数	保存要发送的数据的剩余点数	R
D8123	接收点数的监控	保存已接收到的数据点数	R
D8124	报头	设定报头。初始值：STX（H02）	R/W
D8125	报尾	设定报尾。初始值：ETX（H03）	R/W
D8129[①]	超时时间设定	设定超时的时间	R/W
D8405[②]	显示通信参数	保存在可编程控制器中设定的通信参数	R
D8419[②]	动作方式显示	保存正在执行的通信功能	R

① FX$_{0N}$、FX$_2$（FX）、FX$_{2C}$、FX$_{2N}$（Ver. 2.00 以下）尚未对应。

② 仅 FX$_{3G}$、FX$_{3U}$、FX$_{3UC}$ 可编程控制器对应。

8.3.2　两台 PLC 通信（并联连接通信）

并联连接通信是指两台同系列 PLC 之间的通信。不同系列的 PLC 不能采用这种通信方式。两台 PLC 并联连接通信如图 8-25 所示。

（1）并联连接的两种通信模式及功能

当两台 PLC 进行并联通信时，可以将一方特定区域的数据传送入对方特定区域。并联连接通信有普通连接和高速连接两种模式。

图 8-25　两台 PLC 并联连接通信示意图

① 普通并联连接通信模式　普通并联连接通信模式如图 8-26 所示。当某 PLC 中的 M8070 继电器为 ON 时，该 PLC 规定为主站，当某 PLC 中的 M8071 继电器为 ON 时，该 PLC 则被设为从站，在该模式下，只要主、从站已设定，并且两者之间已接好通信电缆，主站的 M800～M899 继电器的状态会自动通过通信电缆传送给从站的 M800～M899 继电器，主站的 D490～D499 数据寄存器中的数据会自动送入从站的 D490～D499，与此同时，从站的 M900～M999 继电器状态会自动传送给主站的 M900～M990 继电器，从站的 D500～D509 数据寄存器中的数据会自动传入主站的 D500～D509。

图 8-26　普通并联连接通信模式

② 高速并联连接通信模式　高速并联连接通信模式如图 8-27 所示。PLC 中的 M8070、M8071 继电器的状态分别用来设定主、从站，M8162 继电器的状态用来设定通信模式为高速并联连接通信，在该模式下，主站的 D490、D491 中的数据自动高速送入从站的 D490、D491 中，而从站的 D500、D501 中的数据自动高速送入主站的 D500、D501 中。

（2）与并联连接通信有关的特殊功能继电器

在图 8-27 中用到了特殊功能继电器 M8070、M8071 和 M8162，与并联连接通信模式有关的特殊继电器见表 8-4。

对于 FX_{2N} 系列 PLC，高速并联连接通信模式的通信时间＝20ms＋主站运算周期（ms）＋

从站的运算周期（ms）；普通并联连接通信模式的通信时间＝70ms＋主站运算周期（ms）＋从站的运算周期（ms）。

当某PLC的M8162为ON时，该PLC工作在高速并联连接模式

图 8-27　高速并联连接通信模式

表 8-4　与并联连接通信模式有关的特殊继电器

特殊功能继电器		名称	内容
通信设定	M8070	设定为并联连接的主站	置 ON 时，作为主站连接
	M8071	设定为并联连接的从站	置 ON 时，作为从站连接
	M8162	高速并联连接模式	使用高速并联连接模式时置 ON
	M8178	通道的设定	设定要使用的通信口的通道（使用 FX_{3G}、FX_{3U}、FX_{3UC} 时）OFF：通道 1　　　　ON：通道 2
	D8070	判断为错误的时间（ms）	设定判断为并列连接数据通信错误的时间［初始值：500］
通信错误判断	M8072	并联连接运行中	并联连接运行中置 ON
	M8073	主站/从站的设定异常	主站或是从站的设定内容中有误时置 ON
	M8063	连接错误	通信错误时置 ON

(a) 安装FX_{2N}-485-BD通信卡的接线方式　　　(b) 安装FX_{0N}-485ADP通信模块的接线方式

图 8-28　并联连接通信 485 端口 1 对接线方式

（3）通信接线

并联连接通信采用 485 端口通信，如果两台 PLC 都采用安装 RS-485-BD 通信卡的方式进行通信连接，通信距离不能超过 50m，如果两台 PLC 都采用安装 485ADP 通信模块进行通信连接，通信最大距离可达 500m。并联连接通信的 485 端口之间有 1 对接线和 2 对接线

两种方式。

① 1对接线方式　并联连接通信485端口1对接线方式如图8-28所示，图8-28（a）为两台PLC都安装FX$_{2N}$-485-BD通信卡的接线方式，图8-28（b）为两台PLC都安装FX$_{0N}$-485ADP通信模块的接线方式。

② 2对接线方式　并联连接通信485端口2对接线方式如图8-29所示。

(a) 安装FX$_{2N}$-485-BD通信卡的接线方式　　　　(b) 安装FX$_{0N}$-485ADP通信模块的接线方式

图8-29　并联连接通信485端口2对接线方式

（4）两台PLC并联连接通信实例

① 通信要求　两台PLC并联连接通信要求如下：

a. 将主站X000～X007端子的输入状态传送到从站的Y000～Y007端子输出，例如主站的X000端子输入为ON，通过通信使从站的Y000端子输出为ON。

b. 将主站的D0、D2中的数值进行加法运算，如果结果大于100，则让从站的Y010端子输出OFF。

c. 将从站的M0～M7继电器的状态传送到主站的Y000～Y007端子输出。

d. 当从站的X010端子输入为ON时，将从站D10中的数值送入主站，当主站的X010端子输入为ON时，主站以从站D10送来的数值作为计时值开始计时。

② 通信程序　通信程序由主站程序和从站程序组成，主站程序写入作为主站的PLC，从站程序写入作为从站的PLC。两台PLC并联连接通信的主、从站程序如图8-30所示。

a. 主站→从站方向的数据传送途径

· 主站的X000～X007端子→主站的M800～M807→从站的M800～M807→从站的Y000～Y007端子。

· 在主站中进行D0、D2加运算，其和值→主站的D490→从站的D490，在从站中将D490中的值与数值100比较，如果D490值＞10，则让从站的Y010端子输出为OFF。

b. 从站→主站方向的数据传送途径

· 从站的M0～M7→从站的M900～M907→主站的M900～M907→主站的Y000～Y007端子。

· 从站的D10值→从站的D500→主站的D500，主站以D500值（即从站的D10值）作为定时器计时值计时。

```
RUN监控
M8000
├──┤├──────────────────────( M8070 )    PLC运行期间,M8000触点始终闭合,M8070
                                          置ON,当前PLC被设为主站
RUN监控
M8000
├──┤├────┬──[MOV  K2X000  K2M800 ]   将X000~X007端子的状态传送给M800~M807,
         │                            进而通过通信电缆传送到从站的M800~M807
         │
         ├──[ ADD   D0    D2    D490 ] 将D0、D2中的数值相加,结果存入D490,
         │                            进而通过通信电缆传送到从站的D490
         │
         └──[MOV  K2M900  K2Y000 ]    将M900~M907的状态(来自从站)传送给Y000~Y007
                                       端子输出
X010
├──┤├──────────────────────( T0   D500 )  当X010常开触点闭合时,T0定时器以D500
                                           中的数值(来自从站)作为计时值
```
(a) 主站程序

```
RUN监控
M8000
├──┤├──────────────────────( M8071 )    PLC运行期间,M8000触点始终闭合,
                                          M8071置ON,当前PLC被设为从站
RUN监控
M8000
├──┤├────┬──[ MOV  K2M800  K2Y000 ]  将M800~M807的状态(来自主站)传送
         │                            给Y000~Y007端子输出
         │
         ├──[ CMP  D490   K100   M10 ] 将D490中的数值[来自主站D490(D0+D2)]
         │                            与数值100进行比较,若前者大于后者,则
         │  M10                        M10继电器置ON,M10常闭触点断开,Y010
         ├──┤/├──────────────( Y010 ) 端子输出为OFF
         │
         └──[ MOV  K2M0   K2M900 ]    将M0~M7继电器的状态送入M900~M907,
                                       进而通过通信电缆传送到主站的M900~M907
X010
├──┤├────────[ MOV  D10   D500 ]     当X010触点闭合时,将D10中的数据送入D500,
                                      进而通过通信电缆传送到主站的D500中
```
(b) 从站程序

图 8-30 两台 PLC 并联连接通信的程序

8.3.3 多台 PLC 通信（ N：N 网络通信）

N：N 网络通信是指最多 8 台 FX 系列 PLC 通过 RS-485 端口进行的通信。图 8-31 为
N：N网络通信示意图,在通信时,如果有一方使用 RS-485 通信板,通信距离最大为 50m,
如果通信各方都使用 485ADP 模块,通信距离则可达 500m。

图 8-31 N：N 网络通信示意

（1）N：N 网络通信的三种模式

N：N 网络通信有三种模式，分别是模式 0、模式 1 和模式 2，这些模式的区别在于允许传送的点数不同。

① 模式 2 说明 当 N：N 网络使用模式 2 进行通信时，其传送点数如图 8-32 所示，在该模式下，主站的 M1000～M1063（64 点）的状态值和 D0～D7（7 点）的数据传送目标为从站 1～从站 7 的 M1000～M1063 和 D0～D7，从站 1 的 M1064～M1127（64 点）的状态值和 D10～D17（8 点）的数据传送目标为主站、从站 2～从站 7 的 M1064～M1127 和 D10～D17，依次类推，从站 7 的 M1448～M1511（64 点）的状态值和 D70～D77（8 点）的数据传送目标为主站、从站 2～从站 8 的 M1448～M1511 和 D70～D77。

图 8-32 N：N 网络在模式 2 通信时的传送点数

② 三种模式传送的点数 在 N：N 网络通信时，不同的站点可以往其他站点传送自身特定软元件中的数据。在 N：N 网络通信时，三种模式下各站点分配用作发送数据的软元件见表 8-5，在不同的通信模式下，各个站点都分配不同的软元件来发送数据，例如在模式 1 时主站只能将自己的 M1000～M1031（32 点）和 D0～D3（4 点）的数据发送给其他站点相同编号的软元件中，主站的 M1064～M1095、D10～D13 等软元件只能接收其他站点传送来的数据。在 N：N 网络中，如果将 FX$_{1S}$、FX$_{0N}$ 系列的 PLC 用作工作站，则通信不能使用模式 1 和模式 2。

表 8-5　Ｎ：Ｎ网络通信三种模式下各站点分配用作发送数据的软元件

站号		模式 0		模式 1		模式 2	
		位软元件（M）	字软元件（D）	位软元件（M）	字软元件（D）	位软元件（M）	字软元件（D）
		0 点	各站 4 点	各站 32 点	各站 4 点	各站 64 点	各站 8 点
主站	站号 0	—	D0～D3	M1000～M1031	D0～D3	M1000～M1063	D0～D7
从站	站号 1	—	D10～D13	M1064～M1095	D10～D13	M1064～M1127	D10～D17
	站号 2	—	D20～D23	M1128～N1159	D20～D23	M1128～M1191	D20～D27
	站号 3	—	D30～D33	M1192～M1223	D30～D33	M1192～M1255	D30～D37
	站号 4	—	D40～D43	M1256～M1287	D40～D43	M1256～M1319	D40～D47
	站号 5	—	D50～D53	M1320～M1351	D50～D53	M1320～M1383	D50～D57
	站号 6	—	D60～D63	M1384～M1415	D60～D63	M1384～M1447	D60～D67
	站号 7	—	D70～D73	M1448～M1479	D70～D73	M1448～D1511	D70～D77

（2）与 Ｎ：Ｎ 网络通信有关的特殊功能元件

在 Ｎ：Ｎ 网络通信时，需要使用一些特殊功能的元件来设置通信和反映通信状态信息，与 Ｎ：Ｎ 网络通信有关的特殊功能元件见表 8-6。

表 8-6　与 Ｎ：Ｎ网络通信有关的特殊功能元件

	软元件	名称	内　容	设定值
通信设定	M8038	设定参数	设定通信参数用的标志位 也可以作为确认有无 Ｎ：Ｎ 网络程序用的标志位 在顺控程序中请勿置 ON	
	M8179	通信的设定	设定所使用的通信口的通道（使用 FX₃G、FX₃U、FX₃UC时） 请在顺控程序中设定 无程序：通道 1　　　有 OUT M8179 的程序：通道 2	
	D8176	相应站号的设定	Ｎ：Ｎ 网络设定使用时的站号 主站设定为 0，从站设定为 1～7。［初始值：0］	0～7
	D8177	从站总数设定	设定从站的总站数 从站的可编程控制器中无需设定。［初始值：7］	1～7
	D8178	刷新范围的设定	选择要相互进行通信的软元件点数的模式 从站的可编程控制器中无需设定。［初始值：0］当混合有 FX₀N、FX₁S 系列时，仅可以设定模式 0	0～2
	D8179	重试次数	即使重复指定次数的通信也没有响应的情况下，可以确认错误，以及其他站的错误 从站的可编程控制器中无需设定。［初始值：3］	0～10
	D8180	监视时间	设定用于判断通信异常的时间（50～2550ms） 以 10ms 为单位进行设定。从站的可编程控制器中无需设定。［初始值：5］	5～255
反映通信错误	M8183	主站的数据传送	当主站中发生数据传送序列错误时置 ON	
	M8184～M8190	从站的数据传送序列错误	当各从站发生数据传送序列错误时置 ON	
	M8191	正在执行数据传送序列	执行 Ｎ：Ｎ 网络时置 ON	

（3）通信接线

Ｎ：Ｎ 网络通信采用 485 端口通信，通信采用 1 对接线方式。Ｎ：Ｎ 网络通信接线如图 8-33 所示。

（4）三台 PLC 的 Ｎ：Ｎ 网络通信实例

图 8-33　N∶N 网络通信接线

下面以三台 FX_{2N} 系列 PLC 通信来说明 N∶N 网络通信，三台 PLC 进行 N∶N 网络通信的连接如图 8-34 所示。

站号0(主站)　　　　　　　站号1(从站)　　　　　　站号2(从站)

图 8-34　三台 PLC 进行 N∶N 网络通信的连接示意

① 通信要求　三台 PLC 并联连接通信要求实现的功能如下。

a. 将主站 X000～X003 端子的输入状态分别传送到从站 1、从站 2 的 Y010～Y013 端子输出，例如主站的 X000 端子输入为 ON，通过通信使从站 1、从站 2 的 Y010 端子输出均为 ON。

b. 在主站将从站 1 的 X000 端子输入 ON 的检测次数设为 10，当从站 1 的 X000 端子输入 ON 的次数达到 10 次时，让主站、从站 1 和从站 2 的 Y005 端子输出均为 ON。

c. 在主站将从站 2 的 X000 端子输入 ON 的检测次数也设为 10，当从站 2 的 X000 端子输入 ON 的次数达到 10 次时，让主站、从站 1 和从站 2 的 Y006 端子输出均为 ON。

d. 在主站将从站 1 的 D10 值与从站 2 的 D20 值相加，结果存入本站的 D3。

e. 将从站 1 的 X000～X003 端子的输入状态分别传送到主站、从站 2 的 Y014～Y017 端子输出。

f. 在从站 1 将主站的 D0 值与从站 2 的 D20 值相加，结果存入本站的 D11。

g. 将从站 2 的 X000～X003 端子的输入状态分别传送到主站、从站 1 的 Y020～Y023 端子输出。

h. 在从站 2 将主站的 D0 值与从站 1 的 D10 值相加，结果存入本站的 D21。

② 通信程序　三台 PLC 并联连接通信的程序由主站程序、从站 1 程序和从站 2 程序组成，主站程序写入作为主站 PLC，从站 1 程序写入作为从站 1 的 PLC，从站 2 程序写入作为从站 2 的 PLC。三台 PLC 通信的主站程序、从站 1 程序和从站 2 程序如图 8-35 所示。

主站程序中的[a1]～[a5]程序用于设 N：N 网络通信，包括将当前站点设为主站，设置通信网络站点总数为 3，通信模式为模式 1，通信失败重试次数为 3，通信超时时间为 60ms。在 N：N 网络通信时，三个站点在模式 1 时分配用作发送数据的软元件见表 8-7。

表 8-7　三个站点在模式 1 时分配用作发送数据的软元件

站号 软元件	0 号站(主站)	1 号站(从站 1)	2 号站(从站 2)
位软元件(各 32 点)	M1000～M1031	M1064～M1095	M1128～M1159
字软元件(各 4 点)	D0～D3	D10～D13	D20～D23

下面逐条来说明通信程序实现 8 个功能的过程。

a. 在主站程序中，[a6] MOV 指令将主站 X000～X0003 端子的输入状态送到本站的 M1000～M1003，再通过电缆发送到从站 1、从站 2 的 M1000～M1003 中。在从站 1 程序中，[b3] MOV 指令将从站 1 的 M1000～M1003 状态值送到本站 Y010～Y013 端子输出。在从站 2 程序中，[c3] MOV 指令将从站 2 的 M1000～M1003 状态值送到本站 Y010～Y013 端子输出。

b. 在从站 1 程序中，[b4] MOV 指令将从站 1 的 X000～X003 端子的输入状态送到本站的 M1064～M1067，再通过电缆发送到主站 1、从站 2 的 M1064～M1067 中。在主站程序中，[a7] MOV 指令将本站的 M1064～M1067 状态值送到本站 Y014～Y017 端子输出。在从站 2 程序中，[c4] MOV 指令将从站 2 的 M1064～M1067 状态值送到本站 Y014～Y017 端子输出。

c. 在从站 2 程序中，[c5] MOV 指令将从站 2 的 X000～X003 端子的输入状态送到本站的 M1128～M1131，再通过电缆发送到主站 1、从站 1 的 M1128～M1131 中。在主站程序中，[a8] MOV 指令将本站的 M1128～M1131 状态值送到本站 Y020～Y023 端子输出。在从站 1 程序中，[b5] MOV 指令将从站 1 的 M1128～M1131 状态值送到本站 Y020～Y023 端子输出。

d. 在主站程序中，[a9] MOV 指令将 10 送入 D1，再通过电缆送入从站 1、从站 2 的 D1 中。在从站 1 程序中，[b6] 计数器 C1 以 D1 值（10）计数，当从站 1 的 X000 端子闭合达到 10 次时，C1 计数器动作，[b7] C1 常开触点闭合，本站的 Y005 端子输出为 ON，同时本站的 M1070 为 ON，M1070 的 ON 状态值通过电缆传送给主站、从站 2 的 M1070。在主站程序中，主站的 M1070 为 ON，[a10] M1070 常开触点闭合，主站的 Y005 端子输出为 ON。在从站 2 程序中，从站 2 的 M1070 为 ON，[c6] M1070 常开触点闭合，从站 2 的 Y005 端子输出为 ON。

e. 在主站程序中，[a11] MOV 指令将 10 送入 D2，再通过电缆送入从站 1、从站 2 的 D2 中。在从站 2 程序中，[c7] 计数器 C2 以 D2 值（10）计数，当从站 2 的 X000 端子闭合达到 10 次时，C2 计数器动作，[c8] C2 常开触点闭合，本站的 Y006 端子输出为 ON，同时本站的 M1140 为 ON，M1140 的 ON 状态值通过电缆传送给主站、从站 1 的 M1140。在主站程序中，主站的 M1140 为 ON，［a12］M1140 常开触点闭合，主站的 Y006 端子输出为 ON。在从站 1 程序中，从站 1 的 M1140 为 ON，［b9］M1140 常开触点闭合，从站 1 的 Y006 端子输出为 ON。

　　f. 在主站程序中，［a13］ADD 指令将 D10 值（来自从站 1 的 D10）与 D20 值（来自从站 2 的 D20），结果存入本站的 D3。

　　g. 在从站 1 程序中，［b11］ADD 指令将 D0 值（来自主站的 D0，为 10）与 D20 值（来自从站 2 的 D20，为 10），结果存入本站的 D11。

　　h. 在从站 2 程序中，［c11］ADD 指令将 D0 值（来自主站的 D0，为 10）与 D10 值（来自从站 1 的 D10，为 10），结果存入本站的 D21。

(a) 主站通信程序

第9章 变频器的调速原理与基本组成

9.1 异步电动机的两种调速方式

当三相异步电动机定子绕组通入三相交流电后，定子绕组会产生旋转磁场，旋转磁场的转速 n_0 与交流电源的频率 f 和电动机的磁极对数 p 有如下关系：

$$n_0 = 60f/p$$

电动机转子的旋转速度 n（即电动机的转速）略低于旋转磁场的旋转速度 n_0（又称同步转速），两者的转速差称为转差 s，电动机的转速为：

$$n = (1-s)60f/p$$

由于转差 s 很小，一般为 $0.01 \sim 0.05$，为了计算方便，可认为电动机的转速近似为：

$$n = 60f/p$$

从上面的近似公式可以看出，三相异步电动机的转速 n 与交流电源的频率 f 和电动机的磁极对数 p 有关，当交流电源的频率 f 发生改变时，电动机的转速会发生变化。通过改变交流电源的频率来调节电动机转速的方法称为变频调速；通过改变电动机的磁极对数 p 来调节电动机转速的方法称为变极调速。

变极调速只适用于笼型异步电动机（不适用于绕线型转子异步电动机），它是通过改变电动机定子绕组的连接方式来改变电动机的磁极对数，从而实现变极调速。适合变极调速的电动机称为多速电动机，常见的多速电动机有双速电动机、三速电动机和四速电动机等。

变极调速方式只适用于结构特殊的多速电动机调速，而且由一种速度转变为另一种速度

图 9-1 几种常见的变频器

时，速度变化较大，采用变频调速则可解决这些问题。如果对异步电动机进行变频调速，需要用到专门的电气设备——变频器。变频器先将工频（50Hz 或 60Hz）交流电源转换成频率可变的交流电源并提供给电动机，只要改变输出交流电源的频率就能改变电动机的转速。由于变频器输出电源的频率可连续变化，故电动机的转速也可连续变化，从而实现电动机无级变速调节。图 9-1 列出了几种常见的变频器。

9.2　变频器的基本结构及原理

变频器的功能是将工频（50Hz 或 60Hz）交流电源转换成频率可变的交流电源提供给电动机，通过改变交流电源的频率来对电动机进行调速控制。变频器种类很多，主要可分为两类：交-直-交型变频器和交-交型变频器。

9.2.1　交-直-交型变频器的结构与原理

交-直-交型变频器利用电路先将工频电源转换成直流电源，再将直流电源转换成频率可变的交流电源，然后提供给电动机，通过调节输出电源的频率来改变电动机的转速。交-直-交型变频器的典型结构如图 9-2 所示。

图 9-2　交-直-交型变频器的典型结构框图

下面对照图 9-2 所示框图说明交-直-交型变频器工作原理。

三相或单相工频交流电源经整流电路转换成脉动的直流电，直流电再经中间电路进行滤波平滑，然后送到逆变电路，与此同时，控制系统会产生驱动脉冲，经驱动电路放大后送到逆变电路，在驱动脉冲的控制下，逆变电路将直流电转换成频率可变的交流电并送给电动机，驱动电动机运转。改变逆变电路输出交流电的频率，电动机转速就会发生相应的变化。

整流电路、中间电路和逆变电路构成变频器的主电路，用来完成交-直-交的转换。由于主电路工作在高电压大电流状态，为了保护主电路，变频器通常设有主电路电压检测和输出电流检测电路，当主电路电压过高或过低时，电压检测电路则将该情况反映给控制电路，当变频器输出电流过大（如电动机负荷大）时，电流取样元件或电路会产生过流信号，经电流检测电路处理后也送到控制电路。当主电路出现电压不正常或输出电流过大时，控制电路通过检测电路获得该情况后，会根据设定的程序作出相应的控制，如让变频器主电路停止工作，并发出相应的报警指示。

控制电路是变频器的控制中心，当它接收到输入调节装置或通信接口送来的指令信号后，会发出相应的控制信号去控制主电路，使主电路按设定的要求工作，同时控制电路还会将有关的设置和机器状态信息送到显示装置，以显示有关信息，便于用户操作或了解变频器的工作情况。

变频器的显示装置一般采用显示屏和指示灯；输入调节装置主要包括按钮、开关和旋钮等；通信接口用来与其他设备（如可编程控制器 PLC）进行通信，接收它们发送过来的信息，同时还将变频器有关信息反馈给这些设备。

9.2.2　交-交型变频器的结构与原理

交-交型变频器利用电路直接将工频电源转换成频率可变的交流电源并提供给电动机，通过调节输出电源的频率来改变电动机的转速。交-交型变频器的结构如图 9-3 所示。从图中可以看出，交-交型变频器与交-直-交型变频器的主电路不同，它采用交-交变频电路直接将工频电源转换成频率可调的交流电源的方式进行变频调速。

图 9-3　交-交型变频器的结构框图

交-交变频电路一般只能将输入交流电频率降低输出，而工频电源频率本来就低，所以交-交型变频器的调速范围很窄，另外这种变频器要采用大量的晶闸管等电力电子器件，导致装置体积大、成本高，故交-交型变频器使用远没有交-直-交型变频器广泛，因此本书主要介绍交-直-交型变频器。

Chapter 10

第10章 变频器的使用

　　变频器是一种电动机驱动控制设备，其功能是将工频电源转换成设定频率的电源来驱动电动机运行。变频器生产厂家很多，主要有三菱、西门子、富士、施耐德、ABB、安川和台达等，每个厂家都生产很多型号的变频器。虽然变频器种类繁多，但由于基本功能是一致的，所以使用方法大同小异，本章以三菱 FR-A500 系列中的 FR-A540 型变频器为例来介绍变频器的使用。

10.1　外形与结构

10.1.1　外形与型号含义

（1）外形

三菱 FR-A540 型变频器外形如图 10-1 所示。

图 10-1　三菱 FR-A540 型变频器外形

（2）型号含义

三菱 FR-A540 型变频器的型号含义如下：

```
FR - | A540 |  -  | 0.4 |  K  - CH
```

| A540 | 3相400V系列 |
| A520 | 3相200V系列 |

变频器容量用kW表示

10.1.2　结构

三菱 FR-A540 型变频器结构说明如图 10-2 所示，其中图（a）为带面板的前视结构图，图（b）为拆下面板后的结构图。

(a) 带面板的前视结构图   (b) 拆下面板后的结构图

图 10-2　三菱 FR-A540 型变频器结构说明

10.1.3　面板的拆卸

面板拆卸包括前盖板的拆卸和操作面板（FR-DU04）的拆卸（以 FR-A540-0.4K～7.5K 型号为例）。

（1）前盖板的拆卸

前盖板的拆卸如图 10-3 所示，具体过程如下：

① 用手握住前盖板上部两侧并向下推。

② 握着向下的前盖板向身前拉，就可将前盖板拆下。

图 10-3　前盖板的拆卸

（2）操作面板的拆卸

如果仅需拆卸操作面板，可按如图 10-4 所示方法进行操作，在拆卸时，按着操作面板上部的按钮，即可将面板拉出。

图 10-4　拆卸操作面板

10.2 端子功能与接线

变频器的端子主要有主回路端子和控制回路端子。在使用变频器时，应根据实际需要正确地将有关端子与外部器件（如开关、继电器等）连接好。

10.2.1 总接线图及端子功能说明

（1）总接线图

三菱 FR-A540 型变频器总接线如图 10-5 所示。

图 10-5 三菱 FR-A540 型变频器总接线

（2）端子功能说明

变频器的端子可分为主回路端子和控制回路端子。

① 主回路端子　主回路端子说明见表10-1。

表 10-1　主回路端子说明

端子记号	端子名称	说　明
R,S,T	交流电源输入	连接工频电源。当使用高功率因数转换器时,确保这些端子不连接(FR-HC)
U,V,W	变频器输出	接三相笼型电动机
R1,S1	控制回路电源	与交流电源端子 R、S 连接。在保持异常显示和异常输出时或当使用高功率因数转换器(FR-HC)时,请拆下 R-R1 和 S-S1 之间的短路片,并提供外部电源到此端子
P,PR	连接制动电阻器	拆开端子 PR-PX 之间的短路片,在 P-PR 之间连接选件制动电阻器(FR-ABR)
P,N	连接制动单元	连接选件 FR-BU 型制动单元或电源再生单元(FR-RC)或高功率因数转换器(FR-HC)
P,P1	连接改善功率因数 DC 电抗器	拆开端子 P-P1 间的短路片,连接选件改善功率因数用电抗器(FR-BEL)
PR,PX	连接内部制动回路	用短路片将 PX-PR 间短路时(出厂设定)内部制动回路便生效(7.5K 以下装有)
⏚	接地	变频器外壳接地用,必须接大地

② 控制回路端子　控制回路端子说明见表10-2。

表 10-2　控制回路端子说明

类型	端子记号	端子名称	说　明	
输入信号	STF	正转启动	STF 信号处于 ON 便正转,处于 OFF 便停止。程序运行模式时为程序运行开始信号,(ON 开始,OFF 静止)	当 STF 和 STR 信号同时处于 ON 时,相当于给出停止指令
	STR	反转启动	STR 信号 ON 为逆转,OFF 为停止	
	STOP	启动自保持选择	使 STOP 信号处于 ON,可以选择启动信号自保持	
	RH,RM,RL	多段速度选择	用 RH、RM 和 RL 信号的组合可以选择多段速度①	输入端子功能选择(Pr.180～Pr.186)用于改变端子功能
	JOG	点动模式选择	JOG 信号 ON 时选择点动运行(出厂设定)。用启动信号(STF 和 STR)可以点动运行	
	RT	第2加/减速时间选择	RT 信号处于 ON 时选择第2加减速时间。设定了[第2力矩提升][第2U/f(基底频率)]时,也可以用 RT 信号处于 ON 时选择这些功能	
	MRS	输出停止	MRS 信号为 ON(20ms 以上)时,变频器输出停止。用电磁制动停止电动机时,用于断开变频器的输出	
	RES	复位	用于解除保护回路动作的保持状态。使端子 RES 信号处于 ON 在 0.1s 以上,然后断开	
	AU	电流输入选择	只在端子 AU 信号处于 ON 时,变频器才可用直流 4～20mA 作为频率设定信号	输入端子功能选择(Pr.180～Pr.186)用于改变端子功能
	CS	瞬停电再启动选择	CS 信号预先处于 ON,瞬时停电再恢复时变频器便可自动启动。但用这种运行必须设定有关参数,因为出厂时设定为不能再启动	
	SD	公共输入端子(漏型)	接点输入端子和 FM 端子的公共端。直流 24V,0.1A(PC 端子)电源的输出公共端	
	PC	直流 24V 电源和外部晶体管公共端接点输入公共端(源型)	当连接晶体管输出(集电极开路输出),例如可编程控制器时,将晶体管输出用的外部电源公共端接到这个端子时,可以防止因漏电引起的误动作,这端子可用于直流 24V,0.1A 电源输出。当选择源型时,这端子作为接点输入的公共端	

240

续表

类型		端子记号	端子名称	说　　明	
模拟	频率设定	10E	频率设定用电源	10V DC,容许负荷电流 10mA	按出厂设定状态连接频率设定电位器时,与端子 10 连接
		10		50V DC,容许负荷电流 10mA	当连接到 10E 时,请改变端子 2 的输入规格
		2	频率设定(电压)	输入 0～5V DC(或 1～10V DC)时 5V(10V DC)对应为最大输出频率。输入输出成比例。用参数单元进行输入直流 0～5V(出厂设定)和 0～10V DC 的切换。输入阻抗 10kΩ,容许最大电压为直流 20V	
		4	频率设定(电流)	DC 4～20mA,20mA 为最大输出频率,输入,输出成比例。只在端子 AU 信号处于 ON 时,该输入信号有效,输入阻抗 250Ω,容许最大电流为 30mA	
		1	辅助频率设定	输入 0～±5V DC 或 0～±10V DC 时,端子 2 或 4 的频率设定信号与这个信号相加。用参数单元进行输入 0～±5V DC 或 0～±10V DC(出厂设定)的切换。输入阻抗 10kΩ,容许电压±20V DC	
		5	频率设定公共端	频率设定信号(端子 2.1 或 4)和模拟输出端子 AM 的公共端子。请不要接大地	
输出信号	接点	A,B,C	异常输出	指示变频器因保护功能动作而输出停止的转换接点,AC 200V 0.3A,30V DC 0.3A,异常时:B-C 间不导通(A-C 间导通),正常时:B-C 间导通(A-C 间不导通)	
	集电极开路	RUN	变频器正在运行	变频器输出频率为启动频率(出厂时为 0.5Hz,可变更)以上时为低电平,正在停止或正在直流制动时为高电平[②]。容许负荷为 DC 24V,0.1A	输出端子的功能选择通过(Pr.190～Pr.195)改变端子功能
		SU	频率到达	输出频率达到设定频率的±10%(出厂设定,可变更)时为低电平,正在加/减速或停止时为高电平[②]。容许负荷为 DC 24V,0.1A	
		OL	过负荷报警	当失速保护功能动作时为低电平,失速保护解除时为高电平[②]。容许负荷为 DC 24V,0.1A	
		IPF	瞬时停电	瞬时停电,电压不足保护动作时为低电平[②],容许负荷为 DC 24V,0.1A	
		FU	频率检测	输出频率为任意设定的检测频率以上时为低电平,以下时为高电平[②],容许负荷为 DC 24V,0.1A	
		SE	集电极开路输出公共端	端子 RUN,SU,OL,IPF,FU 的公共端子	
	脉冲	FM	指示仪表用	可以从 16 种监示项目中选一种作为输出[③],例如输出频率,输出信号与监示项目的大小成比例	出厂设定的输出项目:频率容许负荷电流 1mA 60Hz 时 1440 脉冲/s
	模拟	AM	模拟信号输出		出厂设定的输出项目:频率输出信号 0～10V DC 容许负荷电流 1mA
通信	RS-485	—	PU 接口	通过操作面板的接口,进行 RS-485 通信 • 遵守标准:EIS RS-485 标准 • 通信方式:多任务通信 • 通信速率:最大:19200bps • 最长距离:500m	

① 端子 PR、PX 在 FR-A540-0.4K～7.5K 中装设。

② 低电平表示集电极开路输出用的晶体管处于 ON(导通状态),高电平为 OFF(不导通状态)。

③ 变频器复位中不被输出。

10.2.2　主回路接线

(1) 主回路接线端子排

主回路接线端子排如图 10-6 所示。端子排上的 R、S、T 端子与三相工频电源连接,若与单相工频电源连接,必须接 R、S 端子;U、V、W 端子与电动机连接;P1、P 端子,RP、PX 端子,R、R1 端子和 S、S1 端子用短接片连接;接地端子用螺钉与接地线连接固定。

图 10-6　主回路接线端子排

（2）主回路接线原理图

主回路接线原理图如图 10-7 所示。下面对照图 10-7 来说明各接线端子功能与用途。

① R、S、T 端子外接工频电源，内接变频器整流电路。

② U、V、W 端子外接电动机，内接逆变电路。

③ P、P1 端子外接短路片（或提高功率因素的直流电抗器），将整流电路与逆变电路连接起来。

④ PX、PR 端子外接短路片，将内部制动电阻和制动控制器件连接起来。如果内部制动电阻制动效果不理想，可将 PX、PR 端子之间的短路片取下，再在 P、PR 端外接制动电阻。

⑤ P、N 端子分别为内部直流电压的正、负端，如果要增强减速时的制动能力，可将 PX、PR 端子之间的短路片取下，再在 P、N 端外接专用制动单元（即制动电路）。

⑥ R1、S1 端子内接控制电路，外部通过短路片与 R、S 端子连接，R、S 端的电源通过短路片由 R1、S1 端子提供给控制电路作为电源。如果希望 R、S、T 端无工频电源输入时控制电路也能工作，可以取下 R、R1 和 S、S1 之间的短路片，将两相工频电源直接接 R1、S1 端。

图 10-7　主回路接线原理图

（3）电源、电动机与变频器的连接

电源、电动机与变频器的连接如图 10-8 所示，在连接时要注意电源线绝对不能接 U、V、W 端，否则会损坏变频器内部电路，由于变频器工作时可能会漏电，为安全起见，应将接地端子与接地线连接好，以便泄放变频器漏电电流。

图 10-8　电源、电动机与变频器的连接

（4）选件的连接

变频器的选件较多，主要有外接制动电阻、FR-BU 制动单元、FR-HC 提高功率因数整流器、FR-RC 能量回馈单元和改善功率因数直流电抗器等。下面仅介绍常用的外接制动电阻和直流电抗器的连接，其他选件的连接可参见三菱 FR-A540 型变频器使用手册。

① 外部制动电阻的连接　变频器的 P、PX 端子内部接有制动电阻，在高频度制动内置制动电阻时易发热，由于封闭散热能力不足，这时需要安装外接制动电阻来替代内置制动电阻。外接制动电阻的连接如图 10-9 所示，先将 PR、PX 端子间的短路片取下，然后用连接线将制动电阻与 PR、P 端子连接。

图 10-9　外接制动电阻的连接

② 直流电抗器的连接　为了提高变频器的电能利用率，可给变频器外接改善功率因数的直流电抗器（电感器）。直流功率因数电抗器的连接如图 10-10 所示，先将 P1、P 端子间的短路片取下，然后用连接线将直流电抗器与 P1、P 端子连接。

（5）控制回路外接电源接线

控制回路电源端子 R1、S1 默认与 R、S

图 10-10　直流功率因数电抗器的连接

端子连接。在工作时，如果变频器出现异常，可能会导致变频器电源输入端的断路器（或接触器）断开，变频器控制回路电源也随之断开，变频器无法输出异常显示信号。为了在需要时保持异常信号，可将控制回路的电源 R1、S1 端子与断路器输入侧的两相电源线连接，这样断路器断开后，控制回路仍有电源提供。

控制回路外接电源接线如图 10-11 所示。

图 10-11　控制回路外接电源接线

10.2.3　控制回路接线

（1）控制回路端子排

控制回路端子排如图 10-12 所示。

图 10-12　控制回路端子排

（2）改变控制逻辑

① 控制逻辑的设置　　FR-A540 型变频器有漏型和源型两种控制逻辑，出厂时设置为漏型逻辑。若要将变频器的控制逻辑改为源型逻辑，可按图 10-13 进行操作，具体操作过程如下：

a. 将变频器前盖板拆下。

b. 松开控制回路端子排螺钉，取下端子排，如图 10-13（a）所示。

c. 在控制回路端子排的背面，将控制逻辑设置跳线上的短路片取下，再安装到旁边的另一个跳线上，如图 10-13（b）所示，这样就将变频器的控制逻辑由漏型控制转设成源型控制。

图 10-13　变频器控制逻辑的改变方法

② 漏型控制逻辑　变频器工作在漏型控制逻辑时有以下特点：

a. 信号输入端子外部接通时，电流从信号输入端子流出。

b. 端子 SD 是触点输入信号的公共端，端子 SE 是集电极开路输出信号的公共端，要求电流从 SE 端子输出。

c. PC、SD 端子内接 24V 电源，PC 接电源正极，SD 接电源负极。

图 10-14 是变频器工作在漏型控制逻辑的典型接线图。图中的正转按钮接在 STF 端子与 SD 端子之间，当按下正转按钮时，变频器内部电源产生电流从 STF 端子流出，经正转按钮从 SD 端子回到内部电源的负极，该电流的途径如图所示。另外，当变频器内部三极管集电极开路输出端需要外接电路时，需要以 SE 端作为公共端，外接电路的电流从相应端子（如图中的 RUN 端子）流入，在内部流经三极管，最后从 SE 端子流出，电流的途径如图中箭头所示，图中虚线连接的二极管表示在漏型控制逻辑下不导通。

图 10-14　变频器工作在漏型控制逻辑的典型接线图

③ 源型控制逻辑　变频器工作在源型控制逻辑时有以下特点：

a. 信号输入端子外部接通时，电流流入信号输入端子。

b. 端子 PC 是触点输入信号的公共端，端子 SE 是集电极开路输出信号的公共端，要求电流从 SE 端子输入。

c. PC、SD 端子内接 24V 电源，PC 接电源正极，SD 接电源负极。

图 10-15 是变频器工作在源型控制逻辑的典型接线图。图中的正转按钮需接在 STF 端子与 PC 端子之间，当按下正转按钮时，变频器内部电源产生电流从 PC 端子流出，经正转按钮从 STF 端子流入，回到内部电源的负极，该电流的途径如图所示。另外，当变频器内

图 10-15　变频器工作在源型控制逻辑的典型接线图

部三极管集电极开路输出端需要外接电路时，须以 SE 端作为公共端，并要求电流从 SE 端流入，在内部流经三极管，最后从相应端子（如图中的 RUN 端子）流出，电流的途径如图中箭头所示，图中虚线连接的二极管表示在源型控制逻辑下不能导通。

（3）STOP、CS 和 PC 端子的使用

① STOP 端子的使用。需要进行停止控制时使用该端子。图 10-16 是一个启动信号自保持（正转、逆转）的接线图（漏型逻辑）。

图中的停止按钮是一个常闭按钮，当按下正转按钮时，STF 端子会流出电流，途径是：STF 端子流出→正转按钮→STOP 端子→停止按钮→SD 端子流入，STF 端子有电流输出，表示该端子有正转指令输入，变频器输出正转电源给电动机，让电动机正转。松开正转按钮，STF 端子无电流输出，电动机停转。如果按下停止按钮，STOP、STF、STR 端子均无法输出电流，无法启动电动机运转。

② CS 端子的使用。在需要进行瞬时掉电再启动和工频电源与变频器切换时使用该端子。例如在漏型逻辑下进行瞬时掉电再启动，先将端子 CS-SD 短接，如图 10-17 所示，再将参数 Pr. 57 设定为除 "9999" 以外的 "瞬时掉电再启动自由运行时间"（参数设置方法见后述内容）。

图 10-16　启动信号自保持的接线图

图 10-17　端子 CS-SD 短接

③ PC 端子的使用　使用 PC、SD 端子可向外提供直流 24V 电源时，PC 为电源正极，SD 为电源负极（公共端）。PC 端可向外提供 18～26V 直流电压，容许电流为 0.1A。

10.2.4　PU 接口的连接

变频器有一个 PU 接口，操作面板通过 PU 接口与变频器内部电路连接，拆下前盖板可以见到 PU 接口，如图 10-2（b）所示。如果要用计算机来控制变频器运行，可将操作面板的接线从 PU 口取出，再将专用带电缆的接头插入 PU 接口，将变频器与计算机连接起来，在计算机上可以通过特定的用户程序对变频器进行运行、监视及参数的读写操作。

（1）PU 接口

PU 接口外形与计算机网卡 RJ45 接口相同，但接口的引脚功能定义与网卡不同，PU 接口外形与各引脚定义如图 10-18 所示。

（2）PU 接口与带有 RS-485 接口的计算机连接

① 计算机与单台变频器连接　计算机与单台变频器 PU 接口的连接如图 10-19 所示。在连接时，计算机的 RS-485 接口和变频器的 PU 接口都使用 RJ45 接头（俗称水晶头），中间的连接线使用 10BASE-T 电缆（如计算机联网用的双绞线）。

图 10-18　PU 接口外形与各引脚定义

①	SG	⑤	SDA
②	P5S	⑥	RDB
③	RDA	⑦	SG
④	SDB	⑧	P5S

PU 接口与 RS-485 接口的接线方法如图 10-20 所示。由于 PU 接口的引脚②和引脚⑧的功能是为操作面板提供电源，在与计算机进行 RS-485 通信时不用这些引脚。

② 计算机与多台变频器连接　计算机与多台变频器连接如图 10-21 所示。图中分配器的功能是将一路信号分成多路信号，另外，由于传送速度、距离的原因，可能会出现信号反射造成通信障碍，为此可给最后一台变频器的分配器安装终端阻抗电阻（100Ω）。

计算机与多台变频器接线方法如图 10-22 所示。

图 10-19　计算机与单台变频器 PU 接口的连接

图 10-20　PU 接口与 RS-485 接口的接线方法

图 10-21　计算机与多台变频器连接

（3）PU 接口与带有 RS-232C 接口的计算机连接

由于大多数计算机不带 RS-485 接口，而带 RS-232C 接口（串口，又称 COM 口）的计算机较多，为了使带 RS-232C 接口的计算机也能与 PU 口连接，可使用 RS-232C 转 RS-485 接口转换器。PU 接口与带有 RS-232C 接口的计算机连接如图 10-23 所示。

图 10-22　计算机与多台变频器接线方法

图 10-23　PU 接口与带有 RS-232C 接口的计算机连接

10.3　操作面板的使用

变频器的主回路和控制回路接好后，就可以对变频器进行操作。变频器的操作方式较多，最常用的方式就是在面板上对变频器进行各种操作。

10.3.1　操作面板介绍

变频器安装有操作面板，面板上有按键、显示屏和指示灯，通过观察显示屏和指示灯来

图 10-24　三菱 FR-A540 型变频器的操作面板

操作按键，可以对变频器进行各种控制和功能设置。三菱 FR-A540 型变频器的操作面板如图 10-24 所示。

操作面板按键和指示灯的功能说明见表 10-3。

表 10-3 操作面板按键和指示灯的功能说明

按键	MODE 键	可用于选择操作模式或设定模式
	SET 键	用于确定频率和参数的设定
	▲/▼ 键	·用于连续增加或降低运行频率。按下这个键可改变频率 ·在设定模式中按下此键,则可连续设定参数
	FWD 键	用于给出正转指令
	REV 键	用于给出反转指令
	STOP RESET 键	·用于停止运行 ·用于保护功能动作输出停止时复位变频器(用于主要故障)
指示灯	Hz	显示频率时点亮
	A	显示电流时点亮
	V	显示电压时点亮
	MON	监示显示模式时点亮
	PU	PU 操作模式时点亮
	EXT	外部操作模式时点亮
	FWD	正转时闪烁
	REV	反转时闪烁

10.3.2 操作面板的使用

（1）模式切换

要对变频器进行某项操作，须先在操作面板上切换到相应的模式，例如要设置变频器的工作频率，须先切换到"频率设定模式"，再进行有关的频率设定操作。在操作面板可以进行五种模式的切换。

变频器接通电源后（又称上电），变频器自动进入"监示模式"，如图 10-25 所示，操作面板上的"MODE"键可以进行模式切换，第一次按"MODE"键进入"频率设定模式"，再按"MODE"键进入"参数设定模式"，反复按"MODE"键可以进行"监示、频率设定、参数设定、操作、帮助"五种模式切换。当切换到某一模式后，操作"SET"键或"▲"或"▼"键则对该模式进行具体设置。

图 10-25 模式切换操作方法

（2）监示模式的设置

监示模式用于显示变频器的工作频率、电流大小、电压大小和报警信息，便于用户了解变频器的工作情况。

监示模式的设置方法是：先操作"MODE"键切换到监示模式（操作方法见模式切换），再按"SET"键就会进入频率监示，如图10-26所示，然后反复按"SET"键，可以让监示模式在"电流监示"、"电压监示"、"报警监示"和"频率监示"之间切换，若按"SET"键超过1.5s，会自动切换到上电监示模式。

图 10-26　监示模式的设置方法

（3）频率设定模式的设置

频率设定模式用来设置变频器的工作频率，也就是设置变频器逆变电路输出电源的频率。

频率设定模式的设置方法是：先操作"MODE"键切换到频率设定模式，再按"▲"或"▼"键可以设置频率，如图10-27所示，设置好频率后，按"SET"键就将频率存储下来（也称写入设定频率），这时显示屏就会交替显示频率值和频率符号 F，这时若按下"MODE"键，显示屏就会切换到频率监示状态，监示变频器工作频率。

图 10-27　频率设定模式的设置方法

（4）参数设定模式的设置

参数设定模式用来设置变频器各种工作参数。三菱 FR-A540 型变频器有近千种参数，每种参数又可以设置不同的值，如第 79 号参数用来设置操作模式，其可设置值有 0～8，若将 79 号参数值设置为 1 时，就将变频器设置为 PU 操作模式，将参数值设置为 2 时，会将变频器设置为外部操作模式。将 79 号参数值设为 1，通常记作 Pr.79＝1。

参数设定模式的设置方法是：先操作"MODE"键切换到参数设定模式，再按"SET"键开始设置参数号的最高位，如图10-28所示，按"▲"或"▼"键可以设置最高位的数值，最高位设置好后，按"SET"键会进入中间位的设置，按"▲"或"▼"键可以设置中间位的数值，再用同样的方法设置最低位，最低位设置好后，整个参数号设置结束，再按"SET"键开始设置参数值，按"▲"或"▼"键可以改变参数值大小，参数值设置完成后，按住"SET"键保持1.5s以上时间，就将参数号和参数值存储下来，显示屏会交替显示参数号和参数值。

图 10-28　参数设定模式的设置方法

（5）操作模式的设置

操作模式用来设置变频器的操作方式。在操作模式中可以设置外部操作、PU 操作和PU 点动操作。外部操作是指控制信号由控制端子外接的开关（或继电器等）输入的操作方式；PU 操作是指控制信号由 PU 接口输入的操作方式，如面板操作、计算机通信操作都是PU 操作；PU 点动操作是指通过 PU 接口输入点动控制信号的操作方式。

操作模式的设置方法是：先操作"MODE"键切换到操作模式，默认为外部操作方式，按"▲"键切换至 PU 操作方式，如图 10-29 所示，再按"▲"键切换至 PU 点动操作方式，按"▼"键可返回到上一种操作方式，按"MODE"键会进入帮助模式。

图 10-29　操作模式的设置方法

（6）帮助模式的设置

帮助模式主要用来查询和清除有关记录、参数等内容。

帮助模式的设置方法是：先操作"MODE"键切换到帮助模式，按"▲"键显示报警记录，再按"▲"键清除报警记录，反复按"▲"键可以显示或清除不同内容，按"▼"键可返回到上一种操作方式，具体操作如图 10-30 所示。

图 10-30　帮助模式的设置方法

10.4　操作运行

在对变频器进行运行操作前，需要将变频器的主回路和控制回路按需要接好。变频器的操作运行方式主要有外部操作、PU 操作、组合操作和通信操作。

10.4.1　外部操作运行

外部操作运行是通过操作与控制回路端子板连接的部件（如开关、继电器等）来控制变频器的运行。

（1）外部操作接线

在进行外部操作时，除了确保主回路端子已接好了电源和电动机外，还要给控制回路端子外接开关、电位器等部件。图 10-31 是一种较常见的外部操作接线方式，先将控制回路端子外接的正转（STF）或反转（STR）开关接通，然后调节频率电位器同时观察频率计，就可以调节变频器输出电源的频率，驱动电动机以合适的转速运行。

（2）50Hz 运行的外部操作

以外部操作方式让变频器以 50Hz 运行的操作过程见表 10-4。

图 10-31　一种较常见的外部操作接线方式

表 10-4　50Hz 运行的外部方式操作过程

操 作 说 明	示　图
第一步：接通电源并设置外部操作模式 　将断路器合闸，为变频器接通工频电源，再观察操作面板显示屏的 EXT 指示灯（外部操作指示灯）是否亮（默认亮），若未亮，可操作"MODE"键切换到操作模式，并用"▲"和"▼"键将操作模式设定为外部操作	
第二步：启动 　将正转或反转开关拨至 ON，电动机开始启动运转，同时面板上指示运转的 STF 或 STR 指示灯亮 　注：在启动时，将正转和反转开关同时拨至 ON，电动机无法启动，在运行时同时拨至 ON 会使电动机减速至停转	
第三步：加速 　将频率设定电位器顺时针旋转，显示屏显示的频率值由小变大，同时电动机开始加速，当显示频率达到 50.00Hz 时停止调节，电动机以较高的恒定转速运行	
第四步：减速 　将频率设定电位器逆时针旋转，显示屏显示的频率值由大变小，同时电动机开始减速，当显示频率值减小到 0.00Hz 时电动机停止运行	

续表

操作说明	示　图
第五步:停止 将正转或反转开关断开	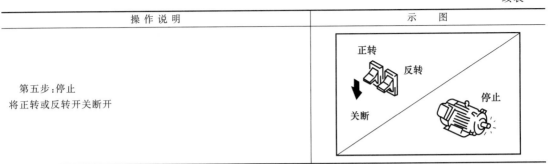

（3）点动控制的外部操作

外部方式进行点动控制的操作过程如下：

① 按"MODE"键切换至参数设定模式，设置参数 Pr.15（点动频率参数）和 Pr.16（点动加/减速时间参数）的值，设置方法见章节"10.5 常用控制功能与参数设置"。

② 按"MODE"键切换至操作模式，选择外部操作方式（EXT 灯亮）。

③ 保持启动信号（STF 或 STR）接通，进行点动运行。

运行时，保持启动开关（STF 或 STR）接通，断开则停止。

10.4.2　PU 操作运行

PU 操作运行是将控制信号从 PU 接口输入来控制变频器运行。面板操作、计算机通信操作都是 PU 操作，这里仅介绍面板（FR-DU04）操作。

（1）50Hz 运行的 PU 操作

50Hz 运行的 PU 操作过程见表 10-5。

表 10-5　50Hz 运行的 PU 操作过程

操作说明	示　图
第一步:接通电源并设置操作模式 将断路器合闸,为变频器接通工频电源,再观察操作面板显示屏的 PU 指示灯(外部操作指示灯)是否亮(默认亮),若未亮,可操作"MODE"键切换到操作模式,并用"▲"和"▼"键将操作模式设定为 PU 操作	
第二步:设定运行频率 首先按"MODE"键切换到频率设定模式,然后按"▲"和"▼"键将频率改为 50.00Hz,按"SET"键存储设定频率值	

续表

操 作 说 明	示 图
第三步:启动 按"FWD"或"REV"键,电动机启动,显示屏自动转为监视模式,并显示变频器输出频率	
第四步:停止 按"STOP/RESET"键,电动机减速后停止	

（2）点动运行的 PU 操作

点动运行的 PU 操作过程如下：

① 按 "MODE" 键切换至参数设定模式，设置参数 Pr.15（点动频率参数）和 Pr.16（点动加/减速时间参数）的值。

② 按 "MODE" 键切换至操作模式，选择 PU 点动操作方式（PU 灯亮）。

③ 按 "FWD" 或 "REV" 键，电动机点动运行，松开即停止。若电动机不转，请检查 Pr.13（启动频率参数），在点动频率设定比启动频率低的值时，电动机不转。

10.4.3　组合操作运行

组合操作运行是使用外部信号和 PU 接口输入信号来控制变频器运行。组合操作运行一般使用开关或继电器输入启动信号，而使用 PU 设定运行频率，在该操作模式下，除了外部输入的频率设定信号无效，PU 输入的正转、反转和停止信号也均无效。

组合操作运行的操作过程见表 10-6。

表 10-6　组合操作运行的操作过程

操 作 说 明	示 图
第一步:接通电源 将断路器合闸,为变频器接通工频电源	合闸
第二步:设定操作模式为组合操作 将 Pr.79(操作模式选择参数)的值设定为 3,将操作模式选择组合操作,运行状态 EXT 和 PU 指示灯都亮	P.79 3 闪烁

续表

操 作 说 明	示 图
第三步：启动 将 STF 或 STR 启动开关拨至 ON 位置，电动机启动运行	
第四步：设定运行频率 用参数单元设定运行频率为 60Hz，运行状态显示 REV 或 FWD 选择频率设定模式并进行单步设定 注：单步设定是通过"▼"和"▲"按键连续地改变频率的方法	
第五步：停止 将 STF 或 STR 开关拨至 OFF，电动机停止运行	

10.5　常用控制功能与参数设置

变频器的功能是将工频电源转换成需要频率的电源来驱动电动机。由于电动机负载种类繁多，为了让变频器在驱动不同电动机负载时具有良好的性能，应根据需要使用变频器相关的控制功能，并且对有关的参数进行设置。变频器的控制功能及相关参数很多，三菱FR-A540型变频器的功能与参数见附录，下面主要介绍一些常用的控制功能与参数。

10.5.1　操作模式选择功能与参数

Pr.79 参数用于选择变频器的操作模式，这是一个非常重要的参数。Pr.79 参数不同的值对应的操作模式见表 10-7。

表 10-7　Pr.79 参数值及对应的操作模式

Pr.79 设定值	工 作 模 式
0	电源接通时为外部操作模式，通过增、减键可以在外部和 PU 间切换
1	PU 操作模式（参数单元操作）
2	外部操作模式（控制端子接线控制运行）
3	组合操作模式 1，用参数单元设定运行频率，外部信号控制电动机启停
4	组合操作模式 2，外部输入运行频率，用参数单元控制电动机启停
5	程序运行

10.5.2　频率相关功能与参数

变频器常用频率名称有给定频率、输出频率、基本频率、最大频率、上限频率、下限频率和回避频率等。

（1）给定频率的设置

给定频率是指给变频器设定的运行频率，用 f_G 表示。给定频率可由操作面板给定，也可由外部方式给定，其中外部方式又分为电压给定和电流给定。

① 操作面板给定频率 操作面板给定频率是指操作变频器面板上有关按键来设置给定频率，具体操作过程如下：

a. 用"MODE"键切换到频率设置模式。

b. 用"▼"和"▲"键设置给定频率值。

c. 用"SET"键储存给定频率。

② 电压给定频率 电压给定频率是指给变频器有关端子输入电压来设置给定频率，输入电压越高，设置的给定频率越高。电压给定可分为电位器给定、直接电压给定和辅助给定，如图 10-32 所示。

图 10-32（a）为电位器给定方式。给变频器 10、2、5 端子按图示方法接一个 1/2W 1kΩ 的电位器，通电后变频器 10 脚会输出 5V 或 10V 电压，调节电位器会使 2 脚电压在0～5V 或 0～10V 范围内变化，给定频率就在 0～50Hz 之间变化。

端子 2 输入电压由 Pr.73 参数决定，当 Pr.73＝1 时，端子 2 允许输入 0～5V，当 Pr.73＝0 时，端子允许输入 0～10V。

图 10-32（b）为直接电压给定方式。该方式是在 2、5 端子之间直接输入 0～5V 或 0～10V 电压，给定频率就在 0～50Hz 之间变化。

端子 1 为辅助频率给定端，该端输入信号与主给定端输入信号（端子 2 或 4 输入的信号）叠加进行频率设定。

③ 电流给定频率 电流给定频率是指给变频器有关端子输入电流来设置给定频率，输入电流越大，设置的给定频率越高。电流给定频率方式如图 10-33 所示。要选择电流给定频率方式，需要将电流选择端子 AU 与 SD 端接通，然后给变频器端子 4 输入 4～20mA 的电流，给定频率就在 0～50Hz 之间变化。

图 10-32　电压给定频率方式

图 10-33　电流给定频率方式

（2）输出频率

变频器实际输出的频率称为输出频率，用 f_x 表示。在给变频器设置给定频率后，为了改善电动机的运行性能，变频器会根据一些参数自动对给定频率进行调整而得到输出频率，因此输出频率 f_x 不一定等于给定频率 f_G。

（3）基本频率和最大频率

变频器最大输出电压所对应的频率称为基本频率，用 f_B 表示，如图 10-34 所示。基本频率一般与电动机的额定频率相等。

最大频率是指变频器能设定的最大输出频率，用 f_{max} 表示。

（4）上限频率和下限频率

上限频率是指不允许超过的最高输出频率；下限频率是指不允许超过的最低输出频率。

Pr.1参数用来设置输出频率的上限频率（最大频率），如果运行频率设定值高于该值，输出频率会钳在上限频率上。Pr.2参数用来设置输出频率的下限频率（最小频率），如果运行频率设定值低于该值，输出频率会钳在下限频率上。这两个参数值设定后，输出频率只能在这两个频率之间变化，如图10-35所示。

在设置上限频率时，一般不要超过变频器的最大频率，若超出最大频率，自动会以最大频率作为上限频率。

图 10-34　基本频率　　　　　图 10-35　上限频率与下限频率参数功能

（5）回避频率

回避频率又称跳变频率，是指变频器禁止输出的频率。

任何机械都有自己的固有频率（由机械结构、质量等因素决定），当机械运行的振动频率与固有频率相同时，将会引起机械共振，使机械振荡幅度增大，可能导致机械磨损和损坏。为了防止共振给机械带来的危害，可给变频器设置禁止输出的频率，避免这些频率在驱动电动机时引起机械共振。

回避频率设置参数有 Pr.31、Pr.32、Pr.33、Pr.34、Pr.35、Pr.36，这些参数可设置三个可跳变的频率区域，每两个参数设定一个跳变区域，如图10-36所示，变频器工作时不会输出跳变区内的频率，当给定频率在跳变区频率范围内时，变频器会输出低参数号设置的频率。例如当设置 Pr.33＝35Hz、Pr.34＝30Hz 时，变频器不会输出 30～35Hz 范围内的频率，若给定的频率在这个范围内，变频器会输出低号参数 Pr.33 设置的频率（35Hz）。

10.5.3　启动、加减速控制功能与参数

与启动、加减速控制有关的参数主要有启动频率、加减速时间、加减速方式。

（1）启动频率

启动频率是指电动机启动时的频率，用 f_s 表示。启动频率可以从 0Hz 开始，但对于惯性较大或摩擦力较大的负载，为容易启动，可设置合适的启动频率以增大启动转矩。

Pr.13参数用来设置电动机启动时的频率。如果启动频率较给定频率高，电动机将无法启动。Pr.13参数功能如图10-37所示。

（2）加、减速时间

加速时间是指输出频率从 0Hz 上升到基准频率所需的时间。加速时间越长，启动电流越小，启动越平缓，对于频繁启动的设备，加速时间要求短些，对惯性较大的设备，加速时

间要求长些。Pr.7参数用于设置电动机加速时间，Pr.7的值设置越大，加速时间越长。

图 10-36　回避频率参数功能

图 10-37　启动频率参数功能

减速时间是指从输出频率由基准频率下降到0Hz所需的时间。Pr.8参数用于设置电动机减速时间，Pr.8的值设置越大，减速时间越长。

Pr.20参数用于设置加、减速基准频率。Pr.7设置的时间是指从0Hz变化到Pr.20设定的频率所需的时间，如图10-38所示，Pr.8设置的时间是指从Pr.20设定的频率变化到0Hz所需的时间。

（3）加、减速方式

为了适应不同机械的启动停止要求，可给变频器设置不同的加、减速方式。加、减速方式主要有三种，由Pr.29参数设定。

① 直线加/减速方式（Pr.29＝0）　这种方式的加、减速时间与输出频率变化成正比关系，如图10-39（a）所示，大多数负载采用这种方式，出厂设定为该方式。

② S形加/减速A方式（Pr.29＝1）这种方式是开始和结束阶段，升速和降速比较缓慢，如图10-39（b）所示，电梯、传送带等设备常采用该方式。

图 10-38　加、减速基准频率参数功能

③ S形加/减速B方式（Pr.29＝2）　这种方式是在两个频率之间提供一个S形加/减速A方式，如图10-39（c）所示，该方式具有缓和振动的效果。

(a) Pr.29＝0

(b) Pr.29＝1

(c) Pr.29＝3

图 10-39　加减速参数功能

10.5.4　点动控制功能与参数

点动控制参数包括点动运行频率参数（Pr.15）和点动加、减速时间参数（Pr.16）。

Pr.15 参数用于设置点动状态下的运行频率。当变频器在外部操作模式时，用输入端子选择点动功能（接通 JOG 和 SD 端子即可）；当点动信号 ON 时，用启动信号（STF 或 STR）进行点动运行；在 PU 操作模式时用操作面板上的 "FED" 或 "REV" 键进行点动操作。

Pr.16 参数用来设置点动状态下的加、减速时间，如图 10-40 所示。

10.5.5　转矩提升功能与参数

转矩提升功能是设置电动机启动时的转矩大小。通过设置该功能参数，可以补偿电动机绕组上的电压降，从而改善电动机低速运行时的转矩性能。

Pr.0 为转矩提升设置参数。假定基本频率对应的电压为 100%，Pr.0 用百分数设置 0Hz 时的电压，如图 10-41 所示，设置过大会导致电动机过热，设置过小会使启动力矩不够，通常最大设置为 10%。

图 10-40　点动控制参数功能

图 10-41　转矩提升参数功能

10.5.6　制动控制功能与参数

电动机停止有两种方式：第一种方式是变频器根据设置的减速时间和方式逐渐降低输出频率，让电动机慢慢减速，直至停止；第二种方式是变频器停止输出电压，电动机失电惯性运转至停止。不管哪种方式，电动机停止都需要一定的时间，有些设备要求电动机能够迅速停止，这种情况下就需对电动机进行制动。

（1）再生制动和直流制动

在减速时，变频器输出频率下降，由于惯性原因电动机转子转速会高于输出频率在定子绕组产生的旋转磁场转速，此时电动机处于再生发电状态，定子绕组会产生电动势反送给变频器，若在变频器内部给该电动势提供回路（通过制动电阻），那么该电动势产生的电流流回定子绕组时会产生对转子制动的磁场，从而使转子迅速停转，电流越大，转子制动速度越快，这种制动方式称为再生制动，又称能耗制动。再生制动的效果与变频器的制动电阻有关，若内部制动电阻达不到预期效果，可在 P、PR 端子之间外接制动电阻。

直流制动是指当变频器输出频率接近 0，电动机转速降到一定值时，变频器改向电动机定子绕组提供直流电压，让直流电流通过定子绕组产生制动磁场对转子进行制动。

普通的负载一般采用再生制动即可，对于大惯性的负载，仅再生制动往往无法使电动机停止，还需要进行直流制动。

（2）直流制动参数的设置

直流制动参数主要有直流制动动作频率、直流制动电压和直流制动时间。

① 直流制动动作频率 f_{DB}（Pr.10） 在使用直流制动时，一般先降低输出频率依靠再生制动方式对电动机进行制动，当输出频率下降到某一频率时，变频器马上输出直流制动电压对电动机进行制动，这个切换直流制动电压对应的频率称为直流制动动作频率，用 f_{DB} 表示。f_{DB} 越高，制动所需的时间越短。f_{DB} 由参数 Pr.10 设置，如图 10-42 所示。

② 直流制动电压 U_{DB}（Pr.12） 直流制动电压是指直流制动时加到定子绕组两端的直流电压，用 U_{DB} 表示。U_{DB} 用与电源电压的百分比表示，一般在 30% 以内，U_{DB} 越高，制动强度越大，制动时间越短。U_{DB} 由参数 Pr.12 设置，如图 10-42 所示。

③ 直流制动时间 t_{DB}（Pr.11） 直流制动时间是指直流制动时施加直流电压的时间，用 t_{DB} 表示。对于惯性大的负载，要求 t_{DB} 长些，以保持直流制动电压撤掉后电动机完全停转。t_{DB} 由 Pr.11 参数设置。

图 10-42　直流制动参数功能

10.5.7　瞬时停电再启动功能与参数

该功能的作用是当电动机由工频切换到变频供电或瞬时停电再恢复供电时，保持一段自由运行时间，然后变频器再自动启动进入运行状态，从而避免重新复位再启动操作，保证系统连续运行。

当需要启用瞬时停电再启动功能时，须将 CS 端子与 SD 端子短接。设定瞬时停电再启动功能后，变频器的 IPF 端子在发生瞬时停电时不动作。

瞬时停电再启动功能参数见表 10-8。

表 10-8　瞬时停电再启动功能参数

参数	功能	出厂设定	设置范围	说　明
Pr.57	再启动自由运行时间	9999	0	0.5s(0.4K～1.5K)，1.0s(2.2K～7.5K)，3.0s(11K 以上)
			0.1～5s	瞬时停电再恢复后变频器再启动前的等待时间。根据负荷的转动惯量和转矩，该时间可设定在 0.1～5s 之间
			9999	无法启动
Pr.58	再启动上升时间	1.0s	0～60s	通常可用出厂设定运行，也可根据负荷（转动惯量，转矩）调整这些值
Pr.162	瞬停再启动动作选择	0	0	频率搜索开始。检测瞬时掉电后开始频率搜索
			1	没有频率搜索。电动机以自由速度独立运行，输出电压逐渐升高，而频率保持为预测值
Pr.163	再启动第一缓冲时间	0s	0～20s	通常可用出厂设定运行，也可根据负荷（转动惯量，转矩）调整这些值
Pr.164	再启动第一缓冲电压	0%	0～100%	
Pr.165	再启动失速防止动作水平	150%	0～200%	

10.5.8 控制方式功能与参数

变频器常用的控制方式有 U/f 控制（压/频控制）和矢量控制。一般情况下使用 U/f 控制方式，而矢量控制方式适用于负荷变化大的场合，能提供大的启动转矩和充足的低速转矩。

控制方式参数说明见表 10-9。

表 10-9 控制方式参数说明

参数	设定范围	说　明		
Pr.80	0.4～55kW,9999	9999	U/f 控制	
		0.4～55	设定使用的电动机容量	先进磁通矢量控制
Pr.81	2,4,6,12, 14,16,9999	9999	U/f 控制	
		2,4,6	设定电动机极数	先进磁通矢量控制
		12,14,16	当 X18(磁通矢量控制-U/f 控制切换)信号接通时,选择为 U/f 控制方式 (运行时不能进行选择) 用 Pr.180～Pr.186 中任何一个,安排端子用于 X18 信号的输入 12:对于 2 极电动机 14:对于 4 极电动机 16:对于 6 极电动机	

在选择矢量控制方式时，要注意以下事项：

① 在采用矢量控制方式时，只能一台变频器控制一台电动机，若一台变频器控制多台电动机则矢量控制无效。

② 电动机容量与变频器所要求的容量相当，最多不能超过一个等级。

③ 矢量控制方式只适用于三相笼式异步电动机，不适合其他特种电动机。

④ 电动机最好是 2、4、6 极为佳。

10.5.9 电子过流保护功能与参数 （ Pr.9 ）

Pr.9 参数用来设置电子过流保护的电流值，可防止电动机过热，让电动机得到最优性能的保护。在设置电子过流保护参数时要注意以下几点：

① 当参数值设定为 0 时，电子过电流保护（电动机保护功能）无效，但变频器输出晶体管保护功能有效。

② 当变频器连接两台或三台电动机时，电子过流保护功能不起作用，请给每台电动机安装外部热继电器。

③ 当变频器和电动机容量相差过大和设定过小时，电子过流保护特性将恶化，在此情况下，请安装外部热继电器。

④ 特殊电动机不能用电子过流保护，请安装外部热继电器。

⑤ 当变频器连接一台电动机时，该参数一般设定为 1～1.2 倍的电动机额定电流。

10.5.10 负载类型选择功能与参数

当变频器配接不同负载时，要选择与负载相匹配的输出特性（U/f 特性）。Pr.14 参数用来设置适合负载的类型。

当 Pr.14＝0 时，变频器输出特性适用恒转矩负载，如图 10-43（a）所示。

当 Pr.14＝1 时，变频器输出特性适用变转矩负载（二次方律负载），如图 10-43（b）所示。

当 Pr.14＝2 时，变频器输出特性适用提升类负载（势能负载），正转时按 Pr.0 提升转矩设定值，反转时不提升转矩，如图 10-43（c）所示。

当 Pr.14＝3 时，变频器输出特性适用提升类负载（势能负载），反转时按 Pr.0 提升转矩设定值，正转时不提升转矩，如图 10-43（d）所示。

图 10-43　负载类型选择参数功能

10.5.11　MRS 端子输入选择功能与参数

Pr.17 参数用来选择 MRS 端子的逻辑。对于漏型逻辑，在 Pr.17＝0 时，MRS 端子外

图 10-44　Pr.17 参数功能

接常开触点闭合后变频器停止输出，在 Pr.17＝1 时，MRS 端子外接常闭触点断开后变频器停止输出。Pr.17 参数功能如图 10-44 所示。

10.5.12　禁止写入和逆转防止功能与参数

Pr.77 参数用于设置参数写入允许或禁止，可以防止参数被意外改写。Pr.78 参数用来设置禁止电动机反转，如泵类设备。Pr.77 和 Pr.78 参数的设置值及功能见表 10-10。

表 10-10　Pr.77 和 Pr.78 参数的设置值及功能

参数	设定值	功　　能
Pr.77	0	在"PU"模式下，仅限于停止可以写入(出厂设定)
	1	不可写入参数，但 Pr.75、Pr.77、Pr.79 参数可以写入
	2	即使运行时也可以写入
Pr.78	0	正转和反转均可(出厂设定值)
	1	不可反转
	2	不可正转

10.6　三菱 FR-700 系列变频器介绍

三菱变频器主要有 FR-500 和 FR-700 两个系列，FR-700 系列是从 FR-500 系列升级而来的，故 FR-700 与 FR-500 系列变频器的接线端子功能及参数功能大多数都是相同的，因此掌握 FR-500 系列变频器的使用后，只要稍加学习 FR-700 系列变频器的不同点，就能很快学会使用 FR-700 系列变频器。

10.6.1　三菱 FR-700 系列变频器的特点说明

三菱 FR-700 系列变频器又可分为 FR-A700、FR-F700、FR-E700 和 FR-D700 系列，分别对应三菱 FR-500 系列变频器的 FR-A500、FR-F500、FR-E500 和 FR-S500 系列。三菱 FR-700 系列变频器的特点说明见表 10-11。

表 10-11　三菱 FR-700 系列变频器的特点说明

系列	外型	说　　明
FR-A700		A700 产品适合于各类对负载要求较高的设备，如起重、电梯、印包、印染、材料卷取及其他通用场合 A700 产品具有高水准的驱动性能： ・具有独特的无传感器矢量控制模式，在不需要采用编码器的情况下可以使各式各样的机械设备在超低速区域高精度的运转 ・带转矩控制模式，并且在速度控制模式下可以使用转矩限制功能 ・具有矢量控制功能(带编码器)，变频器可以实现位置控制和快响应、高精度的速度控制(零速控制，伺服锁定等)及转矩控制

续表

系列	外型	说　　明
FR-F700		F700 产品除了应用在很多通用场合外,特别适用于风机、水泵、空调等行业 A700 产品具有先进丰富的功能: ・除了具备与其他变频器相同的常规 PID 控制功能外,扩充了多泵控制功能 A700 产品具有良好的节能效果: ・具有最佳励磁控制功能,除恒速时可以使用之外,在加减速时也可以起作用,可以进一步优化节能效果 ・新开发的节能监视功能,可以通过操作面板、输出端子(端子 CA,AM)和通信来确认节能效果,节能效果一目了然
FR-E700		E700 产品为可实现高驱动性能的经济型产品,其价格相对较低 E700 产品具有良好的驱动性能: ・具有多种磁通矢量控制方式:在 0.5Hz 情况下,使用先进磁通矢量控制模式可以使转矩提高到 200(3.7kW 以下) ・短时超载增加到 200 时允许持续时间为 3s,误报警将更少发生。经过改进的限转矩及限电流功能可以为机械提供必要的保护
FR-D700		D700 产品为多功能、紧凑型产品 ・具有通用磁通矢量控制方式:在 1Hz 情况下,可以使转矩提高到 150%扩充浮辊控制和三角波功能 ・带安全停止功能,实现紧急停止有两种方法:通过控制 MC 接触器来切断输入电源或对变频器内部逆变模块驱动回路进行直接切断,以符合欧洲标准的安全功能,目的是节约设备投入

10.6.2　三菱 FR-A700、FR-F700、FR-E700 和 FR-D700 系列变频器比较

三菱 FR-A700、FR-F700、FR-E700 和 FR-D700 系列变频器的比较见表 10-12 。

表 10-12　三菱 FR-A700、FR-F700、FR-E700 和 FR-D700 系列变频器的比较

项　　目		FR-A700	FR-F700	FR-E700	FR-D700
容量范围	三相 200V	0.4K～90K	0.75K～110K	0.1K～15K	0.1K～15K
	三相 400V	0.4K～500K	0.75K～S630K	0.4K～15K	0.4K～15K
	单相 200V	—	—	0.1K～2.2K	0.1K～2.2K
控制方式		U/f 控制、 先进磁通矢量控制、 无传感器矢量控制、 矢量控制(需选件 FR-A7AP)	U/f 控制、 最佳励磁控制、 简易磁通矢量控制	U/f 控制、 先进磁通矢量控制、 通用磁通矢量控制、 最佳励磁控制	U/f 控制、 通用磁通矢量控制、 最佳励磁控制
转矩限制		○	×	○	×

续表

项　　目		FR-A700	FR-F700	FR-E700	FR-D700
	内制制动晶体管	0.4K～22K	—	0.4K～15K	0.4K～7.5K
	内制制动电阻	0.4K～7.5K	—	—	—
瞬时停电	再启动功能	有频率搜索方式	有频率搜索方式	有频率搜索方式	有频率搜索方式
	停电时继续	○	○	○	○
	停电时减速	○	○	○	○
运行特性	多段速	15速	15速	15速	15速
	极性可逆	○	○	×	×
	PID控制	○	○	○	○
	工频运行切换功能	○	○	×	×
	制动序列功能	○	×	○	×
	高速频率控制	○	×	×	×
	挡块定位控制	○	×	○	×
	输出电流检测	○	○	○	○
	冷却风扇ON-OFF控制	○	○	○	○
	异常时再试功能	○	○	○	○
	再生回避功能	○	×	×	×
	零电流检测	○	○	○	○
	机械分析器	○	×	×	×
	其他功能	最短加减速、最佳加减速、升降机模式、节电模式	节电模式、最佳励磁控制	最短加减速、节电模式、最佳励磁控制	节电模式、最佳励磁控制
操作面板·参数单元	标准配置	FR-DU07	FR-DU07	操作面板固定	操作面板固定
	拷贝功能				
	FR-PU04	△(参数不能拷贝)	△(参数不能拷贝)	△(参数不能拷贝)	△(参数不能拷贝)
	FR-DU04	△(参数不能拷贝)	△(参数不能拷贝)	△(参数不能拷贝)	△(参数不能拷贝)
	FR-PU07	○(可保存三台变频器参数)	○(可保存三台变频器参数)	○(可保存三台变频器参数)	○(可保存三台变频器参数)
	FR-DU07	○(参数能拷贝)	○(参数能拷贝)	×	×
	FR-PA07	△(有些功能不能使用)	△(有些功能不能使用)	○	○
通信	RS-485	○标准2个	○标准2个	○标准1个	○标准1个
	Modbus-RTU	○	○	○	○
	CC-Link	○(选件FR-A7NC)	○(选件FR-A7NC)	○(选件FR-A7NCE kit)	—
	PROFIBUS-DP	○(选件FR-A7NP)	○(选件FR-A7NP)	○(选件FR-A7NPE kit)	—
	Device Net	○(选件FR-A7ND)	○(选件FR-A7ND)	○(选件FR-A7NDE kit)	—
	LONWORKS	○(选件FR-A7NL)	○(选件FR-A7NL)	○(选件FR-A7NLE kit)	—
	USB	○	—	○	—
构造	控制电路端子	螺钉式端子	螺钉式端子	螺钉式端子	压接式端子
	主电路端子	螺钉式端子	螺钉式端子	螺钉式端子	螺钉式端子
	控制电路电源与主电路分开	○	○	×	×
	冷却风扇更换方式	○(风扇位于变频器上部)	○(风扇位于变频器上部)	○(风扇位于变频器上部)	○(风扇位于变频器上部)
	可脱卸端子排	○	○	○	×
	内制EMC滤波器	○	△(55kW以下不带)	—	—
	内制选件	可插3个不同性能的选件卡	可插1个选件卡	可插1个选件卡	—
	设置软件	FR Configurator (FR-SW3、FR-SW2)	FR Configurator (FR-SW3、FR-SW2)	FR Configurator (FR-SW3)	FR Configurator (FR-SW3)

续表

	项　　目	FR-A700	FR-F700	FR-E700	FR-D700
高次谐波对策	交流电抗器	○（选件）	○（选件）	○（选件）	○（选件）
	直流电抗器	○（选件,75K 以上标准配备）	○（选件,75K 以上标准配备）	○（选件）	○（选件）
	高功率因数变流器	○（选件）	○（选件）	○（选件）	○（选件）

10.6.3　三菱 FR-A700 系列变频器的接线图及端子功能说明

三菱 FR-700 系列变频器的各端子功能与接线大同小异，图 10-45 为最有代表性的三菱 FR-A700 系列变频器的接线图，变频器的各端子功能说明见表 10-13。

表 10-13　三菱 FR-A700 系列变频器的各端子功能说明

种类	端子记号	端子名称	内　容　说　明	
主回路	R,S,T	交流电源输入	连接工频电源	
	U,V,W	变频器输出	接三相笼型电动机	
	R1,S1	控制回路电源	与交流电源端子 R/L1,S/L2 连接,需要在主回路不通电时,连接控制回路电源,请拆下短路片,并提供外部电源到此端子	
	P,PR	连接制动电阻器	拆开端子 PR-PX 之间的短路片在 P-PR 之间连接选件制动电阻(7.5K 以下),22K 以下有 PR 端子	
	P,N	连接制动单元	连接选件 FR-BU 型制动单元或共直流母线变流器(FR-CV)或高功率因素变流器(FR-HC)	
	P,P1	连接改善功率因数 DC 电抗器	拆开端子 P-P1 间的短路片,连接选件改善功率因数用电抗器(FR-BEL)。(S75K 以上中则连接随机附带的直流电抗器)	
	PR,PX		PR-PX 短路片连接时,内置制动电阻有效。7.5K 及以下的变频器有 PX 端子	
	⏚	接地	变频器外壳接地用,必须接大地	
控制回路·输入信号	启动接点·功能设定	STF	正转	STF 信号处于 ON 便正转,处于 OFF 便停止。程序运行模式时为程序运行开始信号,(ON 开始,OFF 停止)	当 STF 和 STR 信号同时处于 ON 时,相当于给出停止指令
		STR	反转	STR 信号 ON 为反转,OFF 为停止	
		STOP	启动自保持选择	使 STOP 信号处于 ON,可以选择启动信号自保持	
		RH,RM,RL	多段速度选择	用 RH,RM 和 RL 信号的组合可以选择多段速度	输入端子的功能选择通过(Pr.178~Pr.189)改变端子功能
		JOG	点动模式选择	JOG 信号 ON 时选择点动运行(出厂设定)。用启动信号(STF 和 STR)可以点动运行	
			脉冲串输入	通过改变 Pr.291 参数设置,JOG 端子可用作脉冲输入端子(最大输入脉冲频率:100kpps)	
		RT	第 2 功能选择	RT 信号处于 ON 时选择第 2 加减速时间。设定了(第 2 转矩提升)[第 2U/f(基底频率)]时,也可以用 RT 信号处于 ON 时选择这些功能	
		MRS	输出停止	MRS 信号为 ON(20ms 以上)时,变频器输出停止。用电磁制动停止电机时,用于断开变频器的输出	
		RES	复位	用于解除保护功能动作时进行复位。使端子 RES 信号处于 ON 在 0.1s 以上,然后断开	
		AU	电流输入选择	只在端子 AU 信号处于 ON 时,变频器才用直流 4~20mA 作为频率设定信号	输入端子的功能选择通过（Pr.178~Pr.189)改变端子功能
			PTC 输入	AU 端子也可以作为 PTC 输入端子使用(保护电机的温度)。用作 PTC 输入端子时要把 AU/PTC 切换开关切换到 PTC 侧	
		CS	瞬间停电再启动选择	CS 信号预先处于 ON,瞬时停电再恢复时变频器便可自动启动。但这种运行必须再重新设定参数,因为出厂时设定不能再启动	

种类		端子记号	端子名称	内容说明	
控制回路·输入信号	启动接点·功能设定	SD	公共输入端(漏型)	接点输入端子和FM端子的公共端。直流24V,0.1A(PC端子)电源的输出公共端	
		PC	直流24V电源和外部晶体管公共端 接点输入公共端(源型)	当连接晶体管输出(集电极开路输出),例如可编程控制器时,将晶体管输出用的外部电源公共端接到这个端子时,可以防止因漏电引起误动作用,这端子可用于直流24V,0.1A电源输出。当选择源型时,这端子作为接点输入的公共端	
模拟信号	频率设定	10E	频率设定用电源	10V DC,容许负荷电流10mA	按出厂设定状态连接频率设定电位器时,与端子10连接
		10		5V DC,容许负荷电流10mA	当连接到10E时,请改变端子2的输入规格
		2	频率设定(电压)	输入0~5V DC(或0~10V,0~20mA)时,5V(10V,20mA)对应于为最大输出频率。输入输出成比例。0~5V(出厂设定),0~10V DC和0~20mA的切换用Pr.73进行控制。输入阻抗10kΩ,容许最大电压为直流20V	
		4	频率设定(电流)	DC 4~20mA(或0~5V,0~10V),20mA为最大输出频率,输入,输出成比例。只在端子AU信号处于ON时,该输入信号有效(端子2的输入将无效)。4~20mA(出厂值),DC 0~5V,DC 0~10V的输入切换用Pr.267进行控制	
		1	辅助频率设定	输入0~±5V DC或0~±10V时,端子2或4的频率设定信号与这个信号相加。用参数单元Pr.73进行输入0~±5V DC或0~±10V DC(出厂设定)的切换。输入阻抗10kΩ,容许电压±20V DC	
		5	频率设定公共端	频率设定信号(端子2,1或4)和模拟输出端子AM的公共端。请不要接大地	
控制回路·输出信号	接点	A1,B1,C1	继电器输出1(异常输出)	指示变频器因保护功能动作时输出停止的转换接点 故障时:B-C间不导通(A-C间导通),正常时:B-C间导通(A-C间不导通)	输出端子的功能选择通过(Pr.190~Pr.196)改变端子功能
		A2,B2,C2	继电器输出2	1个继电器输出(常开/常闭)	
	集电极开路	RUN	变频器正在运行	变频器输出频率为启动频率(初始值0.5Hz)以上时为低电平,正在停止或直流制动时为高电平	
		SU	频率到达	输出频率达到设定频率的±10%(出厂设定,可变更)时为低电平,正在加/减速或停止时为高电平(注2),容许负荷为DC 24V,0.1A	
		OL	过负荷报警	当失速保护功能动作时为低电平(注2),容许负荷为DC 24V,0.1A	
		IPF	瞬时停电	瞬间停电,电压不足保护动作时为低电水平(注2),容许负荷为DC 24V,0.1A	
		FU	频率检测	输出频率为任意设定的检测频率以上时为低电平,以下时为高电平(注2),容许负荷为DC 24V,0.1A	
		SE	集电极开路输出公共端	端子RUN,SU,OL,IPF,FU的公共端子	
	模拟	CA	模拟电流输出	可以从多种监示项目中选一种作为输出 输出信号与监示项目的大小成比例	输出信号DC 0~20mA,容许负载阻抗200~450Ω
		AM	模拟电压输出		输出信号DC 0~10V,容许负载电流1mA(负载阻抗10kΩ以上)分辨率8位

续表

种类	端子记号		端子名称	内 容 说 明
通信	RS 485	—	PU 接口	通过 PU 接口,进行 RS-485 通信(仅 1 对 1 连接) ・遵守标准:EIA RS-485 标准 ・通信方式:多站通信 ・通信速率:4800～38400bps ・最长距离:500m
		RS-1485端子 TXD+ TXD	变频器数据发送端子	通过 RS-485 端子,进行 RS-485 通信 ・遵守标准:EIA RS-485 标准 ・通信方式:多站通信 ・通信速率:300～38400bps ・最长距离:500m
		RXD+ RXD	变频器数据接收端子	
		SG	接地	
	—		USB 接口	通过 USB 接口与电脑连接后,就可以使用 FR-Configurator 设置软件 ・界面:适合 USB1.1 ・连接口:USB 系列 B 型连接口 ・传输速率:FS 传输(12Mbps)

10.6.4 三菱 FR-500 与 FR-700 系列变频器的比较

三菱 FR-700 系列是以 FR-500 系列为基础升级而来的,因此两个系列有很多共同点,下面对三菱 FR-A500 与 FR-A700 系列变频器进行比较,这样便于在掌握 FR-A500 系列变频器后可以很快掌握 FR-A700 系列变频器。

(1) 总体比较

三菱 FR-500 与 FR-700 系列变频器的总体比较见表 10-14。

表 10-14 三菱 FR-500 与 FR-700 系列变频器的总体比较

项目	FR-A500	FR-A700
控制系统	U/f 控制方式,先进磁通矢量控制	U/f 控制方式,先进磁通矢量控制,无传感器矢量控制
变更、删除功能	A700 系列对一些参数进行了变更:22、60、70、72、73、76、79、117～124、133、160、171、173、174、240、244、900～905、991 进行了变更	
	A700 系列删除一些参数的功能:175、176、199、200、201～210、211～220、221～230、231	
	A700 系列增加了一些参数的功能:178、179、187～189、196、241～243、245～247、255～260、267～269、989 和 288～899 中的一些参数	
端子排	拆卸式端子排	拆卸式端子排,向下兼容(可以安装 A500 端子排)
PU	FR-PU04-CH,DU04	FR-PU07,DU07,不可使用 DU04(使用 FR-PU04-CH 时有部分制约)
内置选件	专用内置选件(无法兼容)	
	计算机连接、继电器输出选件 FR-A5NR	变频器主机内置(RS-485 端子,继电器输出 2 点)
安装尺寸	FR-A740-0.4K～7.5K,18.5K～55K,110K,160K,可以和同容量 FR-A540 安装尺寸互换,对于 FR-A740-11K、15K,需选用安装互换附件(FR-AAT)	

(2) 端子比较

三菱 FR-A500 与 FR-A700 系列变频器的端子比较见表 10-15 ,从表中可以看出,两个系列变频器的端子绝大多数相同(阴影部分为不同)。

(3) 参数比较

三菱 FR-A500、FR-A700 系列变频器的大多数常用参数是相同的,在 FR-A500 系列参数的基础上,FR-A700 系列变更、增加和删除了一些参数,具体如下。

① 变更的参数有：22、60、70、72、73、76、79、117～124、133、160、171、173、174、240、244、900～905、991。

② 增加的参数有：178、179、187～189、196、241～243、245～247、255～260、267～269、989 和 288～899 中的一些参数。

图 10-45　三菱 FR-A700 系列变频器的接线图

③ 删除的参数有：175、176、199、200、201～210、211～220、221～230、231。

表 10-15　三菱 FR-A500 与 FR-A700 系列变频器的端子比较

种类			A500(L)端子名称	A700 对应端子名称
主回路			R,S,T	R,S,T
			U,V,W	U,V,W
			R1,S1	R1,S1
			P/＋,PR	P/＋,PR
			P/＋,N/－	R/＋,N/－
			P/＋,P1	P/＋,P1
			PR,PX	PR,PX
			⏚	⏚
控制回路与输入信号	接点		STF	STF
			STR	STR
			STOP	STOP
			RH	RH
			RM	RM
			RL	RL
			JOG	JOG
			RT	RT
			AU	AU
			CS	CS
			MRS	MRS
			RES	RES
			SD	SD
			PC	PC
模拟量输入	频率设定		10E	10E
			10	10
			2	2
			4	4
			1	1
			5	5
控制回路输出信号	接点		A,B,C	A1,B1,C1,A2,B2,C2
	集电极开路		RUN	RUN
			SU	SU
			OL	OL
			IPF	IPF
			FU	FU
			SE	SE
	脉冲		FM	CA
	模拟		AM	AM
通信	RS-485		PU 口	PU 口
			—	RS485 端子 TXD＋,TXD－,RXD＋,RXD－,SG
制动单元控制信号			CN8(75K 以上装备)	CN 8(75K 以上装备)

第11章 变频器的典型控制功能及应用电路

11.1 电动机正转控制功能及电路

电动机正转控制是变频器最基本的功能。正转控制既可采用开关控制方式，也可采用继电器控制方式。在控制电动机正转时需要给变频器设置一些基本参数，具体见表11-1。

表 11-1 变频器控制电动机正转时的参数及设置值

参 数 名 称	参 数 号	设 置 值
加速时间	Pr. 7	5s
减速时间	Pr. 8	3s
加减速基准频率	Pr. 20	50Hz
基底频率	Pr. 3	50Hz
上限频率	Pr. 1	50Hz
下限频率	Pr. 2	0Hz
运行模式	Pr. 79	2

11.1.1 开关控制式正转控制电路

开关控制式正转控制电路如图 11-1 所示，它是依靠手动操作变频器 STF 端子外接开关 SA，来对电动机进行正转控制。

电路工作原理说明如下。

① 启动准备。按下按钮 SB2→接触器 KM 线圈得电→KM 常开辅助触点和主触点均闭合→KM 常开辅助触点闭合锁定 KM 线圈得电（自锁），KM 主触点闭合为变频器接通主电源。

② 正转控制。按下变频器 STF 端子外接开关 SA，STF、SD 端子接通，相当于 STF 端子输入正转控制信号，变频器 U、V、W 端子输出正转电源电

图 11-1 开关控制式正转控制电路

压，驱动电动机正向运转。调节端子 10、2、5 外接电位器 RP，变频器输出电源频率会发生改变，电动机转速也随之变化。

③ 变频器异常保护。若变频器运行期间出现异常或故障，变频器 B、C 端子间内部等效的常闭开关断开，接触器 KM 线圈失电，KM 主触点断开，切断变频器输入电源，对变频器进行保护。

④ 停转控制。在变频器正常工作时，将开关 SA 断开，STF、SD 端子断开，变频器停止输出电源，电动机停转。

若要切断变频器输入主电源，可按下按钮 SB1，接触器 KM 线圈失电，KM 主触点断开，变频器输入电源被切断。

11.1.2 继电器控制式正转控制电路

继电器控制式正转控制电路如图 11-2 所示。

图 11-2　继电器控制式正转控制电路

电路工作原理说明如下。

① 启动准备。按下按钮 SB2→接触器 KM 线圈得电→KM 主触点和两个常开辅助触点均闭合→KM 主触点闭合为变频器接通主电源，一个 KM 常开辅助触点闭合锁定 KM 线圈得电，另一个 KM 常开辅助触点闭合为中间继电器 KA 线圈得电作准备。

② 正转控制。按下按钮 SB4→继电器 KA 线圈得电→3 个 KA 常开触点均闭合，一个常开触点闭合锁定 KA 线圈得电，一个常开触点闭合将按钮 SB1 短接，还有一个常开触点闭合将 STF、SD 端子接通，相当于 STF 端子输入正转控制信号，变频器 U、V、W 端子输出正转电源电压，驱动电动机正向运转。调节端子 10、2、5 外接电位器 RP，变频器输出电源频率会发生改变，电动机转速也随之变化。

③ 变频器异常保护。若变频器运行期间出现异常或故障，变频器 B、C 端子间内部等效的常闭开关断开，接触器 KM 线圈失电，KM 主触点断开，切断变频器输入电源，对变频器进行保护。同时继电器 KA 线圈也失电，3 个 KA 常开触点均断开。

④ 停转控制。在变频器正常工作时，按下按钮 SB3，KA 线圈失电，KA 3 个常开触点均断开，其中一个 KA 常开触点断开使 STF、SD 端子连接切断，变频器停止输出电源，电动机停转。

在变频器运行时，若要切断变频器输入主电源，须先对变频器进行停转控制，再按下按钮 SB1，接触器 KM 线圈失电，KM 主触点断开，变频器输入电源被切断。如果没有对变频器进行停转控制，而直接去按 SB1，是无法切断变频器输入主电源的，这是因为变频器正常工作时 KA 常开触点已将 SB1 短接，断开 SB1 无效，这样做可以防止在变频器工作时误操作 SB1 切断主电源。

11.2 电动机正反转控制功能及电路

　　变频器不但轻易就能实现电动机正转控制，控制电动机正反转也很方便。正、反转控制也有开关控制方式和继电器控制方式。在控制电动机正反转时也要给变频器设置一些基本参数，具体见表 11-2。

表 11-2　变频器控制电动机正反转时的参数及设置值

参 数 名 称	参 数 号	设 置 值
加速时间	Pr.7	5s
减速时间	Pr.8	3s
加减速基准频率	Pr.20	50Hz
基底频率	Pr.3	50Hz
上限频率	Pr.1	50Hz
下限频率	Pr.2	0Hz
运行模式	Pr.79	2

11.2.1　开关控制式正、反转控制电路

　　开关控制式正、反转控制电路如图 11-3 所示，它采用了一个三位开关 SA，SA 有"正转"、"停止"和"反转"3 个位置。

图 11-3　开关控制式正、反转控制电路

电路工作原理说明如下。

　　① 启动准备。按下按钮 SB2→接触器 KM 线圈得电→KM 常开辅助触点和主触点均闭合→KM 常开辅助触点闭合锁定 KM 线圈得电（自锁），KM 主触点闭合为变频器接通主电源。

　　② 正转控制。将开关 SA 拨至"正转"位置，STF、SD 端子接通，相当于 STF 端子输入正转控制信号，变频器 U、V、W 端子输出正转电源电压，驱动电动机正向运转。调节端子 10、2、5 外接电位器 RP，变频器输出电源频率会发生改变，电动机转速也随之变化。

　　③ 停转控制。将开关 SA 拨至"停转"位置（悬空位置），STF、SD 端子连接切断，变频器停止输出电源，电动机停转。

　　④ 反转控制。将开关 SA 拨至"反转"位置，STR、SD 端子接通，相当于 STR 端子输

入反转控制信号,变频器 U、V、W 端子输出反转电源电压,驱动电动机反向运转。调节电位器 RP,变频器输出电源频率会发生改变,电动机转速也随之变化。

⑤ 变频器异常保护。若变频器运行期间出现异常或故障,变频器 B、C 端子间内部等效的常闭开关断开,接触器 KM 线圈失电,KM 主触点断开,切断变频器输入电源,对变频器进行保护。

若要切断变频器输入主电源,须先将开关 SA 拨至"停止"位置,让变频器停止工作,再按下按钮 SB1,接触器 KM 线圈失电,KM 主触点断开,变频器输入电源被切断。该电路结构简单,缺点是在变频器正常工作时操作 SB1 可切断输入主电源,这样易损坏变频器。

11.2.2　继电器控制式正、反转控制电路

继电器控制式正、反转控制电路如图 11-4 所示,该电路采用了 KA1、KA2 继电器分别进行正转和反转控制。

图 11-4　继电器控制式正、反转控制电路

电路工作原理说明如下。

① 启动准备。按下按钮 SB2→接触器 KM 线圈得电→KM 主触点和两个常开辅助触点均闭合→KM 主触点闭合为变频器接通主电源,一个 KM 常开辅助触点闭合锁定 KM 线圈得电,另一个 KM 常开辅助触点闭合为中间继电器 KA1、KA2 线圈得电作准备。

② 正转控制。按下按钮 SB4→继电器 KA1 线圈得电→KA1 的 1 个常闭触点断开,3 个常开触点闭合→KA1 的常闭触点断开使 KA2 线圈无法得电,KA1 的 3 个常开触点闭合分别锁定 KA1 线圈得电、短接按钮 SB1 和接通 STF、SD 端子→STF、SD 端子接通,相当于 STF 端子输入正转控制信号,变频器 U、V、W 端子输出正转电源电压,驱动电动机正向运转。调节端子 10、2、5 外接电位器 RP,变频器输出电源频率会发生改变,电动机转速也随之变化。

③ 停转控制。按下按钮 SB3→继电器 KA1 线圈失电→3 个 KA 常开触点均断开,其中 1 个常开触点断开切断 STF、SD 端子的连接,变频器 U、V、W 端子停止输出电源电压,电动机停转。

④ 反转控制。按下按钮 SB6→继电器 KA2 线圈得电→KA2 的 1 个常闭触点断开，3 个常开触点闭合→KA2 的常闭触点断开使 KA1 线圈无法得电，KA2 的 3 个常开触点闭合分别锁定 KA2 线圈得电、短接按钮 SB1 和接通 STR、SD 端子→STR、SD 端子接通，相当于 STR 端子输入反转控制信号，变频器 U、V、W 端子输出反转电源电压，驱动电动机反向运转。

⑤ 变频器异常保护。若变频器运行期间出现异常或故障，变频器 B、C 端子间内部等效的常闭开关断开，接触器 KM 线圈失电，KM 主触点断开，切断变频器输入电源，对变频器进行保护。

若要切断变频器输入主电源，可在变频器停止工作时按下按钮 SB1，接触器 KM 线圈失电，KM 主触点断开，变频器输入电源被切断。由于在变频器正常工作期间（正转或反转），KA1 或 KA2 常开触点闭合将 SB1 短接，断开 SB1 无效，这样做可以避免在变频器工作时切断主电源。

11.3 工频与变频切换功能及电路

在变频调速系统运行过程中，如果变频器突然出现故障，这时若让负载停止工作可能会造成很大损失。为了解决这个问题，可给变频调速系统增设工频与变频切换功能，在变频器出现故障时自动将工频电源切换给电动机，以让系统继续工作。

11.3.1 变频器跳闸保护电路

变频器跳闸保护是指在变频器工作出现异常时切断电源，保护变频器不被损坏。图11-5 是一种常见的变频器跳闸保护电路。变频器 A、B、C 端子为异常输出端，A、C 之间相当于一个常开开关，B、C 之间相当于一个常闭开关，在变频器工作出现异常时，A、C 接通，B、C 断开。

图 11-5 一种常见的变频器跳闸保护电路

电路工作过程说明如下。

（1）供电控制

按下按钮 SB1，接触器 KM 线圈得电，KM 主触点闭合，工频电源经 KM 主触点为变频器提供电源，同时 KM 常开辅助触点闭合，锁定 KM 线圈供电。按下按钮 SB2，接触器

KM 线圈失电，KM 主触点断开，切断变频器电源。

（2）异常跳闸保护

若变频器在运行过程中出现异常，A、C 之间闭合，B、C 之间断开。B、C 之间断开使接触器 KM 线圈失电，KM 主触点断开，切断变频器供电；A、C 之间闭合使继电器 KA 线圈得电，KA 触点闭合，振铃 HB 和报警灯 HL 得电，发出变频器工作异常声光报警。

按下按钮 SB3，继电器 KA 线圈失电，KA 常开触点断开，HB、HL 失电，声光报警停止。

11.3.2 工频与变频的切换电路

（1）电路

图 11-6 是一个典型的工频与变频切换控制电路。该电路在工作前需要先对一些参数进行设置。

图 11-6 一个典型的工频与变频切换控制电路

电路的工作过程说明如下。

① 变频运行控制

a. 启动准备。将开关 SA2 闭合，接通 MRS 端子，允许进行工频-变频切换。由于已设置 Pr.135＝1 使切换有效，IPF、FU 端子输出低电平，中间继电器 KA1、KA3 线圈得电。KA3 线圈得电→KA3 常开触点闭合→接触器 KM3 线圈得电→KM3 主触点闭合，KM3 常闭辅助触点断开→KM3 主触点闭合将电动机与变频器输出端连接；KM3 常闭辅助触点断开使 KM2 线圈无法得电，实现 KM2、KM3 之间的互锁（KM2、KM3 线圈不能同时得电），电动机无法由变频和工频同时供电。KA1 线圈得电→KA1 常开触点闭合，为 KM1 线圈得电作准备→按下按钮 SB1→KM1 线圈得电→KM1 主触点、常开辅助触点均闭合→KM1 主触点闭合，为变频器供电；KM1 常开辅助触点闭合，锁定 KM1 线圈得电。

b. 启动运行。将开关 SA1 闭合，STF 端子输入信号（STF 端子经 SA1、SA2 与 SD 端子接通），变频器正转启动，调节电位器 RP 可以对电动机进行调速控制。

② 变频-工频切换控制 当变频器运行中出现异常时，异常输出端子 A、C 接通，中间继电器 KA0 线圈得电，KA0 常开触点闭合，振铃 HA 和报警灯 HL 得电，发出声光报警。与此

同时，IPF、FU 端子变为高电平，OL 端子变为低电平，KA1、KA3 线圈失电，KA2 线圈得电。KA1、KA3 线圈失电→KA1、KA3 常开触点断开→KM1、KM3 线圈失电→KM1、KM3 主触点断开→变频器与电源、电动机断开。KA2 线圈得电→KA2 常开触点闭合→KM2 线圈得电→KM2 主触点闭合→工频电源直接提供给电动机。（注：KA1、KA3 线圈失电与 KA2 线圈得电并不是同时进行的，有一定的切换时间，它与 Pr.136、Pr.137 设置有关）

按下按钮 SB3 可以解除声光报警，按下按钮 SB4，可以解除变频器的保护输出状态。若电动机在运行时出现过载，与电动机串接的热继电器 FR 发热元件动作，使 FR 常闭触点断开，切断 OH 端子输入，变频器停止输出，对电动机进行保护。

（2）参数设置

参数设置内容包括以下两个。

① 工频与变频切换功能设置。工频与变频切换有关参数功能及设置值见表 11-3。

表 11-3　工频与变频切换有关参数功能及设置值

参数与设置值	功能	设置值范围	说　明
Pr.135 （Pr.135=1）	工频-变频切换选择	0	切换功能无效。Pr.136、Pr.137、Pr.138 和 Pr.139 参数设置无效
		1	切换功能有效
Pr.136 （Pr.136=0.3）	继电器切换互锁时间	0～100.0s	设定 KA2 和 KA3 动作的互锁时间
Pr.137 （Pr.137=0.5）	启动等待时间	0～100.0s	设定时间应比信号输入到变频器时到 KA3 实际接通的时间稍微长点（为 0.3～0.5s）
Pr.138 （Pr.138=1）	报警时的工频-变频切换选择	0	切换无效。当变频器发生故障时，变频器停止输出（KA2 和 KA3 断开）
		1	切换有效。当变频器发生故障时，变频器停止运行并自动切换到工频电源运行（KA2：ON，KA3：OFF）
Pr.139 （Pr.139=9999）	自动变频-工频电源切换选择	0～60.0Hz	当变频器输出频率达到或超过设定频率时，会自动切换到工频电源运行
		9999	不能自动切换

② 部分输入/输出端子的功能设置。部分输入/输出端子的功能设置见表 11-4。

表 11-4　部分输入/输出端子的功能设置

参数与设置值	功能说明
Pr.185=7	将 JOG 端子功能设置成 OH 端子，用作过热保护输入端
Pr.186=6	将 CS 端子设置成自动再启动控制端子
Pr.192=17	将 IPF 端子设置成 KA1 控制端子
Pr.193=18	将 OL 端子设置成 KA2 控制端子
Pr.194=19	将 FU 端子设置成 KA3 控制端子

11.4　多挡速控制功能及电路

变频器可以对电动机进行多挡转速驱动。在进行多挡转速控制时，需要对变频器有关参数进行设置，再操作相应端子外接开关。

11.4.1　多挡转速控制端子

变频器的 RH、RM、RL 为多挡转速控制端，RH 为高速挡，RM 为中速挡，RL 为低速挡。RH、RM、RL 3 个端子组合可以进行 7 挡转速控制。多挡转速控制如图 11-7 所示，其中图 (a) 为多速控制电路，图 (b) 为转速与多速控制端子通断关系。

图 11-7　多挡转速控制说明

当开关 SA1 闭合时，RH 端与 SD 端接通，相当于给 RH 端输入高速运转指令信号，变频器马上输出频率很高的电源去驱动电动机，电动机迅速启动并高速运转（1 速）。

当开关 SA2 闭合时（SA1 需断开），RM 端与 SD 端接通，变频器输出频率降低，电动机由高速转为中速运转（2 速）。

当开关 SA3 闭合时（SA1、SA2 需断开），RL 端与 SD 端接通，变频器输出频率进一步降低，电动机由中速转为低速运转（3 速）。

当 SA1、SA2、SA3 均断开时，变频器输出频率变为 0Hz，电动机由低速转为停转。

SA2、SA3 闭合，电动机 4 速运转；SA1、SA3 闭合，电动机 5 速运转；SA1、SA2 闭合，电动机 6 速运转；SA1、SA2、SA3 闭合，电动机 7 速运转。

图 11-7 (b) 曲线中的斜线表示变频器输出频率由一种频率转变到另一种频率需经历一段时间，在此期间，电动机转速也由一种转速变化到另一种转速；水平线表示输出频率稳定，电动机转速稳定。

11.4.2　多挡控制参数的设置

多挡控制参数包括多挡转速端子选择参数和多挡运行频率参数。

(1) 多挡转速端子选择参数

在使用 RH、RM、RL 端子进行多速控制时，先要通过设置有关参数使这些端子控制有效。多挡转速端子参数设置如下：

Pr.180＝0，RL 端子控制有效。

Pr.181＝1，RM 端子控制有效。

Pr.182＝2，RH 端子控制有效。

以上某参数若设为 9999，则将该端设为控制无效。

(2) 多挡运行频率参数

RH、RM、RL 3 个端子组合可以进行 7 挡转速控制，各挡的具体运行频率需要用相应参数设置。多挡运行频率参数设置见表 11-5。

表 11-5 多挡运行频率参数设置

参数	速度	出厂设定	设定范围	备注
Pr. 4	高速	60Hz	0～400Hz	
Pr. 5	中速	30Hz	0～400Hz	
Pr. 6	低速	10Hz	0～400Hz	
Pr. 24	速度 4	9999	0～400Hz,9999	9999:无效
Pr. 25	速度 5	9999	0～400Hz,9999	9999:无效
Pr. 26	速度 6	9999	0～400Hz,9999	9999:无效
Pr. 27	速度 7	9999	0～400Hz,9999	9999:无效

11.4.3 多挡转速控制电路

图 11-8 是一个典型的多挡转速控制电路，它由主回路和控制回路两部分组成。该电路采用了 KA0～KA3 4 个中间继电器，其常开触点接在变频器的多挡转速控制输入端，电路还用了 SQ1～SQ3 3 个行程开关来检测运动部件的位置并进行转速切换控制。图 11-8 所示电路在运行前需要进行多挡控制参数的设置。

图 11-8 一个典型的多挡转速控制电路

电路工作过程说明如下。

① 启动并高速运转。按下启动按钮 SB1→中间继电器 KA0 线圈得电→KA0 3 个常开触点均闭合，一个触点锁定 KA0 线圈得电，一个触点闭合使 STF 端与 SD 端接通（即 STF 端输入正转指令信号），还有一个触点闭合使 KA1 线圈得电→KA1 两个常闭触点断开，一个常开触点闭合→KA1 两个常闭触点断开使 KA2、KA3 线圈无法得电，KA1 常开触点闭合将 RH 端与 SD 端接通（即 RH 端输入高速指令信号）→STF、RH 端子外接触点均闭合，变频器输出频率很高的电源，驱动电动机高速运转。

② 高速转中速运转。高速运转的电动机带动运动部件运行到一定位置时，行程开关 SQ1 动作→SQ1 常闭触点断开，常开触点闭合→SQ1 常闭触点断开使 KA1 线圈失电，RH 端子外接 KA1 触点断开，SQ1 常开触点闭合使继电器 KA2 线圈得电→KA2 两个常闭触点断开，两个常开触点闭合→KA2 两个常闭触点断开分别使 KA1、KA3 线圈无法得电；KA2 两个常开触点闭合，一个触点闭合锁定 KA2 线圈得电，另一个触点闭合使 RM 端与 SD 端接通（即 RM 端输入中速指令信号）→变频器输出频率由高变低，电动机由高速转为中速运转。

③ 中速转低速运转。中速运转的电动机带动运动部件运行到一定位置时，行程开关 SQ2 动作→SQ2 常闭触点断开，常开触点闭合→SQ2 常闭触点断开使 KA2 线圈失电，RM 端子外接 KA2 触点断开，SQ2 常开触点闭合使继电器 KA3 线圈得电→KA3 两个常闭触点断开，两个常开触点闭合→KA3 两个常闭触点断开分别使 KA1、KA2 线圈无法得电；KA3 两个常开触点闭合，一个触点闭合锁定 KA3 线圈得电，另一个触点闭合使 RL 端与 SD 端接通（即 RL 端输入低速指令信号）→变频器输出频率进一步降低，电动机由中速转为低速运转。

④ 低速转为停转。低速运转的电动机带动运动部件运行到一定位置时，行程开关 SQ3 动作→继电器 KA3 线圈失电→RL 端与 SD 端之间的 KA3 常开触点断开→变频器输出频率降为 0Hz，电动机由低速转为停止。按下按钮 SB2→KA0 线圈失电→STF 端子外接 KA0 常开触点断开，切断 STF 端子的输入。

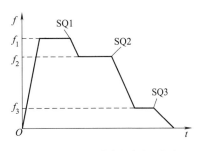

图 11-8 所示电路中变频器输出频率变化如图 11-9 所示，从图中可以看出，在行程开关动作时输出频率开始转变。

图 11-9 变频器输出频率变化曲线

11.5 程序控制功能及应用

程序控制又称简易 PLC 控制，它是通过设置参数的方式给变频器编制电动机转向、运行频率和时间的程序段，然后用相应输入端子控制某程序段的运行，让变频器按程序输出相应频率的电源，驱动电动机按设置方式运行。三菱 FR-A500 系列变频器具有程序控制功能，而三菱 FR-A700 系列变频器删除了该功能。

11.5.1 程序控制参数设置

（1）程序控制模式参数（Pr.79）

变频器只有工作在程序控制模式才能进行程序运行控制。Pr.79 为变频器操作模式参数，当设置 Pr.79＝5 时，变频器就工作在程序控制模式。

（2）程序设置参数

程序设置参数包括程序内容设置参数和时间单位设置参数。

① 程序内容设置参数（Pr.201～Pr.230）。程序内容设置参数用来设置电动机的转向、运行频率和运行时间。程序内容设置参数有 Pr.201～Pr.230，每个参数都可以设置电动机的转向、运行频率和运行时间，通常将 10 个参数编成一个组，共分成 3 个组。

1 组：Pr.201～Pr.210。

2 组：Pr.211～Pr.220。

3 组：Pr.221～Pr.230。

参数设置的格式（以 Pr.201 为例）：

Pr.201＝（转向：0 停止，1 正转，2 反转），（运行频率：0～400），（运行时间：0～99.59）

如 Pr.201＝1，40，1.30。

② 时间单位设置参数（Pr.200）。时间单位设置参数用来设置程序运行的时间单位。时

间单位设置参数为 Pr.200。

Pr.200＝1 单位：min，s。

Pr.200＝0 单位：h，min。

（3）Pr.201～Pr.230 参数的设置过程

由于 Pr.201～Pr.230 每个参数都需要设置 3 个内容，故较一般参数设置复杂，下面以 Pr.201 参数设置为例进行说明。Pr.201 参数设置步骤如下。`

① 选择参数号。操作"MODE"键切换到参数设定模式，再按"SET"键开始选择参数号的最高位，按"▲"或"▼"键选择最高位的数值为"2"，最高位设置好后，按"SET"键会进入中间位的设置，按"▲"或"▼"键选择中间位的数值为"0"，再用同样的方法选择最低位的数值为"1"，这样就选择了"201"号参数。

② 设置参数值。按"▲"或"▼"键设置第 1 个参数值为"1"（正转），然后按"SET"键开始设置第 2 个参数值，用"▲"或"▼"键将第 2 个参数值设为"30"（30Hz），再按"SET"键开始设置第 3 个参数值，用"▲"或"▼"键将第 3 个参数值设为"4.30"（4：30）。这样就将 Pr.201 参数设为 Pr.201＝1，30，4.30。按"▲"键可移到下一个参数 Pr.202，可用同样的方法设置该参数值。

在参数设置过程中，若要停止设置，可在设置转向和频率中写入"0"，若无设定，则设置为"9999"（参数无效）。如果设置时输入 4.80，将会出现错误（80 超过了 59min 或者 59s）。

11.5.2　程序运行控制端子

变频器程序控制参数设置完成后，需要使用相应端子控制程序运行。程序运行控制端子的控制对象或控制功能如下。

RH 端子：1 组。

RM 端子：2 组。

RL 端子：3 组。

STF 端子：程序运行启动。

STR 端子：复位（时间清零）。

例如当 STF、RH 端子外接开关闭合后，变频器自动运行 1 组（Pr.201～Pr.210）程序，输出相应频率，让电动机按设定转向、频率和时间运行。

11.5.3　程序控制应用举例

图 11-10　一个常见的变频器程序控制运行电路

图 11-10 是一个常见的变频器程序控制运行电路，图 11-11 为程序运行参数图。在进行程序运行控制前，需要先进行参数设置，再用相应端子外接开关控制程序运行。

（1）程序参数设置

程序参数设置如下。

① 设置 Pr.79＝5，让变频器工作在程序控制模式。

图 11-11　程序运行参数图

② 设置 Pr.200＝1，将程序运行时间单位设为时/分。

③ 设置 Pr.201～Pr.206，具体设定值及功能见表 11-6。

表 11-6　参数 Pr.201～Pr.206 具体设定值及功能

参 数 设 定 值	设 定 功 能
Pr.201＝1,20,1:00	正转,20Hz,1 点整
Pr.202＝0,0,3:00	停止,3 点整
Pr.203＝2,30,4:00	反转,30Hz,4 点整
Pr.204＝1,10,6:00	正转,10Hz,6 点整
Pr.205＝1,35,7:30	正转,35Hz,7 点 30 分
Pr.206＝0,0,9:00	停止,9 点整

（2）程序运行控制

将 RH 端子外接开关闭合，选择运行第 1 程序组（Pr.201～Pr.210 设定的参数），再将 STF 端子外接开关闭合，变频器内部定时器开始从 0 计时，开始按图 11-11 所示程序运行参数曲线工作。当计时到 1：00 时，变频器执行 Pr.201 参数值，输出正转、20Hz 的电源驱动电动机运转，这样运转到 3：00 时（连续运转 2h），变频器执行 Pr.202 参数值，停止输出电源，当到达 4：00 时，变频器执行 Pr.203 参数值，输出反转、30Hz 电源驱动电动机运转，变频器后续的工作情况如图 11-11 曲线所示。

当变频器执行完一个程序组后会从 SU 端输出一个信号，该信号送入 STR 端，对变频器的定时器进行复位，然后变频器又重新开始执行程序组，按图 11-11 所示曲线工作。若要停止程序运行，可断开 STF 端子外接开关。变频器在执行程序过程中，如果瞬间断电又恢复，定时器会自动复位，但不会自动执行程序，需要重新断开又闭合 STF 端子外接开关。

11.6　PID 控制功能及应用

11.6.1　PID 控制原理

PID 控制又称比例微积分控制，是一种闭环控制。下面以图 11-12 所示的恒压供水系统来说明 PID 控制原理。

图 11-12　恒压供水系统

电动机驱动水泵将水抽入水池，水池中的水除了经出水口提供用水外，还经阀门送到压力传感器，传感器将水压大小转换成相应的电信号 X_f，X_f 反馈到比较器与给定信号 X_i 进行比较，得到偏差信号 ΔX（$\Delta X = X_i - X_f$）。

若 $\Delta X > 0$，表明水压小于给定值，偏差信号经 PID 处理得到控制信号，控制变频器驱动回路，使之输出频率上升，电动机转速加快，水泵抽水量增多，水压增大。

若 $\Delta X < 0$，表明水压大于给定值，偏差信号经 PID 处理得到控制信号，控制变频器驱动回路，使之输出频率下降，电动机转速变慢，水泵抽水量减少，水压下降。

若 $\Delta X = 0$，表明水压等于给定值，偏差信号经 PID 处理得到控制信号，控制变频器驱动回路，使之输出频率不变，电动机转速不变，水泵抽水量不变，水压不变。

控制回路的滞后性，会使水压值总与给定值有偏差。例如当用水量增多水压下降时，电路需要对有关信号进行处理，再控制电动机转速变快，提高水泵抽水量，从压力传感器检测到水压下降到控制电动机转速加快，提高抽水量，恢复水压需要一定时间。通过提高电动机转速恢复水压后，系统又要将电动机转速调回正常值，这也要一定时间，在这段回调时间内水泵抽水量会偏多，导致水压又增大，又需进行反调。这样的结果是水池水压会在给定值上下波动（振荡），即水压不稳定。

采用了 PID 处理可以有效减小控制环路滞后和过调问题（无法彻底消除）。PID 包括 P 处理、I 处理和 D 处理。P（比例）处理是将偏差信号 ΔX 按比例放大，提高控制的灵敏度；I（积分）处理是对偏差信号进行积分处理，缓解 P 处理比例放大量过大引起的超调和振荡；D（微分）处理是对偏差信号进行微分处理，以提高控制的迅速性。

11.6.2　PID 控制参数设置

为了让 PID 控制达到理想效果，需要对 PID 控制参数进行设置。PID 控制参数说明见表 11-7。

表 11-7　PID 控制参数说明

参数	名称	设定值	说明		
Pr.128	选择 PID 控制	10	对于加热、压力等控制	偏差量信号输入（端子 1）	PID 负作用
		11	对于冷却等控制		PID 正作用
		20	对于加热、压力等控制	检测值输入（端子 4）	PID 负作用
		21	对于冷却等控制		PID 正作用
Pr.129	PID 比例范围常数	0.1～10	如果比例范围较窄（参数设定值较小），反馈量的微小变化会引起执行量的很大改变。因此，随着比例范围变窄，响应的灵敏性（增益）得到改善，但稳定性变差，例如：发生振荡增益 $K = 1/$比例范围		
		9999	无比例控制		
Pr.130	PID 积分时间常数	0.1～3600s	这个时间是指由积分（I）作用时达到与比例（P）作用时相同的执行量所需要的时间，随着积分时间的减少，到达设定值就越快，但也容易发生振荡		
		9999	无积分控制		
Pr.131	上限值	0～100%	设定上限，如果检测值超过此设定，就输出 FUP 信号（检测值的 4mA 等于 0，20mA 等于 100%）		
		9999	功能无效		
Pr.132	下限值	0～100%	设定下限（如果检测值超出设定范围，则输出一个报警。同样，检测值的 4mA 等于 0，20mA 等于 100%）		
		9999	功能无效		

续表

参数	名称	设定值	说明
Pr.133	用 PU 设定的 PID 控制设定值	0～100%	仅在 PU 操作或 PU/外部组合模式下对于 PU 指令有效 对于外部操作,设定值由端子 2-5 间的电压决定 (Pr.902 值等于 0 和 Pr.903 值等于 100%)
Pr.134	PID 微分时间常数	0.01～10.00s	时间值仅要求向微分作用提供一个与比例作用相同的检测值。随着时间的增加,偏差改变会有较大的响应
		9999	无微分控制

11.6.3　PID 控制应用举例

图 11-13 是一种典型的 PID 控制应用电路。在进行 PID 控制时,先要接好线路,然后设置 PID 控制参数,再设置端子功能参数,最后操作运行。

图 11-13　一种典型的 PID 控制应用电路

（1）PID 控制参数设置

图 11-13 所示电路的 PID 控制参数设置见表 11-8。

表 11-8　PID 控制参数设置

参数及设置值	说　　明
Pr.128＝20	将端子 4 设为 PID 控制的压力检测输入端
Pr.129＝30	将 PID 比例调节设为 30%
Pr.130＝10	将积分时间常数设为 10s
Pr.131＝100%	设定上限值范围为 100%
Pr.132＝0	设定下限值范围为 0
Pr.133＝50%	设定 PU 操作时的 PID 控制设定值(外部操作时,设定值由 2-5 端子间的电压决定)
Pr.134＝3s	将积分时间常数设为 3s

（2）端子功能参数设置

PID 控制时需要通过设置有关参数定义某些端子功能。端子功能参数设置见表 11-9。

表 11-9　端子功能参数设置

参数及设置值	说　　明
Pr.183＝14	将 RT 端子设为 PID 控制端,用于启动 PID 控制
Pr.192＝16	设置 IPF 端子输出正反转信号
Pr.193＝14	设置 OL 端子输出下限信号
Pr.194＝15	设置 FU 端子输出上限信号

（3）操作运行

① 设置外部操作模式。设定 Pr.79＝2,面板"EXT"指示灯亮,指示当前为外部操作模式。

② 启动 PID 控制。将 AU 端子外接开关闭合,选择端子 4 电流输入有效;将 RT 端子外接开关闭合,启动 PID 控制;将 STF 端子外接开关闭合,启动电动机正转。

③ 改变给定值。调节设定电位器,2-5 端子间的电压变化,PID 控制的给定值随之变化,电动机转速会发生变化,例如给定值大,正向偏差（$\Delta X>0$）增大,相当于反馈值减小,PID 控制使电动机转速变快,水压增大,端子 4 的反馈值增大,偏差慢慢减小,当偏差接近 0 时,电动机转速保持稳定。

④ 改变反馈值。调节阀门,改变水压大小来调节端子 4 输入的电流（反馈值）,PID 控制的反馈值变化,电动机转速就会发生变化。例如阀门调大,水压增大,反馈值大,负向偏差（$\Delta X<0$）增大,相当于给定值减小,PID 控制使电动机转速变慢,水压减小,端子 4 的反馈值减小,偏差慢慢减小,当偏差接近 0 时,电动机转速保持稳定。

⑤ PU 操作模式下的 PID 控制。设定 Pr.79＝1,面板"PU"指示灯亮,指示当前为 PU 操作模式。按"FWD"或"REV"键,启动 PID 控制,运行在 Pr.133 设定值上,按"STOP"键停止 PID 运行。

第12章　变频器的选用、安装与维护

在使用变频器组成变频调速系统时，需要根据实际情况选择合适的变频器及外围设备，设备选择好后要正确进行安装，安装结束在正式投入运行前要进行调试，投入运行后，需要定期对系统进行维护保养。

12.1　变频器的种类

变频器是一种电能变换设备，其功能是将工频电源转换成频率和电压可调的电源，驱动电动机运转并实现调速控制。变频器种类很多，具体见表 12-1 。

表 12-1　变频器种类

分类方式	种　类	说　明
按变换方式	交-直-交变频器	交-直-交变频器是先将工频交流电源转换成直流电源,再将直流电源转换成频率和电压可调的交流电源。由于这种变频器的交-直-交转换过程容易控制,并且对电动机有很好的调速性能,因此大多数变频器采用交-直-交变换方式
	交-交变频器	交-交变频器是将工频交流电源直接转换成另一种频率和电压可调的交流电源。由于这种变频器省去了中间环节,故转换效率较高,但其频率变换范围很窄(一般为额定频率的 1/2 以下),主要用在大容量低速调速控制系统中
按输入电源的相数	单相变频器	单相变频器的输入电源为单相交流电,经单相整流后转换成直流电源,再经逆变电路转换成三相交流电源去驱动电动机。单相变频器的容量较小,适用于只有单相交流电源场合(如家用电器)
	三相变频器	三相变频器的输入电源是三相工频电源,大多数变频器属于三相变频器,有些三相变频器可当成单相变频器使用
按输出电压调制方式	脉幅调制变频器（PAM）	脉幅调制变频器是通过调节输出脉冲的幅度来改变输出电压。这种变频器一般采用整流电路调压,逆变电路变频,早期的变频器多采用这种方式
	脉宽调制变频器（PWM）	脉宽调制变频器是通过调节输出脉冲的宽度来改变输出电压。这种变频器多采用逆变电路同时调压变频,目前的变频器多采用这种方式
按滤波方式	电压型变频器	电压型变频器的整流电路后面采用大电容作为滤波元件,在电容上可获得大小稳定的电压提供给逆变电路。这种变频器可在容量不超过额定值的情况下同时驱动多台电动机并联运行
	电流型变频器	电流型变频器的整流电路后面采用大电感作为滤波元件,它可以为逆变电路提供大小稳定的电流。这种变频器适用于频繁加减速的大容量电动机

续表

分类方式	种　类	说　　明
按电压等级	低压变频器	低压变频器又称中小容量变频器,其电压等级在 1kV 以下,单相为 220~380V,三相为 220~460V,容量为 0.2~500kV·A
	高中压变频器	高中压变频器电压等级在 1kV 以上,容量多在 500kV·A 以上
按用途分类	通用型变频器	通用型变频器具有通用性,可以配接多种特性不同的电动机,其频率调节范围宽,输出力矩大,动态性能好
	专用型变频器	专用型变频器用来驱动特定的某些设备,如注塑机专用变频

12.2　变频器的选用与容量计算

在选用变频器时,除了要求变频器的容量适合负载外,还要求选用的变频器的控制方式适合负载的特性。

12.2.1　额定值

变频器额定值主要有输入侧额定值和输出侧额定值。

(1) 输入侧额定值

变频器输入侧额定值包括输入电源的相数、电压和频率。中小容量变频器的输入侧额定值主要有三种:三相/380V/50Hz,单相/220V/50Hz 和三相/220V/50Hz。

(2) 输出侧额定值

变频器输出侧额定值主要有额定输出电压 U_{CN}、额定输出电流 I_{CN} 和额定输出容量 S_{CN}。

① 额定输出电压 U_{CN}　变频器在工作时除了改变输出频率外,还要改变输出电压。额定输出电压 U_{CN} 是指最大输出电压值,也就是变频器输出频率等于电动机额定频率时的输出电压。

② 额定输出电流 I_{CN}　额定输出电流 I_{CN} 是指变频器长时间使用允许输出的最大电流。额定输出电流 I_{CN} 主要反映变频器内部电力电子器件的过载能力。

③ 额定输出容量 S_{CN}　额定输出容量 S_{CN} 一般采用下面式子计算

$$S_{CN} = \sqrt{3} U_{CN} I_{CN}$$

S_{CN} 单位:kV·A。

12.2.2　选用

在选用变频器时,一般根据负载的性质及负荷大小来确定变频器的容量和控制方式。

(1) 容量选择

变频器的过载容量为 125%/60s 或 150%/60s,若超出该数值,必须选用更大容量的变频器。当过载量为 200% 时,可按 $I_{CN} \geq (1.05\sim1.2) I_N$ 来计算额定电流,再乘 1.33 倍来选取变频器容量,I_N 为电动机额定电流。

(2) 控制方式的选择

① 恒定转矩负载　恒转矩负载是指转矩大小只取决于负载的轻重,而与负载转速大小无关的负载。例如挤压机、搅拌机、桥式起重机、提升机和带式输送机等都属于恒转矩类型

负载。

对于恒定转矩负载，若调速范围不大，并对机械特性要求不高的场合，可选用U/f控制方式或无反馈矢量控制方式的变频器。

若负载转矩波动较大，应考虑采用高性能的矢量控制变频器，对要求有高动态响应的负载，应选用有反馈的矢量控制变频器。

② 恒功率负载　恒功率负载是指转矩大小与转速成反比，而功率基本不变的负载。卷取类机械一般属于恒功率负载，如薄膜卷取机、造纸机械等。

对于恒功率负载，可选用通用型U/f控制变频器。对于动态性能和精确度要求高的卷取机械，必须采用有矢量控制功能的变频器。

③ 二次方律负载　二次方律负载是指转矩与转速的二次方成正比的负载。如风扇、离心风机和水泵等都属于二次方律负载。

对于二次方律负载，一般选用风机、水泵专用变频器。风机、水泵专用变频器有以下特点。

a. 由于风机和水泵通常不容易过载，低速时转矩较小，故这类变频器的过载能力低，一般为120%/60s（通用变频器为150%/60s），在功能设置时要注意这一点。由于负载的转矩与转速平方成正比，当工作频率高于额定频率时，负载的转矩有可能大大超过电动机转矩而使变频器过载，因此在功能设置时最高频率不能高于额定频率。

b. 具有多泵切换和换泵控制的转换功能。

c. 配置一些专用控制功能，如睡眠唤醒、水位控制、定时开关机和消防控制等。

12.2.3　容量计算

在采用变频器驱动电动机时，先根据机械特点选用合适的异步电动机，再选用合适的变频器配接电动机。在选用变频器时，通常先根据异步电动机的额定电流（或电动机运行中的最大电流）来选择变频器，再确定变频器容量和输出电流是否满足电动机运行条件。

（1）连续运转条件下的变频器容量计算

由于变频器供给电动机的是脉动电流，其脉动值比工频供电时的电流要大，在选用变频器时，容量应留有适当的余量。此时选用变频器应同时满足以下三个条件：

$$P_{CN} \geqslant \frac{K P_M}{\eta \cos\varphi} \quad (kV \cdot A)$$

$$I_{CN} \geqslant K I_M \quad (A)$$

$$P_{CN} \geqslant K \sqrt{3} U_M I_M \times 10^{-3} (kV \cdot A)$$

式中　P_M——电动机输出功率；

　　　η——效率（取0.85）；

　　$\cos\varphi$——功率因数（取0.75）；

　　U_M——电动机的电压，V；

　　I_M——电动机的电流，A；

　　K——电流波形的修正系数（PWM方式取1.05～1.1）；

　　P_{CN}——变频器的额定容量，kV·A；

　　I_{CN}—变频器的额定电流，A。

式子中的I_M如果按电动机实际运行中的最大电流来选择变频器，变频器的容量可以适当缩小。

（2）加减速条件下的变频器容量计算

变频器的最大输出转矩由最大输出电流决定。通常对于短时的加减速而言，变频器允许达到额定输出电流的130％～150％，故在短时加减速时的输出转矩也可以增大；反之，若只需要较小的加减速转矩时，也可降低选择变频器的容量。由于电流的脉动原因，此时应将变频器的最大输出电流降低10％后再进行选定。

（3）频繁加减速条件下的变频器容量计算

对于频繁加减速的电动机，如果按图12-1所示曲线特性运行，那么根据加速、恒速、减速等各种运行状态下的电流值，可按下式确定变频器额定值：

$$I_{CN} = \frac{I_1 t_1 + I_2 t_2 + \cdots + I_5 t_5}{t_1 + t_2 + \cdots + t_5} K_0$$

式中 I_{CN}——变频器额定输出电流，A；

I_1，I_2，…，I_5——各运行状态平均电流，A；

t_1、t_2，…，t_5——各运行状态下的时间；

        K_0——安全系数（运行频繁时取1.2，其他条件下取1.1）。

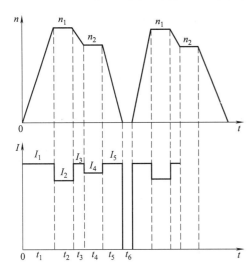

图12-1 频繁加减速的电动机运行曲线

（4）在驱动多台并联运行电动机条件下的变频器容量计算

当用一台变频器驱动多台电动机并联运行时，在一些电动机启动后，若再让其他电动机启动，由于此时变频器的电压、频率已经上升，追加投入的电动机将产生大的启动电流，因此与同时启动时相比，变频器容量需要大些。

以短时过载能力为150％/60s的变频器为例，若电动机加速时间在60s内，应满足以下条件：

$$P_{CN} \geqslant \frac{2}{3} P_{CN1} \left[1 + \frac{n_s}{n_T}(K_s - 1) \right]$$

$$I_{CN} \geqslant \frac{2}{3} n_T I_M \left[1 + \frac{n_s}{n_T}(K_s - 1) \right]$$

若电动机加速时间在60s以上，则应满足下面的条件：

$$P_{CN} \geqslant P_{CN1} \left[1 + \frac{n_s}{n_T}(K_s - 1) \right]$$

$$I_{CN} \geqslant n_T I_M \left[1 + \frac{n_s}{n_T}(K_s - 1) \right]$$

式中 n_T——并联电动机的台数；

      n_s——同时启动的台数；

  P_{CN1}——连续容量（kV·A），$\dfrac{K P_M n_T}{\eta \cos\varphi}$；

    P_M——电动机输出功率；

     η——电动机的效率（约取0.85）；

$\cos\varphi$——电动机的功率因数（常取 0.75）；

K_s——电动机启动电流/电动机额定电流；

I_M——电动机额定电流；

K——电流波形修正系数（PWM 方式取 1.05～1.10）；

P_{CN}——变频器容量，kV·A；

I_{CN}——变频器额定电流，A。

在变频器驱动多台电动机时，若其中可能有一台电动机随时挂接到变频器或随时退出运行。此时变频器的额定输出电流可按下式计算：

$$I_{ICN} \geqslant K\sum_{i=1}^{i}I_{MN}+0.9I_{MQ}$$

式中　I_{ICN}——变频器额定输出电流，A；

I_{MN}——电动机额定输入电流，A；

I_{MQ}——最大一台电动机的启动电流，A；

K——安全系数，一般取 1.05～1.10；

J——余下的电动机台数。

（5）在电动机直接启动条件下变频器容量的计算

一般情况下，三相异步电动机直接用工频启动时，启动电流为其额定电流的 5～7 倍。对于电动机功率小于 10kW 的电动机直接启动时，可用下面式子计算变频器容量：

$$I_{CN} \geqslant I_K/K_g$$

式中　I_K——在额定电压、额定频率下电动机启动时的堵转电流，A；

K_g——变频器的允许过载倍数，K_g=1.3～1.5。

在运行中，若电动机电流变化不规则，不易获得运行特性曲线，这时可将电动机在输出最大转矩时的电流限制在变频器的额定输出电流内进行选定。

（6）在大惯性负载启动条件下的变频器容量计算

变频器过载容量通常为 125％/60s 或 150％/60s，如果超过此值，必须增大变频器的容量。在这种情况下，可按下面的式子计算变频器的容量：

$$P_{CN} \geqslant \frac{Kn_M}{9550\eta\cos\varphi}\left[T_L+\frac{GD^2}{375}\times\frac{n_M}{t_A}\right]$$

式中　GD^2——换算到电动机轴上的转动惯量值，N·m²；

T_L——负载转矩，N·m；

η——电动机的效率（取 0.85）；

$\cos\varphi$——电动机的功率因数（取 0.75）；

n_M——电动机的额定转速，r/min；

t_A——电动机加速时间，s，由负载要求确定；

K——电流波形的修正系数（PWM 方式取 1.05～1.10）；

P_{CN}——变频器的额定容量，kV·A。

（7）轻载条件下的变频器容量计算

如果电动机的实际负载比电动机的额定输出功率小，变频器容量一般可选择与实际负载相称。但对于通用变频器，应按电动机额定功率选择变频器容量。

12.3 变频器外围设备的选用

在组建变频调速系统时，先要根据负载选择变频器，再给变频器选择相关外围设备。为了让变频调速系统正常可靠工作，正确选用变频器外围设备非常重要。

12.3.1 主电路外围设备的接线

变频器主电路设备直接接触高电压大电流，主电路外围设备选用不当，轻则变频器不能正常工作，重则会损坏变频器。变频器主电路外围设备和接线如图 12-2 所示，这是一个较齐全的主电路接线图，在实际中有些设备可不采用。

图 12-2 变频器主电路的外围设备和接线

从图中可以看出，变频器主电路的外围设备有熔断器、断路器、交流接触器（主触点）、交流电抗器、噪声滤波器、制动电阻、直接电抗器和热继电器（发热元件）。为了降低成本，在要求不高的情况下，主电路外围设备大多数可省掉，如仅保留断路器。

12.3.2 熔断器的选用

熔断器用来对变频器进行过流保护。熔断器的额定电流 I_{UN} 可根据下式选择：

$$I_{UN} > (1.1 \sim 2.0) I_{MN}$$

式中 I_{UN}——熔断器的额定电流；

I_{MN}——电动机的额定电流。

12.3.3 断路器的选用

断路器又称自动空气开关，断路器的功能主要有：接通和切断变频器电源；对变频器进行过流欠压保护。

由于断路器具有过流自动掉闸保护功能，为了防止产生误动作，正确选择断路器的额定电流非常重要。断路器的额定电流 I_{QN} 选择分下面两种情况。

① 一般情况下，I_{QN} 可根据下式选择：

$$I_{QN} > (1.3 \sim 1.4) I_{CN}$$

式中 I_{CN}——变频器的额定电流，A。

② 在工频和变频切换电路中，I_{QN} 可根据下式选择：

$$I_{QN} > 2.5 I_{MN}$$

式中 I_{MN}——电动机的额定电流，A。

12.3.4 交流接触器的选用

根据安装位置不同，交流接触器可分为输入侧交流接触器和输出侧交流接触器。

（1）输入侧交流接触器

输入侧交流接触器安装在变频器的输入端，它既可以远距离接通和分断三相交流电源，在变频器出现故障时还可以及时切断输入电源。

输入侧交流接触器的主触点接在变频器输入侧，主触点额定电流 I_{KN} 可根据下式选择：

$$I_{KN} \geq I_{CN}$$

式中　I_{CN}——变频器的额定电流，A。

（2）输出侧交流接触器

当变频器用于工频/变频切换时，变频器输出端需接输出侧交流接触器。

由于变频器输出电流中含有较多的谐波成分，其电流有效值略大于工频运行的有效值，故输出侧交流接触器的主触点额定电流应选大些。输出侧交流接触器的主触点额定电流 I_{KN} 可根据下式选择：

$$I_{KN} > 1.1 I_{MN}$$

式中　I_{MN}——电动机的额定电流，A。

12.3.5　交流电抗器的选用

（1）作用

交流电抗器实际上是一个带铁芯的三相电感器，如图 12-3 所示。

交流电抗器的作用有：

① 抑制谐波电流，提高变频器的电能利用效率（可将功率因素提高至 0.85 以上）。

② 由于电抗器对突变电流有一定的阻碍作用，故在接通变频器瞬间，可降低浪涌电流大小，减小电流对变频器冲击。

③ 可减小三相电源不平衡的影响。

（2）应用场合

交流电抗器不是变频器必用外部设备，可根据实际情况考虑使用。当遇到下面的情况之一时，可考虑给变频器安装交流电抗器：

图 12-3　交流电抗器

① 电源的容量很大，达到变频器容量 10 倍以上，应安装交流电抗器。

② 若在同一供电电源中接有晶闸管整流器，或者电源中接有补偿电容（提高功率因素），应安装交流电抗器。

③ 三相供电电源不平衡超过 3％时，应安装交流电抗器。

④ 变频器功率大于 30kW 时，应安装交流电抗器。

⑤ 变频器供电电源中含有较多高次谐波成分时，应考虑安装变流电抗器。

在选用交流电抗器时，为了减小电抗器对电能的损耗，要求电抗器的电感量与变频器的容量相适应。表 12-2 列出一些常用交流电抗器的规格。

表 12-2　一些常用交流电抗器的规格

电动机容量/kW	30	37	45	55	75	90	110	160
变频器容量/kW	30	37	45	55	75	90	110	160
电感量/mH	0.32	0.26	0.21	0.18	0.13	0.11	0.09	0.06

12.3.6 直流电抗器的选用

直流电抗器如图 12-4 所示，它接在变频器 P1、P（或＋）端子之间，接线可参见图 12-2。直流电抗器的作用是削弱变频器开机瞬间电容充电形成的浪涌电流，同时提高功率因素。与交流电抗器相比，直流电抗器不但体积小，而且结构简单，提高功率因数更为有效，若两者同时使用，可使功率因数达到 0.95，大大提高变频器的电能利用率。

常用直流电抗器的规格见表 12-3。

表 12-3 常用直流电抗器的规格

电动机容量/kW	30	37～55	75～90	110～132	160～200	230	280
允许电流/A	75	150	220	280	370	560	740
电感量/mH	600	300	200	140	110	70	55

12.3.7 制动电阻

制动电阻的作用是在电动机减速或制动时消耗惯性运转产生的电能，使电动机能迅速减速或制动。制动电阻如图 12-5 所示。为了使制动达到理想效果且避免制动电阻烧坏，选用制动电阻时需要计算阻值和功率。

图 12-4 直流电抗器

图 12-5 制动电阻

（1）阻值的计算

精确计算制动电阻的阻值要涉及很多参数，且计算复杂，一般情况下可按下式粗略估算：

$$R_B = \frac{2U_{DB}}{I_{MN}} \sim \frac{U_{DB}}{I_{MN}}$$

式中 R_B——制动电阻的阻值，Ω；

U_{DB}——直流回路允许的上限电压值，单位 V，我国规定 $U_{DB}=600$V；

I_{MN}——电动机的额定电流，A。

（2）功率的计算

制动电阻的功率可按下面式子计算：

$$P_B = \alpha_B \frac{U_{DB}^2}{R_B}$$

式中 P_B——制动电阻的功率，W；

U_{DB}——直流回路允许的上限电压值，单位 V，我国规定 $U_{DB}=600V$；

R_B——制动电阻的阻值，Ω；

α_B——修正系数。

α_B 可按下面规律取值：

在不反复制动时，若制动时间小于 10s，取 $\alpha_B=7$；若制动时间超过 100s，取 $\alpha_B=1$；若制动时间在 10～100s 之间时，α_B 可按比例选取 1～7 之间的值。

在反复制动时，若 $\dfrac{t_B}{t_C}<0.01$（t_B 为每次制动所需的时间，t_C 为每次制动周期所需的时间），取 $\alpha_B=7$；若 $\dfrac{t_B}{t_C}>0.15$，取 $\alpha_B=1$；若 $0.01<\dfrac{t_B}{t_C}<0.15$，$\alpha_B$ 可按比例选取 1～7 之间的值。

制动电阻的选取也可查表获得，不同容量电动机与制动电阻的阻值和功率对应关系见表 12-4 。

表 12-4　不同容量电动机与制动电阻的阻值和功率对应关系

电动机容量/kW	电阻值/Ω	电阻功率/kW	电动机容量/kW	电阻值/Ω	电阻功率/kW
0.40	1000	0.14	37	20.0	8
0.75	750	0.18	45	16.0	12
1.50	350	0.40	55	13.6	12
2.20	250	0.55	75	10.0	20
3.70	150	0.90	90	10.0	20
5.50	110	1.30	110	7.0	27
7.50	75	1.80	132	7.0	27
11.0	60	2.50	160	5.0	33
15.0	50	4.00	200	4.0	40
18.5	40	4.00	220	3.5	45
22.0	30	5.00	280	2.7	64
30.0	24	8.00	315	2.7	64

12.3.8　热继电器的选用

热继电器在电动机长时间过载运行时起保护作用。热继电器的发热元件额定电流 I_{RN} 可按下式选择：

$$I_{RN}\geqslant(0.95\sim1.15)I_{MN}$$

式中　I_{MN}——电动机的额定电流，A。

(a) 外形

输入侧滤波器

输出侧滤波器

(b) 结构

图 12-6　噪声滤波器

12.3.9 噪声滤波器

变频器在工作时会产生高次谐波干扰信号，在变频器输入侧安装噪声滤波器可以防止高次谐波干扰信号窜入电网，干扰电网中其他的设备，也可阻止电网中的干扰信号窜入变频器。在变频器输出侧的噪声滤波器可以防止干扰信号窜入电动机，影响电动机正常工作。一般情况下，变频器可不安装噪声滤波器，若需安装，建议安装变频器专用的噪声滤波器。

变频器专用噪声滤波器的外形和结构如图12-6所示。

12.4 变频器的安装、调试与维护

12.4.1 安装与接线

（1）注意事项

在安装变频器时，要注意以下事项：

① 由于变频器使用了塑料零件，为了不造成破损，在使用时，不要用太大的力。

② 应安装在不易受振动的地方。

③ 避免安装在高温、多湿的场所，安装场所周围温度不能超过允许温度（-10～+50℃）。

④ 安装在不可燃的表面上。变频器工作时温度最高可达150℃，为了安全，应安装在不可燃的表面上，同时为了使热量易于散发，应在其周围留有足够的空间。

⑤ 避免安装在油雾、易燃性气体、棉尘和尘埃等漂浮的场所。若一定要在这种环境下使用，可将变频器安装在可阻挡任何悬浮物质的封闭型屏板内。

图12-7 变频器安装在控制板上

（2）安装

变频器可安装在开放的控制板上，也可以安装在控制柜内。

① 安装在控制板上 当变频器安装在控制板上时，要注意变频器与周围物体有一定的空隙，便于能良好地散热，如图12-7所示。

② 安装在控制柜内 当变频器安装在有通风扇的控制柜内时，要注意安装位置，让对流的空气能通过变频器，以带走工作时散发的热量，如图12-8所示。

如果需要在一个控制柜内同时安装多台变频器，要注意水平并排安装位置，如图12-9所示，若垂直安装在一起，下方变频器散发的热量烘烤上方变频器。

图12-8 变频器安装在控制柜中

图12-9 多台变频器应并排安装

在安装变频器时，应将变频器竖直安装，不要卧式、侧式安装，如图 12-10 所示。

正确　　　　　　不正确　　　　　　　　不正确

图 12-10　变频器应竖直安装

（3）接线

变频器通过接线与外围设备连接，接线分为主电路接线和控制电路接线。主电路连接导线选择较为简单，由于主电路电压高、电流大，所以选择主电路连接导线时应该遵循"线径宜粗不宜细"原则，具体可按普通电动机的选择导线方法来选用。

控制电路的连接导线种类较多，接线时要符合其相应的特点。下面介绍各种控制接线及接线方法。

① 模拟量接线　模拟量接线主要包括：输入侧的给定信号线和反馈线；输出侧的频率信号线和电流信号线。

由于模拟量信号易受干扰，因此需要采用屏蔽线作模拟量接线。模拟量接线如图 12-11 所示，屏蔽线靠近变频器的屏蔽层应接公共端（COM），而不要接 E 端（接地端），屏蔽层的另一端要悬空。

在进行模拟量接线时还要注意：模拟量导线应远离主电路 100mm 以上；模拟量导线尽量不要和主电路交叉，若必须交叉，应采用垂直交叉方式。

② 开关量接线　开关量接线主要包括启动、点动和多挡转速等接线。一般情况下，模拟量接线原则适用开关量接线，不过由于开关量信号抗干扰能力强，所以在距离不远时，开关量接线可不采用屏蔽线，而使用普通的导线，但同一信号的两根线必须互相绞在一起。

图 12-11　模拟量接线

如果开关量控制操作台距离变频器很远，应先用电路将控制信号转换成能远距离传送的信号，当信号传送到变频器一端时，要将该信号还原成变频器所要求的信号。

③ 变频器的接地　为了防止漏电和干扰信号侵入或向外辐射，要求变频器必须接地。在接地时，应采用较粗的短导线将变频器的接地端子（通常为 E 端）与地连接。当变频器和多台设备一起使用时，每台设备都应分别接地，如图 12-12 所示，不允许将一台设备的接地端接到另一台设备接地端再接地。

④ 线圈反峰电压吸收电路接线　接触器、继电器或电磁铁线圈在断电的瞬间会产生很高的反峰电压，易损坏电路中的元件或使电路产生误动作，在线圈两端接吸收电路可以有效抑制反峰电压。对于交流电源供电的控制电路，可在线圈两端接 R、C 元件来吸收反峰电

图 12-12 变频器和多台设备一起使用时的接地方法

压,如图 12-13 (a) 所示,当线圈瞬间断电时产生很高反峰电压,该电压会对电容 C 充电而迅速降低。对于直流电源供电的控制电路,可在线圈两端接二极管来吸收反峰电压,如图 12-13 (b) 所示,图中线圈断电后会产生很高的左负右正反峰电压,二极管 VD 马上导通而使反峰电压降低,为了使能抑制反峰电压,二极管正极应对应电源的负极。

图 12-13 线圈反峰电压吸收电路接线

12.4.2 调试

变频器安装和接线后需要进行调试,调试时先要对系统进行检查,然后按照"先空载,再轻载,后重载"的原则进行调试。

(1) 检查

在变频调速系统试车前,先要对系统进行检查。检查分断电检查和通电检查。

① 断电检查 断电检查内容主要有:

a. 外观、结构的检查。主要检查变频器的型号、安装环境是否符合要求,装置有无损坏和脱落,电缆线径和种类是否合适,电气接线有无松动、错误,接地是否可靠等。

b. 绝缘电阻的检查。在测量变频器主电路的绝缘电阻时,要将 R、S、T 端子(输入端子)和 U、V、W 端子(输出端子)都连接起来,再用 500V 的兆欧表测量这些端子与接地端之间的绝缘电阻,正常绝缘电阻应在 10MΩ 以上。在测量控制电路的绝缘电阻时,应采用万用表 R×10kΩ 挡测量各端子与地之间的绝缘电阻,不能使用兆欧表或其他高电压仪表测量,以免损坏控制电路。

c. 供电电压的检查。检查主电路的电源电压是否在允许的范围之内,避免变频调速系统在允许电压范围外工作。

② 通电检查 通电检查内容主要有:

a. 检查显示是否正常。通电后,变频器显示屏会有显示,不同变频器通电后显示内容会有所不同,应对照变频器操作说明书观察显示内容是否正常。

b. 检查变频器内部风机能否正常运行。通电后,变频器内部风机会开始运转(有些变频器需工作时达到一定温度风机才运行，可查看变频器说明书），用手在出风口感觉风量是否正常。

（2）熟悉变频器的操作面板

不同品牌的变频器操作面板会有差异，在调试变频调速系统时，先要熟悉变频器操作面板。在操作时，可对照操作说明书对变频器进行一些基本的操作，如测试面板各按键的功能、设置变频器一些参数等。

（3）空载试验

在进行空载试验时，先脱开电动机的负载，再将变频器输出端与电动机连接，然后进行通电试验。试验步骤如下：

① 启动试验。先将频率设为0Hz，然后慢慢调高频率至50Hz，观察电动机的升速情况。

② 电动机参数检测。带有矢量控制功能的变频器需要通过电动机空载运行来自动检测电动机的参数，其中有电动机的静态参数，如电阻、电抗，还有动态参数，如空载电流等。

③ 基本操作。对变频器进行一些基本操作，如启动、点动、升速和降速等。

④ 停车试验。让变频器在设定的频率下运行10min，然后调频率迅速调到0Hz，观察电动机的制动情况，如果正常，空载试验结束。

（4）带载试验

空载试验通过后，再接上电动机负载进行试验。带载试验主要有启动试验、停车试验和带载能力试验。

① 启动试验　启动试验主要内容有：

a. 将变频器的工作频率由0Hz开始慢慢调高，观察系统的启动情况，同时观察电动机负载运行是否正常。记下系统开始启动的频率，若在频率较低的情况下电动机不能随频率上升而运转起来，说明启动困难，应进行转矩补偿设置。

b. 将显示屏切换至电流显示，再将频率调到最大值，让电动机按设定的升速时间上升到最高转速，在此期间观察电流变化，若在升速过程中变频器出现过流保护而跳闸，说明升速时间不够，应设置延长升速时间。

c. 观察系统启动升速过程是否平稳，对于大惯性负载，按预先设定的频率变化率升速或降速时，有可能会出现加速转矩不够，导致电动机转速与变频器输出频率不协调，这时应考虑低速时设置暂停升速功能。

d. 对于风机类负载，应观察停机后风叶是否因自然风而反转，若有反转现象，应设置启动前的直流制动功能。

② 停车试验　停车试验内容主要有：

a. 将变频器的工作频率调到最高频率，然后按下停机键，观察系统是否出现过电流或过电压而跳闸现象，若有此现象出现，应延长减速时间。

b. 当频率降到0Hz时，观察电动机是否出现"爬行"现象（电动机停不住），若有此现象出现，应考虑设置直流制动。

③ 带载能力试验　带载能力试验内容主要有：

a. 在负载要求的最低转速时，给电动机带额定负载长时间运行，观察电动机发热情况，若发热严重，应对电动机进行散热。

b. 在负载要求的最高转速时，变频器工作频率高于额定频率，观察电动机是否能驱动这个转速下的负载。

12.4.3 维护

为了延长变频器使用寿命，在使用过程中需要对变频器进行定期维护保养。

（1）维护内容

变频器维护内容主要有：

① 清扫冷却系统的积尘脏物；

② 对紧固件重新紧固；

③ 检测绝缘电阻是否在允许的范围内；

④ 检查导体、绝缘物是否有破损和腐蚀；

⑤ 定期检查更换变频器的一些元器件，具体见表 12-5。

表 12-5 变频器需定期检查更换的元器件

元件名称	更换时间（供参考）	更换方法
滤波电容	5 年	更换为新品
冷却风扇	2～3 年	更换为新品
熔断器	10 年	更换为新品
电路板上的电解电容	5 年	更换为新品（检查后决定）
定时器		检查动作时间后决定

（2）维护时注意事项

在对变频器进行维护时，要注意以下事项。

① 操作前必须切断电源，并且在主电路滤波电容放电完毕，电源指示灯熄灭后进行维护，以保证操作安全。

② 在出厂前，变频器都进行了初始设定，一般不要改变这些设定，若改变了设定又需要恢复出厂设定时，可对变频器进行初始化操作。

③ 变频器的控制电路采用了很多 CMOS 芯片，应避免用手接触这些芯片，防止手所带的静电损坏芯片，若必须接触，应先释放手上的静电（如用手接触金属自来水龙头）。

④ 严禁带电改变接线和拔插连接件。

⑤ 当变频器出现故障时，不要轻易通电，以免扩大故障范围，这种情况下可断电再用电阻法对变频器电路进检测。

12.4.4 常见故障及原因

变频器常见故障及原因见表 12-6。

表 12-6 变频器常见故障及原因

故障	原　因
过电流	过电流故障分以下情况： ①重新启动时，若只要升速变频器就会跳闸，表明过电流很严重，一般是负载短路、机械部件卡死、逆变模块损坏或电动机转矩过小等引起 ②通电后即跳闸，这种现象通常不能复位，主要原因是驱动电路损坏、电流检测电路损坏等 ③重新启动时并不马上跳闸，而是加速时跳闸，主要原因可能是加速时间设置太短、电流上限置太小或转矩补偿设定过大等
过电压	过电压报警通常出现在停机的时候，主要原因可能是减速时间太短或制动电阻及制动单元有问题

续表

故障	原因
欠电压	欠电压是主电路电压太低,主要原因可能是电源缺相、整流电路一个桥臂开路、内部限流切换电路损坏(正常工作时无法短路限流电阻,电阻上产生很大压降,导致送到逆变电路电压偏低),另外电压检测电路损坏也会出现欠压问题
过热	过热是变频器一种常见故障,主要原因可能是周围环境温度高、散热风扇停转、温度传感器不良或电动机过热等
输出电压不平衡	输出电压不平衡一般表现为电动机转速不稳、有抖动,主要原因可能是驱动电路损坏或电抗器损坏
过载	过载是一种常见的故障,出现过载时应先分析是电动机过载还是变频器过载。一般情况下,由于电动机过载能力强,只要变频器参数设置得当,电动机不易出现过载;对于变频器过载报警,应检查变频器输出电压是否正常

第13章 触摸屏与PLC的综合应用

触摸屏是一种新型数字系统输入设备,利用触摸屏可以使人们直观方便地进行人机交互。利用触摸屏不但可以在触摸屏对 PLC 进行操控,还可在触摸屏上实时监测 PLC 的工作状态。要使用触摸屏操控和监测 PLC,必须给触摸屏制作相应的操控和监测画面。

13.1 触摸屏结构与类型

13.1.1 基本组成

触摸屏主要由触摸检测部件和触摸屏控制器组成。触摸检测部件安装在显示器屏幕前面,用于检测用户触摸位置,然后送触摸屏控制器;触摸屏控制器的功能是从触摸点检测装置上接收触摸信息,并将它转换成触点坐标,再送给机器。

触摸屏的基本结构如图 13-1 所示。触摸屏的触摸有效区域被分成类似坐标的 X 轴和 Y 轴,当触摸某个位置时,该位置对应坐标一个点,不同位置对应的坐标点不同,触摸屏上的检测部件将触摸信号送到控制器,控制器将其转换成相应的触摸坐标信号,再送给数字电子设备(如计算机、PLC 或变频器等)。

图 13-1 触摸屏的基本结构

13.1.2 种类与工作原理

根据工作原理不同,触摸屏主要分为电阻式、电容式、红外线式和表面声波式四种。

（1）电阻式触摸屏

电阻触摸屏的基本结构如图 13-2（a）所示，它由一块 2 层透明复合薄膜屏组成，下面是由玻璃或有机玻璃构成的基层，上面是一层外表面经过硬化处理的光滑防刮塑料层，在基板和塑料层的内表面都涂有透明金属导电层 ITO（氧化铟），在两导电层之间有许多细小的透明绝缘支点把它们隔开，当按压触摸屏某处时，该处的两导电层会接触。

触摸屏的两个金属导电层是触摸屏的两个工作面，在每个工作面的两端各涂有一条银胶，称为该工作面的一对电极，为分析方便，这里认为上工作面左右两端接 X 电极，下工作面上下两端接 Y 电极，X、Y 电极都与触摸屏控制器连接，如图 13-2（b）所示。当 2 个 X 电极上施加一固定电压，如图 13-3（a）所示，而 2 个 Y 电极不加电压时，在 2 个 X 极之间的导电涂层各点电压由左至右逐渐降低，这是因为工作面的金属涂层有一定的电阻，越往右的点与左 X 电极电阻越大，这时若按下触摸屏上某点，上工作面触点处的电压经触摸点和下工作面的金属涂层从 Y 电极（Y+ 或 Y−）输出，触摸点在 X 轴方面越往右，从 Y 电极输出电压越低，即将触点在 X 轴的位置转换成不同的电压。同样地，如果给 2 个 Y 电极施加一固定电压，如图 13-3（b）所示，当按下触摸屏某点时，会从 X 电极输出电压，触摸点越往上，从 X 电极输出的电压越高。

(a) 结构   (b) 连接

图 13-2 电阻触摸屏的基本结构

(a) X电极加电压，Y电极取X轴坐标电压   (b) Y电极加电压，X电极取Y轴坐标电压

图 13-3 电阻触摸屏工作原理说明

电阻式触摸屏采用分时工作，先给 2 个 X 电极加电压而从 Y 电极取 X 轴坐标信号，再给 2 个 Y 电极加电压，从 X 电极取 Y 轴坐标信号。分时施加电压和接收 X、Y 轴坐标信号都由触摸屏控制器来完成。

电阻触摸屏除了有四线式外，常用的还有五线式电阻触摸屏。五线式电阻触摸屏内部也有两个金属导电层，与四线式不同的是，五线式电阻触摸屏的四个电极分别加在内层金属导电层的四周，工作时分时给两对电极加电压，外金属导电层用作纯导体，在触摸时，触摸点的 X、Y 轴坐标信号分时从外金属层送出（触摸时，内金属层与外金属层会在触摸点处接通）。五线电阻触摸屏内层 ITO 需四条引线，外层只作导体仅仅一条，触摸屏的引出线共有 5 条。

（2）电容式触摸屏

电容式触摸屏是利用人体的电流感应进行工作的。

电容式触摸屏是一块四层复合玻璃屏，玻璃屏的内表面和夹层各涂有一层透明导电金属层 ITO（氧化铟），最外层是一薄层矽土玻璃保护层，夹层 ITO 涂层作为工作面，从它四个角上引出四个电极，内层 ITO 为屏蔽层以保证良好的工作环境。电容式触摸屏工作原理如图 13-4 所示，当手指触碰触摸屏时，人体手指、触摸屏最外层和夹层（金属涂层）形成一个电容，由于触摸屏的四角都加有高频电流，四角送入高频电流经导电夹层和形成的电容流往手指（人体相当一个零电势体）。触摸点不同，从四角流入的电流会有差距，利用控制器精确计算四个电流比例，就能得出触摸点的位置。

图 13-4　电容式触摸屏工作原理说明

（3）红外线触摸屏

红外线触摸屏通常在显示器屏幕的前面安装一个外框，在外框的 X、Y 方向有排布均匀的红外发射管和红外接收管，一一对应形成横竖交错的红外线矩阵，如图 13-5 所示，在工作时，由触摸屏控制器驱动红外线发射管发射红外光，当手指或其他物体触摸屏幕时，就会挡住经过该点的横竖红外线，由控制器判断出触摸点在屏幕的位置。

（4）表面声波式触摸屏

表面声波是超声波的一种，它可以在介质（如玻璃、金属等刚性材料）表面浅层传播。表面声波触摸屏的触摸屏部分可以是一块平面、球面或是柱面的玻璃平板，安装在显示器屏幕的前面。玻璃屏的左上角和右下角都安装了竖直和水平方向的超声波发射器，右上角则固定了两个相应的超声波接收换能器，如图 13-6 所示，玻璃屏的四个周边则刻有由疏到密间隔非常精密的 45°反射条纹。

图 13-5　红外线触摸屏工作原理说明

图 13-6　表面声波式触摸屏工作原理说明

表面声波式触摸屏的工作原理说明（以右下角的 X 轴发射换能器为例）：

右下角的发射器将触摸屏控制器送来的电信号转化为表面声波，向左方表面传播，声波在经玻璃板的一组精密 45°反射条纹时，反射条纹把水平方面的声波反射成垂直向上声波，声波经玻璃板表面传播给上方 45°反射条纹，再经上方这些反射条纹聚成向右的声波传播给右上角的接收换能器，接收换能器将返回的表面声波变为电信号。

当发射换能器发射一个窄脉冲后，表面声波经不同途径到达接收换能器，最右边声波最先到达接收器，最左边的声波最后到达接收器，先到达的和后到达的这些声波叠加成一个连续的波形信号，不难看出，接收信号集合了所有在 X 轴方向历经长短不同路径回归的声波，它们在 Y 轴走过的路程是相同的，但在 X 轴上，最远的比最近的多走了两倍 X 轴最大距离。在没有触摸屏幕时，接收信号的波形与参照波形完全一样。当手指或其他能够吸收或阻挡声波的物体触摸屏幕某处时，X 轴途经手指部位向上传播的声波在触摸处被部分吸收，反应在接收波形上即某一时刻位置上的波形有一个衰减缺口，控制器通过分析计算接收信号缺口位置就可得到触摸处的 X 轴坐标。同样地，利用左上角的发射器和右上角的接收器，可以判定出触摸点的 Y 坐标。确定触摸点的 X 轴、Y 轴坐标后，控制器就将该坐标信号送给主机。

13.1.3　常用类型触摸屏的性能比较

各类触摸屏性能比较见表 13-1 。

表 13-1　各类触摸屏性能比较

名称\性能	RED TOUCH 红外屏	国产声波屏	进口声波屏	四线电阻屏	五线电阻屏	电容屏
价格	较高	低	较高	低	高	较高
寿命	10 年以上	2 年以上	3 年以上	1 年以上	3 年	2 年以上
维护性	免	经常	经常	温度湿度较高下经常	温度湿度较高下经常	经常
防爆性	好	较好	好	差	较差	一般
稳定性	高	较差	较高	不高	高	一般
透明度	好	好	好	差	差	一般
安装形式	内外两种	内置	内置	内置	内置	内置
触摸物限制	硬物均可	硬物不可	硬物不可	无	无	导电物方可
输出分辨率	4096×4096	4096×4096	4096×4096	4096×4096	4096×4096	4096×4096
抗强光干扰性	好	好	好	好	好	好
响应速度	<15ms	<15ms	<10ms	15ms	15ms	<15ms
跟踪速度	好	第二点速度慢	第二点速度慢	较好	较好	慢
多点触摸问题	已解决	未解决	未解决	未解决	未解决	未解决
传感器损伤影响	没有	很大	很大	很大	较小	较小
污物影响	没有	较大	较大	基本没有	基本没有	基本没有
防水性能	可倒水试验	不行	不行	很少量行	很少量行	不行
防振防碎裂性能	不怕振、不怕碎裂,玻璃碎裂不影响正常触摸	换能器怕振裂和玻璃碎后屏已报废	换能器怕振裂和玻璃碎后屏已报废	怕振裂、玻璃碎后触摸屏已报废	怕振裂、玻璃碎后触摸屏已报废	换能器怕振裂、玻璃碎后触摸屏已报废
防刮防划性能	不怕	不怕	不怕	怕	怕	怕
智能修复功能	有	没有	没有	没有	没有	没有
漂移	没有	较小	较小	基本没有	基本没有	较大
适用显示器类别	纯平/液晶效果最好	均可	均可	均可	均可	均可

13.2 三菱触摸屏型号参数及硬件连接

三菱触摸屏又称三菱图示操作终端，它除了具有触摸显示屏外，本身还带有主机部分，将它与 PLC 或变频器连接，不但可以直观操作这些设备，还能观察这些设备的运行情况。图 13-7 是常用的三菱 F940 型触摸屏。

图 13-7　三菱 F940 型触摸屏

13.2.1　参数规格

三菱触摸屏型号较多，主要有 F800GOT、F900GOT 和 F1000GOT 等系列，目前 F1000GOT 功能最为强大，而 F900GOT 更为常用。表 13-2 为三菱 F900GOT 系列触摸屏部分参数规格。

表 13-2　三菱 F900GOT 系列触摸屏部分参数规格

<table>
<tr><th colspan="2" rowspan="2">项目</th><th colspan="4">规格</th></tr>
<tr><th>F930GOT-BWD</th><th>F940GOT-LWD
F943GOT-LWD</th><th>F940GOT-SWD
F943GOT-SWD</th><th>F940WGOT-TWD</th></tr>
<tr><td rowspan="3">显示
元件</td><td>LCD 类型</td><td colspan="3">STN 型全点阵 LCD</td><td>TFT 型全点阵 LCD</td></tr>
<tr><td>点距(水平×垂直)</td><td>0.47mm×0.47mm</td><td colspan="2">0.36mm×0.36mm</td><td>0.324mm×0.375mm</td></tr>
<tr><td>显示颜色</td><td>单色(蓝／白)</td><td>单色(黑/白)</td><td>8 色</td><td>256 色</td></tr>
<tr><td colspan="2">屏幕</td><td>"240×80 点"液晶有效显示尺寸：117mm×42mm(4in①型)</td><td colspan="2">"320 × 240 点"液晶有效显示尺寸：115mm×86mm(6in 型)</td><td>"480×234 点"液晶有效显示尺寸155.5mm × 87.8mm(7in 型)</td></tr>
<tr><td rowspan="2">键</td><td>所用键数</td><td colspan="3">每屏最大触摸键数目为 50</td><td></td></tr>
<tr><td>配置(水平×垂直)</td><td>"15×4"矩阵配置</td><td colspan="2">"20×12"矩阵配置</td><td>"30 × 12"矩阵配置(最后一列包括 14 点)</td></tr>
<tr><td rowspan="2">接口</td><td>RS-422</td><td colspan="3">符合 RS-422 标准,单通道,用于 PLC 通信(F943GOT 没有 RS-422 接头)</td><td></td></tr>
<tr><td>RS-232C</td><td colspan="3">符合 RS-232C 标准,单通道,用于画面数据传送(F940GOT 符号 RS-232C 标准,双通道,用于画面数据传送和 PLC 通信)</td><td>符合 RS-232C 标准,双通道,用于画面数据传送和 PLC 通信</td></tr>
<tr><td colspan="2">画面数量</td><td colspan="4">用户创建画面:最多 500 个画面;(画面编号:No. 0～No. 499)
系统画面:25 个画面(画面编号:No. 1001～No. 1030)</td></tr>
<tr><td colspan="2">用户存储器容量</td><td>256KB</td><td colspan="2">512KB</td><td>1MB</td></tr>
</table>

① 1in＝2.54cm。

13.2.2　型号含义

三菱 F900 触摸屏的型号含义如下：

13.2.3　触摸屏与 PLC、变频器等硬件设备的连接

（1）单台触摸屏与 PLC、计算机的连接

触摸屏可与 PLC、计算机等设备连接，连接方法如图 13-8 所示。F900GOT 触摸屏有 RS-422 和 RS-232C 两种接口，RS-422 接口可直接与 PLC 的 RS-422 接口连接，RS-232C 接口可与计算机、打印机或条形码阅读器连接（只能选连一个设备）。

图 13-8　触摸屏与 PLC、计算机等设备的连接

图 13-9　PLC 与多台触摸屏等设备的连接

触摸屏与 PLC 连接后，可在触摸屏上对 PLC 进行操控，也可监视 PLC 内部的数据；触摸屏与计算机连接后，计算机可将编写好的触摸屏画面程序送入触摸屏，触摸屏中的程序和数据也可被读入计算机。

（2）多台触摸屏与 PLC 的连接

如果需要 PLC 连接多台触摸屏，可给 PLC 安装 RS-422 通信扩展板（板上带有 RS-422 接口），连接方法如图 13-9 所示。

（3）触摸屏与变频器的连接

触摸屏也可以与变频器连接，对变频器进行操作和监控。F900 触摸屏可通过 RS-422 接口直接与含有 PU 接口或安装了 FR-A5NR 选件的三菱变频器连接。一台触摸屏可与多台变频器连接，连接方法如图 13-10 所示。

图 13-10　一台触摸屏与多台变频器的连接

13.3　三菱 GT Designer 触摸屏软件的使用

三菱 GT Designer 是由三菱电机公司开发的触摸屏画面制作软件，适用于所有的三菱触摸屏。该软件窗口界面直观、操作简单，并且图形、对象工具丰富，还可以实时往触摸屏写入或读出画面数据。本节以 F940GOT 触摸屏为例进行说明。

13.3.1　软件的安装与窗口介绍

（1）软件的安装

在购买三菱触摸屏时会随机附带画面制作软件，打开 GT Designer ver 5 软件安装文件夹，找到"Setup.exe"文件，如图 13-11 所示，双击该文件即开始安装 GT Designer ver 5 软件。

图 13-11　双击"Setup.exe"文件，开始软件安装

GT Designer ver 5 软件的安装与其他软件基本相同，在安装过程中按提示输入用户名、公司名，如图 13-12 所示，还要输入软件的 ID 号，如图 13-13 所示，安装类型选择"Typical（典型）"，如图 13-14 所示。

图 13-12　输入用户名和公司名

图 13-13　输入软件 ID 号

图 13-14　选择"Typical（典型）"

（2）软件的启动

GT Designer ver 5 软件安装完成后，单击桌面左下角的"开始"按钮，再执行"程序→MELSOSF Application→GT Designer"，该过程如图 13-15 所示，GT Designer ver 5 即被启动，启动完成的软件界面如图 13-16 所示。

图 13-15　执行"程序→MELSOSF Application→GT Designer"

图 13-16　启动完成的 GT Designer ver 5 软件界面

（3）软件窗口各部分说明

三菱 GT Designer ver 5 软件窗口各组成名称如图 13-17 所示，在新建工程时，如果选用的设备类型不同，该窗口内容略有变化，一般来说，选用的设备越高级，软件窗口中的工具越多。下面对软件窗口的一些重要部分进行说明。

图 13-17　三菱 GT Designer ver 5 软件窗口各组成部分名称

① 主工具栏　主工具栏的工具说明如图 13-18 所示。

图 13-18　主工具栏的工具说明

1—新建工程；2—打开工程；3—保存工程；4—新建屏幕；5—载入屏幕；6—保存屏幕；7—剪切；
8—复制；9—粘贴；10—预览；11—切换编辑屏幕；12—打开并显示已关闭的屏幕（为切换编辑屏幕）；
13—对象列表屏幕显示；14—软元件列表屏幕显示；15—注释编辑；16—工具选项板显示；17—模板
显示；18—面板工具箱；19—图形和对象编辑光标；20—模板放置光标

② 视图工具栏　视图工具栏的工具说明如图 13-19 所示。

图 13-19　视图工具栏的工具说明

1—设置光标移动距离；2—放大屏幕；3—设置栅格的颜色；4—栅格的距离；5—切换 ON/OFF
（开启/关闭）对象功能；6—设置屏幕显示数据（对象 ID，软元件）；7—设置屏幕背景颜色；
8—设置屏幕背景颜色模式；9—设置屏幕颜色模式；10—切换屏幕画面目标（仅限于 GOT-F900 系列）

③ 绘图及对象工具栏　绘图及对象工具栏的工具说明如图 13-20 所示。

图 13-20　绘图及对象工具栏的工具说明

1—直线；2—连续直线；3—长方形；4—多边形；5—圆；6—圆弧；7—扇形；8—刻度；9—文本；
10—着色；11—插入 BMP 格式文件；12—插入 DXF 格式文件；13—数字显示功能；14—数据列表
显示功能；15—ASCII 显示功能；16—时钟显示功能；17—注释显示功能；18—报警历史显示功能；
19—报警列表显示功能；20—零件显示功能；21—零件移动显示功能；22—指示灯显示功能；
23—面板仪表显示功能；24—线/趋势/条形图表显示功能；25—统计图表显示功能；26—散点图
显示功能；27—水平面显示功能；28—触摸式按键功能；29—数字输入功能；30—ASCII 输入功能

④ 编辑工具栏　编辑工具栏的工具说明如图 13-21 所示。

图 13-21　编辑工具栏的工具说明

1—传送到前部；2—传送到后部；3—组合；4—删除分组；5—水平面翻转；6—垂直翻转；
7—90°逆时针；8—编辑顶点；9—排列；10—选择目标（图形）；11—选择目标（对象）；
12—选择目标（图形＋对象）；13—选择目标（报告线）；14—报告图形（线）；
15—报告图形（文本）；16—报告打印对象（数字形式）；17—报告打印对象（注释形式）；
18—设置报告抬头行；19—设置报告重复行

⑤ 绘图属性设置工具栏　绘图属性设置工具栏的工具说明如图 13-22 所示。

图 13-22　绘图属性设置工具栏的工具说明

1—直线类型的设置/更改；2—直线宽度的设置/更改；3—直线颜色的设置/更改；
4—着色颜色的设置/更改；5—着色颜色的设置/更改；6—填充背景颜色的设置/更改；
7—字符颜色的设置/更改；8—字符修饰的设置/更改；9—字符阴影颜色的设置/更改

⑥ 元件样式模板　元件样式模板用于提供元件（如指示灯、开关等）样式，单击模板中某个样式的元件后，就可以在画面设计窗口放置该样式的元件。元件样式模板默认显示各种指示灯元件样式，如果要显示其他元件的样式，可单击面板右上角的"列表"按钮，弹出"模板"列表，如图 13-23（a）所示，当前显示的部件为"Lamp256（指示灯）"，在部件库

中双击"Switch256（开关）"，如图 13-23（b）所示，在样式模板中会显示出很多样式的开关元件。

(a)

(b)

图 13-23　元件样式模板

13.3.2　软件的使用

（1）新建工程并选择触摸屏和 PLC 的类型

GT Designer 软件启动后，在软件窗口上会出现一个"选择工程"对话框，如图 13-24 所示，如果没有出现"选择工程"对话框，可执行菜单命令"工程→新建"，如果要打开以前的文件编辑，可选择"打开"，如果要开始制作新的画面，可单击"新建"，马上弹出 "GOT/PLC 型号"选择对话框，如图 13-25 所示，在对话框内选择 GOT 的型号为 "F940GOT"，PLC 的型号选择 "MELSEC-FX"，要求选择的型号与实际使用的触摸屏和 PLC 型号应一致。

GOT/PLC 型号选择完成并"确定"后，GT Designer 软件界面会有一些变化，在工作窗口的左方出现一个矩形区域，如图 13-26 所示，触摸屏画面必须在该区域内制作才有效。

图 13-24　"选择工程"对话框

图 13-25　"GOT/PLC 型号"选择对话框

（2）制作一个简单的触摸屏画面

利用触摸屏可以对 PLC 进行控制，也可以观察 PLC 内部元件的运行情况。下面制作一个通过触摸屏观察 PLC 数据寄存器 D0 数据变化的画面。

① 设置画面的名称　触摸屏画面制作与 PowerPoint 制作幻灯片类似，F940GOT 允许制作 500 个画面，为了便于画面之间的切换，要求给每个画面设置一个名称（制作一个画面

图 13-26　工作窗口的左上方出现一个矩形区域

可省略）。设置画面名称过程如下：

执行菜单命令"公共→标题→屏幕"，弹出"屏幕标题"设置对话框，默认标题名为"1"，如图 13-27（a）所示，若要更改标题名，可单击"编辑"按钮，弹出下一个对话框，如图 13-27（b）所示，在标题栏输入新标题"1-观察数据寄存器 D0"，单击"确定"退到上一个对话框，再确定后，就将当前画面的名称设为"1-观察数据寄存器 D0"，软件最上方的标题栏也自动变为该名称，如图 13-27（c）所示。

(a)

(b)

(c)

图 13-27　设置画面的名称

② 创建文本　在画面创建文本的方法是单击工具栏或工具面板上的"**A**"图标，也可执行菜单命令"绘图设置→绘画图形→文本"，弹出"文本设置"对话框，如图 13-28（a）所示，在对话框文本输入框内输入"数据寄存器 D0 的值为:"，再将文本颜色设为"红色"，文本大小设为"1×1"，单击"确定"后，文本会出现在工作区，如图 13-28（b）所示，且跟随鼠标移动，在合适的地方单击，就将文本放置下来。若要更改文本，可在文本上双击，

又会弹出图 13-28（a）所示文本设置对话框。

(a)　　　　　　　　　　　　　(b)

图 13-28　创建文本

③ 放置对象　要显示数据寄存器 D0 的值，须在画面上放置"数值显示"对象，并进行有关的设置。放置对象过程如下：

单击工具栏或工具面板上的"![icon]"图标，也可执行菜单命令"绘图设置→数据显示→数值显示"，会弹出"数值输入"对话框，如图 13-29（a）所示，在"基本"选项卡下单击"元件"按钮，弹出"元件"对话框，如图 13-29（b）所示，将元件设为"D0"，单击"确认"返回到"数值输入"对话框，如图 13-29（c）所示，将 D0 的数据类型设为"无符号二进制数"，若要设置元件数值显示区外形，可勾选"图形"项，并单击"图形"按钮，会弹出图 13-29（d）所示的"图像列表"对话框，可从中选择一个元件数值显示区的图形样式，本例中不对数值显示区作图形设置。在"数值输入"对话框中选择"格式"选项卡，如图 13-29（e）所示，设置格式为"无符号位十进制"、"居中"其他保持默认值，再单击"其他"选项卡，如图 13-29（f）所示，该选项卡下的内容保持默认值。"数值输入"对话框中的内容设置完成后，单击"确定"，数值显示对象即出现在软件工作区内，如图 13-29（g）所示，该对象中的"10000"为 ID 号，"D0"为显示数值的对象，"012345"表示显示的数值为 6 位。

④ 绘制图形　为了使画面更美观整齐，可在屏幕合适位置绘制一些图形。下面在画面上绘制一个矩形，绘制过程如下：

单击工具栏或工具面板上的"![icon]"图标，也可执行菜单命令"绘图设置→绘画图形→矩形"，再将鼠标移到工作区，鼠标变成十字形光标，在合适位置按下左键拉出一个矩形，如图 13-30（a）所示，松开左键即绘制好一个矩形。在工具面板上可设置矩形的属性，如图 13-30（b）所示，也可在矩形上双击，弹出"设置矩形"对话框，如图 13-30（c）所示，将矩形颜色改为蓝色。

全部制作完成的画面如图 13-31 所示。

13.3.3　画面数据的上传与下载

GT Designer 软件不但可以制作触摸屏画面，还可以将制作好的画面数据下载到触摸屏中，也可以从触摸屏中上传画面数据到计算机中重新编辑。

(a)   (b)

(c)   (d)

(e)   (f)

(g)

图 13-29 放置对象

| (a) | (b) | (c) |

图 13-30 绘制图形

图 13-31 全部制作完成的画面

（1）画面数据的下载

在 GT Designer 软件中将画面数据下载至 F940GOT 的操作过程如下。

① 将计算机与 F940GOT 连接好。

② 执行菜单命令"通信→下载至 GOT→监控数据"，会出现"监控数据下载"对话框，如图 13-32（a）所示，选择"所有数据"和"删除所有旧的监视数据"，并确认 GOT 型号是否与当前触摸屏型号一致，再单击"设置"按钮，出现图 13-32（b）所示的"选项"对话框，在该对话框中设置通信的端口为 COM1，波特率为 38400，单击"确定"返回"监控数据下载"对话框，在该对话框中单击"下载"，出现"下载"对话框，如图 13-32（c）所示，阅读其中有关版本注意事项外，若满足要求则单击"确定"，出现图 13-32（d）所示对话框，单击"确定"后，开始将制作好的画面数据下载至 F940GOT。

（2）画面数据的上传

在 GT Designer 软件中可将 F940GOT 中的画面数据传至计算机保存编辑，具体过程如下。

① 将计算机与 F940GOT 连接好。

② 执行菜单命令"通信→从 GOT 上载"，会出现"数据上载监控"对话框，如图 13-33（a）所示，单击"浏览"选择上传文件保存路径，并选择"全部数据"，其他选项可根据需要选择，若有口令，则要输入口令，单击"设定"可以设置通信端口和波特率，设置结束后，单击"上载"，出现图 13-33（b）所示对话框，单击"Yes"确定后开始将 GOT 中的画面数据上传到计算机指定的位置。

(a)

(b)

(c)

(d)

图 13-32 画面数据的下载

(a)

(b)

图 13-33 画面数据的上传

13.4 用触摸屏操作 PLC 实现电动机正反转控制的开发实例

13.4.1 根据控制要求确定需要为触摸屏制作的画面

为了达到控制要求，需要制作图 13-34 所示的 3 个触摸屏画面，具体说明如下。

① 3 个画面名称依次为"主画面"、"两个通信口的测试"和"电动机正反转控制"。

② 主画面要实现的功能为：触摸画面中的"两个通信口的测试"键，切换到第 2 画面；触摸"电动机正反转控制"键，切换到第 3 画面；在画面下方显示当前日期和时间。

③ 第 2 画面要实现的功能为：分别触摸"Y0"和"Y1"键时，PLC 相应输出端子应有动作；触摸"返回"键，切换到主画面。

④ 第 3 画面要实现的功能为：分别触摸"正转"、"反转"和"停转"键时，应能控制电动机正转、反转和停转；触摸"返回"键，切换到主画面。

第1画面名称：主画面

第2画面名称：两个通信口的测试

第3画面名称：电动机正反转控制

图 13-34 要求制作的 3 个触摸屏画面

13.4.2 用 GT Designer 软件制作各个画面并设置画面切换方式

（1）制作第 1 个画面（主画面）

第一步：启动 GT Designer 软件，新建一个工程，并选择触摸屏型号为 F940GOT、PLC 型号为 MELSEC-FX。

第二步：执行菜单命令"公共→标题→屏幕"，弹出"屏幕标题"设置对话框，在该对话框中设置当前画面标题为"主画面"，如图 13-35 所示。

第三步：单击工具栏的"**A**"图标，弹出文本设置对话框，如图 13-36（a）所示，在文本输入框内输入"触摸屏与 PLC 通信测试"，并将文

图 13-35 设置屏幕标题

本颜色设为"黄色"，文本大小设为"2×1"，单击"确定"后，文本会出现在工作区，在合适的地方单击，就将文本放置下来，如图 13-36（b）所示。

第四步：单击工具栏的"▣"图标，弹出触摸键对话框，如图 13-37（a）所示，在"基本"选项卡下选择显示触发为"键"，在形状项中选择"基本形状"，再单击"类型"选项卡，如图 13-37（b）所示，在该选项卡中可以设置触摸键在开和关状态时的样式（单击

(a)

(b)

图 13-36 放置文本

(a)

(b)

(c)

(d)

(e)

图 13-37 放置"两个通信口的测试"按键

"图形"按钮即可选择样式)、键的主体色及边框色、键上显示的文字和键的大小。

设置键上显示文字的方法是单击"文本"按钮，弹出"文本"对话框，输入文本"两个通信口的测试"，再返回图 13-37（b）对话框，单击"复制开状态"按钮，可使关状态键的样式和文字与开状态相同，如图 13-37（c）所示，单击"确定"关闭对话框，在软件工作区会出现设置的触摸键，如图 13-37（d）所示，从图中可以看出，文字超出键的范围，这时可单击键选中它，在键周围出现大小调节块，拖动方块可调节键的大小，使之略大于文字范围，调节好的键如图 13-37（e）所示。

第五步：用第四步相同的方法放置第二个触摸键，将键显示的文字设为"电动机正反转控制"，结果如图 13-38 所示。

图 13-38　放置"电动机正反转控制"按键

第六步：单击工具栏的"⊘"图标，弹出时钟对话框，如图 13-39（a）所示，在基本选项卡中，将显示类型设为日期，在该选项卡中可设置时钟的图形边框色、底色和颜色，若要设置时钟显示的样式，可选中"图形"，并单击"图形"按钮，即可选择时钟样式。单击对话框的"格式"选项卡，可设置时钟的格式和大小，如图 13-39（b）所示，单击"确定"，软件工作区内出现时钟对象，如图 13-39（c）所示，拖动鼠标可调节大小。选中时钟对象，然后进行复制、粘贴操作，在工作区出现两个相同的时钟对象，双击右边的时钟对象，弹出"时钟"对话框，如图 13-39（d）所示，在基本选项卡中将显示类型设为时间，再切换到格式选项卡，设置时间格式，然后单击"确定"关闭对话框，选中的时钟对象由日期型变化为时间型，如图 13-39（e）所示。

第七步：排列对象。如果画面上的对象排列不整齐，会影响画面美观，这时可用鼠标选中对象通过拖动来排列，也可使用"排列"命名，先选中要排列的对象，单击鼠标右键，出现快捷菜单，如图 13-40（a）所示，选择"排列"命令，弹出"排列"对话框，如图 13-40（b）所示，在该对话框中可对选中的对象进行水平或垂直方向的排列，单击水平方向的"居中"，再确定后，选中的对象就在水平方向居中排列整齐。

第八步：预览画面效果。执行菜单命令"视图→预览"，会出现画面预览窗口，如图 13-41 所示，在该窗口的"格式"菜单下可设置画面"开"、"关"状态和画面显示的颜色，画面显示的时间与画面切换到"开"时刻的时间一致（计算机的时间）。

另外，在编辑状态时，操作工具栏中"开 关 元件 ID ■0 ▾"不同的图标，可以查看画面开、关、元件名显示、ID 号显示和设置画面的背景色。

（2）制作第 2 个画面（通信口测试画面）

第一步：执行菜单命令"屏幕→新屏幕"，弹出"新屏幕"设置对话框，在该对话框中将新画面标题设为"两个通信口的测试"，如图 13-42 所示，确定后，进入编辑新画面状态，软件界面最上方的标题栏会显示当前画面标题。

第二步：利用工具栏的"A"工具，在画面上放置文本"两个通信口的测试"，如图 13-43 所示。

(a)

(b)

(c)　　　　　　　　　　　　　　　(d)

(e)

图 13-39　放置时钟对象

(a)　　　　　　　　　　　　　　　(b)

图 13-40　排列对象

图 13-41　预览画面效果

图 13-42　设置第 2 个画面标题

第三步：单击工具栏的"■"图标，弹出触摸键对话框，如图 13-44（a）所示，在"基本"选项卡下选择显示触发为"位"，再单击"元件"按钮，弹出图 13-44（b）所示的"元件"对话框，在该对话框中设置元件为"Y0000"，单击"确定"返回"触摸键"对话框。在"触摸键"对话框中，切换到"类型"选项卡，如图 13-44（c）所示，在该选项卡下，将键显示文本为"Y0"，大小设为"2×2"，并复制开状态，再切换到"操作"选项卡，如图 13-44（d）所示，单击该选项

图 13-43　放置"两个通信口的测试"文本

卡下的"位"按钮，弹出图 13-44（e）所示的"按键操作"对话框，在对话框中，设置元件为"Y0000"、操作为"点动"，单击"确定"返回上一个对话框，如图 13-44（f）所示，在对话框自动增加一行操作命令（高亮部分），单击"确定"关闭对话框，在软件的工作区出现一个 Y0 按键，如图 13-44（g）所示。

第四步：用与第三步相同的方法再在画面上放置一个 Y1 按键，如图 13-45 所示，也可采用复制 Y0 按键，然后通过修改来得到 Y1 按键。

第五步：利用工具栏的"A"工具，在画面上放置说明文本，如图 13-46 所示。

(a)

(b)

(c)

(d)

(e) (f)

(g)

图 13-44　放置 Y0 按键

第六步：在画面上放置"返回"按键。单击工具栏的""图标，弹出"触摸键"对话框，在"基本"选项卡下选择显示触发为"键"，然后切换到"类型"选项卡，单击"文本"按钮并输入键显示文本"返回"，再切换到"操作"选项卡，如图 13-47（a）所示，单击"基本"按钮，弹出图 13-47（b）所示的"键盘操作"对话框，在该对话框中选择"确

图 13-45 放置 Y1 按键

图 13-46 放置说明文本

定"项并单击"浏览"按钮，弹出图 13-47（c）所示的"屏幕图像"对话框，依次单击"主画面"（返回的目标画面）、"跳至"和"确定"按钮，返回到"键盘操作"对话框，确定后返回"触摸键"对话框，再确定后对话框关闭，同时在软件工作区出现"返回"按钮，如图13-47（d）所示。

制作好的第 2 个画面如图 13-48 所示。

(a)

(b)

(c)

(d)

图 13-47 放置"返回"按键

（3）制作第 3 个画面（电动机正反转控制画面）

第一步：执行菜单命令"屏幕→新屏幕"，弹出"新屏幕"设置对话框，在该对话框中将画面标题设为"电动机正反转控制"，如图 13-49 所示。

第二步：利用工具栏的"**A**"工具，在画面上放置文本"电动机正反转控制"，如图 13-50 所示。

图 13-48　制作完成的第 2 个画面

图 13-49　设置第 3 个画面的标题

图 13-50　放置文本

第三步：单击工具栏的"■"图标，弹出触摸键对话框，在"基本"选项卡下选择显示触发为"位"，再单击"元件"按钮，弹出"元件"对话框，在该对话框中设置元件为"X000"；在"触摸键"对话框的"类型"选项卡下，将键显示文本为"正转"，并复制开状态，再切换到"操作"选项卡，单击该选项卡下的"位"按钮，在弹出的"按键操作"对话框中，设置元件为"X000"、操作为"置位"，然后返回到"触摸键"对话框，单击"确定"按钮关闭对话框，软件工作区出现"正转"按键，如图 13-51 所示。

第四步：在画面上放置"反转"和"停转"按键的过程与第三步基本相同，在放置这两个按键时，除了要将按键显示文字设为"正转"和"停转"外，还要将 2 个按键元件分别设为 X001 和 X002，另外，X001 的动作设为"置位"，X002 的动作要设为"复位"。放置完 3 个按键的画面如图 13-52 所示。

图 13-51　放置"正转"按键

图 13-52　放置"反转"、"停转"按键

第五步：放置"返回"按键。本画面的"返回"按键功能与第2个画面一样，都是返回主画面，因此可采用复制的方法来得到该键。单击工具栏上的" ←（上一屏幕）"，切换到上一个画面，选中该画面中的"返回"按键，并复制它，再单击" →（下一屏幕）"，切换到下一个画面，然后进行粘贴操作，就在该画面中得到"返回"按键，如图 13-53 所示。制作完成的第 3 个画面如图 13-54 所示。

图 13-53 放置"返回"按键

图 13-54 制作完成的第 3 个画面

（4）设置画面切换

在制作第 2、3 个画面时，在画面上放置"返回"按键，并将其切换画面均设为主画面。在第 1 个画面中有"两个通信口的测试"和"电动机正反转控制"两个按键，下面来设置它们在操作时的切换功能。

第一步：单击工具栏上的" ←"图标，切换到主画面，在主画面的"两个通信口的测试"按键上双击，弹出"触摸键"对话框，在"基本"选项卡下将显示触发设为"键"，然后切换到"操作"选项卡，单击"基本"按钮，弹出"键盘操作"对话框，如图 13-55（a）所示，选中"确定"项，再单击"浏览"按钮，弹出"屏幕图像"对话框，如图 13-55（b）所示，在该对话框中依次单击"两个通信口的测试"（切换的目标画面）、"跳至"和"确定"按钮，返回到"键盘操作"对话框，确定后返回"触摸键"对话框，再确定后关闭对话框，"两个通信口的测试"按键的切换功能设置结束。

第二步：用同样的方法将"电动机正反转控制"按键切换目标设为"电动机正反转控制"画面。

(a)

(b)

图 13-55 设置画面切换

13.4.3　连接计算机与触摸屏并下载画面数据

用 GT Designer 软件制作好触摸屏画面后，再将计算机与触摸屏连接起来，两者连接使用 FX232-CAB-1 电缆，如图 13-56 所示，该电缆一端接计算机的 COM 口（又称 RS-232口），另一端接触摸屏的 COM 口。计算机与触摸屏连接好后，在 GT Designer 软件中执行下载操作，将制作好的画面数据下载到触摸屏，下载的具体操作方法见 13.3.3。

13.4.4　用 PLC 编程软件编写电动机正反转控制程序

触摸屏是一种操作和监视设备，控制电动机运行还是要依靠 PLC 执行有关程序来完成的。为了实现在触摸屏上控制电动机运行，除了要为触摸屏制作控制画面外，还要为 PLC 编写电动机运行控制程序，并且 PLC 程序中的软元件要与触摸屏画面中的对应按键元件名一致。

启动三菱 PLC 编程软件，编写图 13-57 所示的电动机正反转控制程序，程序中的 X000、X001、X002触点应为正转、反转和停转控制触点，与触摸屏画面对应按键元件名保持一致，否则操作触摸屏画面按键无效或控制出错。

图 13-56　FX232-CAB-1 电缆
（连接计算机与触摸屏）

用 FX-232AWC-H（简称 SC09）电缆或 FX-USB-AW（又称 USB-SC09-FX）电缆将计算机与 PLC 连接起来，在 PLC 编程软件中执行下载操作，将编写好的程序下载到 PLC 中。计算机与 PLC 的连接与程序下载的具体操作方法见第 3 章 3.2.9。

图 13-57　电动机正反转的 PLC 控制程序

13.4.5　触摸屏、PLC 和电动机控制线路的硬件连接和触摸操作测试

触摸屏、PLC 和电动机控制线路的连接如图 13-58 所示，触摸屏和 PLC 使用图 13-59所示的 RS-422 电缆连接，电缆的圆头插入 PLC 的 RS-422 接口，扁头插到触摸屏的 RS-422接口。

触摸屏、PLC 和电动机控制线路连接完成并通电后，在触摸屏上操作画面上的按键，先进行通信口测试，再进行电动机正反转控制测试。

图 13-58　触摸屏、PLC 和电动机控制线路的连接

图 13-59　触摸屏和 PLC 的连接电缆（RS-422）

Chapter **14**

第14章 PLC与变频器的综合应用

在不外接控制器（如 PLC）的情况下，直接操作变频器有三种方式：

① 操作面板上的按键；

② 操作接线端子连接的部件（如按钮和电位器）；

③ 复合操作（如操作面板设置频率，操作接线端子连接的按钮进行启/停控制）。

为了操作方便和充分利用变频器，常常采用 PLC 来控制变频器。PLC 控制变频器有三种基本方式：

① 以开关量方式控制；

② 以模拟量方式控制；

③ 以 RS-485 通信方式控制。

14.1 PLC 以开关量方式控制变频器的硬件连接与实例

14.1.1 PLC 以开关量方式控制变频器的硬件连接

变频器有很多开关量端子，如正转、反转和多挡转速控制端子等，不使用 PLC 时，只要给这些端子接上开关就能对变频器进行正转、反转和多挡转速控制。当使用 PLC 控制变频器时，若 PLC 是以开关量方式对变频进行控制，需要将 PLC 的开关量输出端子与变频器的开关量输入端子连接起来，为了检测变频器某些状态，同时可以将变频器的开关量输出端子与 PLC 的开关量输入端子连接起来。

PLC 以开关量方式控制变频器的硬件连接如图 14-1 所示。当 PLC 内部程序运行使 Y001 端子内部硬触点闭合时，相当于变频器的 STF 端子外部开关闭合，STF 端子输入为 ON，变频器启动电动机正转，调节 10、2、5 端子所接电位器可以改变端子 2 的输入电压，从而改变变频器输出电源的频率，进而改变电动机的转速。变频器内部出现异常时，A、C 端子之间的内部触点闭合，相当于 PLC 的 X001 端子外部开关

图 14-1 PLC 以开关量方式控制变频器的硬件连接

闭合，X001 端子输入为 ON。

14.1.2　PLC 以开关量方式控制变频器实例一——电动机正反转控制

（1）控制线路图

PLC 以开关量方式控制变频器驱动电动机正反转的线路图如图 14-2 所示。

图 14-2　PLC 以开关量方式控制变频器驱动电动机正反转的线路图

（2）参数设置

在使用 PLC 控制变频器时，需要对变频器进行有关参数设置，具体见表 14-1。

表 14-1　变频器的有关参数及设置值

参数名称	参数号	设置值
加速时间	Pr. 7	5s
减速时间	Pr. 8	3s
加减速基准频率	Pr. 20	50Hz
基底频率	Pr. 3	50Hz
上限频率	Pr. 1	50Hz
下限频率	Pr. 2	0Hz
运行模式	Pr. 79	2

（3）编写程序

变频器有关参数设置好后，还要用编程软件编写相应的 PLC 控制程序并下载给 PLC。PLC 控制变频器驱动电动机正反转的 PLC 程序如图 14-3 所示。

下面对照图 14-2 线路图和图 14-3 程序来说明 PLC 以开关量方式变频器驱动电动机正反转的工作原理。

① 通电控制。当按下通电按钮 SB1 时，PLC 的 X000 端子输入为 ON，它使程序中的 ［0］X000 常开触点闭合，"SET Y000" 指令执行，线圈 Y000 被置 1，Y000 端子内部的硬触点闭合，接触器 KM 线圈得电，KM 主触点闭合，将 380V 的三相交流电送到变频器的 R、S、T 端，Y000 线圈置 1 还会使 ［7］Y000 常开触点闭合，Y001 线圈得电，Y001 端子

内部的硬触点闭合，HL1 灯通电点亮，指示 PLC 作出通电控制。

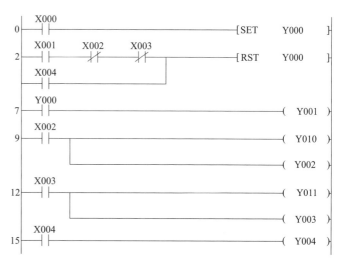

② 正转控制。将三挡开关 SA 置于"正转"位置时，PLC 的 X002 端子输入为 ON，它使程序中的 [9] X002 常开触点闭合，Y010、Y002 线圈均得电，Y010 线圈得电使 Y010 端子内部硬触点闭合，将变频器的 STF、SD 端子接通，即 STF 端子输入为 ON，变频器输出电源使电动机正转，Y002 线圈得电后使 Y002 端子内部硬触点闭合，HL2 灯通电点亮，指示 PLC 作出正转控制。

图 14-3 PLC 控制变频器驱动电动机正反转的 PLC 程序

③ 反转控制。将三挡开关 SA 置于"反转"位置时，PLC 的 X003 端子输入为 ON，它使程序中的 [12] X003 常开触点闭合，Y011、Y003 线圈均得电，Y011 线圈得电使 Y011 端子内部硬触点闭合，将变频器的 STR、SD 端子接通，即 STR 端子输入为 ON，变频器输出电源使电动机反转，Y003 线圈得电后使 Y003 端子内部硬触点闭合，HL3 灯通电点亮，指示 PLC 作出反转控制。

④ 停转控制。在电动机处于正转或反转时，若将 SA 开关置于"停止"位置，X002 或 X003 端子输入为 OFF，程序中的 X002 或 X003 常开触点断开，Y010、Y002 或 Y011、Y003 线圈失电，Y010、Y002 或 Y011、Y003 端子内部硬触点断开，变频器的 STF 或 STR 端子输入为 OFF，变频器停止输出电源，电动机停转，同时 HL2 或 HL3 指示灯熄灭。

⑤ 断电控制。当 SA 置于"停止"位置使电动机停转时，若按下断电按钮 SB2，PLC 的 X001 端子输入为 ON，它使程序中的 [2] X001 常开触点闭合，执行"RST Y000"指令，Y000 线圈被复位失电，Y000 端子内部的硬触点断开，接触器 KM 线圈失电，KM 主触点断开，切断变频器的输入电源，Y000 线圈失电还会使 [7] Y000 常开触点断开，Y001 线圈失电，Y001 端子内部的硬触点断开，HL1 灯熄灭。如果 SA 处于"正转"或"反转"位置时，[2] X002 或 X003 常闭触点断开，无法执行"RST Y000"指令，即电动机在正转或反转时，操作 SB2 按钮是不能断开变频器输入电源的。

⑥ 故障保护。如果变频器内部保护功能动作，A、C 端子间的内部触点闭合，PLC 的 X004 端子输入为 ON，程序中的 [2] X004 常开触点闭合，执行"RST Y000"指令，Y000 端子内部的硬触点断开，接触器 KM 线圈失电，KM 主触点断开，切断变频器的输入电源，保护变频器。另外，[18] X004 常开触点闭合，Y004 线圈得电，Y004 端子内部硬触点闭合，HL4 灯通电点亮，指示变频器有故障。

14.1.3 PLC 以开关量方式控制变频器实例二——电动机多挡转速控制

变频器可以连续调速，也可以分挡调速，FR-500 系列变频器有 RH（高速）、RM（中速）和 RL（低速）三个控制端子，通过这三个端子的组合输入，可以实现 7 挡转速控制。

如果将 PLC 的输出端子与变频器这些端子连接，就可以用 PLC 控制变频器来驱动电动机多挡转速运行。

（1）控制线路图

PLC 以开关量方式控制变频器驱动电动机多挡转速运行的线路图如图 14-4 所示。

图 14-4　PLC 以开关量方式控制变频器驱动电动机多挡转速运行的线路图

（2）参数设置

在用 PLC 对变频器进行多挡转速控制时，需要对变频器进行有关参数设置，参数可分为基本运行参数和多挡转速参数，具体见表 14-2。

表 14-2　变频器的有关参数及设置值

分类	参数名称	参数号	设定值
基本运行参数	转矩提升	Pr.0	5%
	上限频率	Pr.1	50Hz
	下限频率	Pr.2	5Hz
	基底频率	Pr.3	50Hz
	加速时间	Pr.7	5s
	减速时间	Pr.8	4s
	加减速基准频率	Pr.20	50Hz
	操作模式	Pr.79	2
多挡转速参数	转速 1（RH 为 ON 时）	Pr.4	15Hz
	转速 2（RM 为 ON 时）	Pr.5	20Hz
	转速 3（RL 为 ON 时）	Pr.6	50Hz
	转速 4（RM、RL 均为 ON 时）	Pr.24	40Hz
	转速 5（RH、RL 均为 ON 时 L）	Pr.25	30Hz
	转速 6（RH、RM 均为 ON 时）	Pr.26	25Hz
	转速 7（RH、RM、RL 均为 ON 时）	Pr.27	10Hz

（3）编写程序

PLC 以开关量方式控制变频器驱动电动机多挡转速运行的 PLC 程序如图 14-5 所示。

图 14-5 PLC 以开关量方式控制变频器驱动电动机多挡转速运行的 PLC 程序

下面对照图 14-4 线路图和图 14-5 程序来说明 PLC 以开关量方式控制变频器驱动电动机多挡转速运行的工作原理。

① 通电控制。当按下通电按钮 SB10 时，PLC 的 X000 端子输入为 ON，它使程序中的 [0] X000 常开触点闭合，"SET Y010"指令执行，线圈 Y010 被置 1，Y010 端子内部的硬触点闭合，接触器 KM 线圈得电，KM 主触点闭合，将 380V 的三相交流电送到变频器的 R、S、T 端。

② 断电控制。当按下断电按钮 SB11 时，PLC 的 X001 端子输入为 ON，它使程序中的 [3] X001 常开触点闭合，"RST Y010"指令执行，线圈 Y010 被复位失电，Y010 端子内部的硬触点断开，接触器 KM 线圈失电，KM 主触点断开，切断变频器 R、S、T 端的输入电源。

③ 启动变频器运行。当按下运行按钮 SB12 时，PLC 的 X002 端子输入为 ON，它使程序中的 [7] X002 常开触点闭合，由于 Y010 线圈已得电，它使 Y010 常开触点处于闭合状态，"SET Y004"指令执行，Y004 线圈被置 1 而得电，Y004 端子内部硬触点闭合，将变频器的 STF、SD 端子接通，即 STF 端子输入为 ON，变频器输出电源启动电动机正向运转。

④ 停止变频器运行。当按下停止按钮 SB13 时，PLC 的 X003 端子输入为 ON，它使程序中的 [10] X003 常开触点闭合，"RST Y004"指令执行，Y004 线圈被复位而失电，Y004 端子内部硬触点断开，将变频器的 STF、SD 端子断开，即 STF 端子输入为 OFF，变频器停止输出电源，电动机停转。

⑤ 故障报警及复位。如果变频器内部出现异常而导致保护电路动作时，A、C 端子间的内部触点闭合，PLC 的 X014 端子输入为 ON，程序中的 [14] X014 常开触点闭合，Y011、Y012 线圈得电，Y011、Y012 端子内部硬触点闭合，报警铃和报警灯均得电而发出声光报警，同时 [3] X014 常开触点闭合，"RST Y010"指令执行，线圈 Y010 被复位失电，Y010

端子内部的硬触点断开，接触器 KM 线圈失电，KM 主触点断开，切断变频器 R、S、T 端的输入电源。变频器故障排除后，当按下故障按钮 SB14 时，PLC 的 X004 端子输入为 ON，它使程序中的 [12] X004 常开触点闭合，Y000 线圈得电，变频器的 RES 端输入为 ON，解除保护电路的保护状态。

⑥ 转速 1 控制。变频器启动运行后，按下按钮 SB1（转速 1），PLC 的 X005 端子输入为 ON，它使程序中的 [19] X005 常开触点闭合，"SET M1"指令执行，线圈 M1 被置 1，[82] M1 常开触点闭合，Y003 线圈得电，Y003 端子内部的硬触点闭合，变频器的 RH 端输入为 ON，让变频器输出转速 1 设定频率的电源驱动电动机运转。按下 SB2～SB7 中的某个按钮，会使 X006～X013 中的某个常开触点闭合，"RST M1"指令执行，线圈 M1 被复位失电，[82] M1 常开触点断开，Y003 线圈失电，Y003 端子内部的硬触点断开，变频器的 RH 端输入为 OFF，停止按转速 1 运行。

⑦ 转速 4 控制。按下按钮 SB4（转速 4），PLC 的 X010 端子输入为 ON，它使程序中的 [46] X010 常开触点闭合，"SET M4"指令执行，线圈 M4 被置 1，[87]、[92] M4 常开触点均闭合，Y002、Y001 线圈均得电，Y002、Y001 端子内部的硬触点均闭合，变频器的 RM、RL 端输入均为 ON，让变频器输出转

图 14-6　变频器 RH、RM、RL 端输入状态与
对应的电动机转速关系

速 4 设定频率的电源驱动电动机运转。按下 SB1～SB3 或 SB5～SB7 中的某个按钮，会使 X005～X007 或 X011～X013 中的某个常开触点闭合，"RST M4"指令执行，线圈 M4 被复位失电，[87]、[92] M4 常开触点均断开，Y002、Y001 线圈均失电，Y002、Y001 端子内部的硬触点均断开，变频器的 RM、RL 端输入均为 OFF，停止按转速 4 运行。

其他转速控制与上述转速控制过程类似，这里不再叙述。RH、RM、RL 端输入状态与对应的速度关系如图 14-6 所示。

14.2　PLC 以模拟量方式控制变频器的硬件连接与实例

14.2.1　PLC 以模拟量方式控制变频器的硬件连接

变频器有一些电压和电流模拟量输入端子，改变这些端子的电压或电流输入值可以改变电动机的转速，如果将这些端子与 PLC 的模拟量输出端子连接，就可以利用 PLC 控制变频器来调节电动机的转速。模拟量是一种连续变化的量，利用模拟量控制功能可以使电动机的转速连续变化（无级变速）。

PLC 以模拟量方式控制变频器的硬件连接如图 14-7 所示，由于三菱 FX$_{2N}$-32MR 型 PLC 无模拟量输出功能，因此需要给它连接模拟量输出模块（如 FX$_{2N}$-4DA），再将模拟量输出模块的输出端子与变频器的模拟量输入端子连接。当变频器的 STF 端子外部开关闭合时，该端子输入为 ON，变频器启动电动机正转，PLC 内部程序运行时产生的数字量数据通

过连接电缆送到模拟量输出模块（DA 模块），由其转换成 0～5V 或 0～10V 范围内的电压（模拟量）送到变频器 2、5 端子，控制变频器输出电源的频率，进而控制电动机的转速，如果 DA 模块输出到变频器 2、5 端子的电压发生变化，变频器输出电源频率也会变化，电动机转速就会变化。

PLC 在以模拟量方式控制变频器的模拟量输入端子时，也可同时用开关量方式控制变频器的开关量输入端子。

图 14-7　PLC 以模拟量方式控制变频器的硬件连接

14.2.2　PLC 以模拟量方式控制变频器的实例——中央空调冷却水流量控制

（1）中央空调系统的组成与工作原理

中央空调系统的组成如图 14-8 所示。

图 14-8　中央空调系统的组成

中央空调系统由三个循环系统组成，分别是制冷剂循环系统、冷却水循环系统和冷冻水循环系统。

制冷剂循环系统工作原理：压缩机从进气口吸入制冷剂（如氟利昂），在内部压缩后排出高温高压的气态制冷剂进入冷凝器（由散热良好的金属管做成），冷凝器浸在冷却水中，冷凝器中的制冷剂被冷却后，得到低温高压的液态制冷剂，然后经膨胀阀（用于控制制冷剂的流量大小）进入蒸发器（由散热良好的金属管做成），由于蒸发器管道空间大，液态制冷剂压力减小，马上汽化成气态制冷剂，制冷剂在由液态变成气态时会吸收大量的热量，蒸发器管道因被吸热而温度降低，由于蒸发器浸在水中，水的温度也因此而下降，蒸发器出来的低温低压的气态制冷剂被压缩机吸入，压缩成高温高压的气态制冷剂又进入冷凝器，开始下一次循环过程。

冷却水循环系统工作原理：冷却塔内的水流入制冷机组的冷却室，高温冷凝器往冷却水散热，使冷却水温度上升（如37℃），升温的冷却水被冷却泵抽吸并排往冷却塔，水被冷却（如冷却到32℃）后流进冷却塔，然后又流入冷却室，开始下一次冷却水循环。冷却室的出水温度要高于进水温度，两者存在温差，出进水温差大小反映冷凝器产生的热量多少，冷凝器产生的热量越多，出水温度越高，出进水温差越大，为了能带走冷凝器更多的热量来提高制冷机组的制冷效率，当出进水温度较大（出水温度高）时，应提高冷却泵电动机的转速，加快冷却室内水的流速来降低水温，使出进水温差减小，实际运行表明，出进水温差控制在3～5℃范围内较为合适。

冷冻水循环系统工作原理：制冷区域的热交换盘管中的水进入制冷机组的冷冻室，经蒸发器冷却后水温降低（如7℃），低温水被冷冻泵抽吸并排往制冷区域的各个热交换盘管，在风机作用下，空气通过低温盘管（内有低温水通过）时温度下降，使制冷区域的室内空气温度下降，热交换盘管内的水温则会升高（如升高到12℃），从盘管中流出的升温水汇集后又流进冷冻室，被低温蒸发器冷却后，再经冷冻泵抽吸并排往制冷区域的各个热交换盘管，

图 14-9　中央空调冷却水流量控制的 PLC 与变频器线路图

开始下一次冷冻水循环。

（2）中央空调冷却水流量控制的 PLC 与变频器线路图

中央空调冷却水流量控制的 PLC 与变频器线路图如图 14-9 所示。

（3）PLC 程序

中央空调冷却水流量控制的 PLC 程序由 D/A 转换程序、温差检测与自动调速程序、手动调速程序、变频器启/停/报警及电动机选择程序组成。

① D/A 转换程序　D/A 转换程序的功能是将 PLC 指定存储单元中的数字量转换成模拟量并输出去变频器的调速端子。本例是利用 FX$_{2N}$-2DA 模块将 PLC 的 D100 单元中的数字量转换成 0～10V 电压去变频器的 2、5 端子。D/A 转换程序如图 14-10 所示。

图 14-10　D/A 转换程序

② 温差检测与自动调速程序　温差检测与自动调速程序如图 14-11 所示。温度检测模块（FX$_{2N}$-4AD-PT）将出水和进水温度传感器检测到的温度值转换成数字量温度值，分别存入 D21 和 D20，两者相减后得到温差值存入 D25。在自动调速方式（X010 常开触点闭合）时，PLC 每隔 4s 检测一次温差，如果温差值＞5℃，自动将 D100 中的数字量提高 40，转换成

模拟量去控制变频器，使之频率提升 0.5Hz，冷却泵电动机转速随之加快，如果温差值 < 4.5℃，自动将 D100 中的数字量减小 40，使变频器的频率降低 0.5Hz，冷却泵电动机转速随之降低，如果 4.5℃ ≤ 温差值 ≤ 5℃，D100 中的数字量保持不变，变频器的频率不变，冷却泵电动机转速也不变。为了将变频器的频率限制在 30～50Hz，程序将 D100 的数字量限制在 2400～4000 范围内。

图 14-11　温差检测与自动调速程序

③ 手动调速程序　手动调速程序如图 14-12 所示。在手动调速方式（X010 常闭触点闭合）时，X003 触点每闭合一次，D100 中的数字量就增加 40，由 DA 模块转换成模拟量后使变频器频率提高 0.5Hz，X004 触点每闭合一次，D100 中的数字量就减小 40，由 DA 模块转换成模拟量后使变频器频率降低 0.5Hz，为了将变频器的频率限制在 30～50Hz，程序将 D100 的数字量限制在 2400～4000 范围内。

图 14-12　手动调速程序

④ 变频器启/停/报警及电动机选择程序　变频器启/停/报警及电动机选择程序如图 14-13 所示。下面对照图 14-9 线路图和图 14-13 来说明该程序工作原理。

a. 变频器启动控制。按下启动按钮 SB1，PLC 的 X000 端子输入为 ON，程序中的 [208] X001 常开触点闭合，将 Y000 线圈置 1，[191] Y000 常开触点闭合，为选择电动机作准备，[214] Y001 常闭触点断开，停止对 D100（用于存放用作调速的数字量）复位，另外，PLC 的 Y000 端子内部硬触点闭合，变频器 STF 端子输入为 ON，启动变频器从 U、V、W 端子输出正转电源，正转电源频率由 D100 中的数字量决定，Y001 常闭触点断开停止 D100 复位后，自动调速程序的 [148] 指令马上往 D100 写入 2400，D100 中的 2400 随之由 DA 程序转换成 6V 电压，送到变频器的 2、5 端子，使变频器输出的正转电源频率为 30Hz。

b. 冷却泵电动机选择。按下选择电动机 A 运行的按钮 SB6，[191] X006 常开触点闭合，Y010 线圈得电，Y010 自锁触点闭合，锁定 Y010 线圈得电，同时 Y010 硬触点也闭合，Y010 端子外部接触器 KM1 线圈得电，KM1 主触点闭合，将冷却泵电动机 A 与变频器的 U、V、W 端子接通，变频器输出电源驱动冷却泵电动机 A 运行。SB7 按钮用于选择电动机 B 运行，其工作过程与电动机 A 相同。

c. 变频器停止控制。按下停止按钮 SB2，PLC 的 X002 端子输入为 ON，程序中的

［210］X002 常开触点闭合，将 Y000 线圈复位，［191］Y000 常开触点断开，Y010、Y011 线圈均失电，KM1、KM2 线圈失电，KM1、KM2 主触点均断开，将变频器与两个电动机 A 断开；［214］Y001 常闭触点闭合，对 D100 复位；另外，PLC 的 Y000 端子内部硬触点断开，变频器 STF 端子输入为 OFF，变频器停止 U、V、W 端子输出电源。

d. 自动调速控制。将自动/手动调速切换开关闭合，选择自动调速方式，［212］X010 常开触点闭合，Y006 线圈得电，Y006 硬触点闭合，Y006 端子外接指示灯通电点亮，指示当前为自动调速方式；［95］X010 常开触点闭合，自动调速程序工作，系统根据检测到的出进水温差来自动改变用作调速的数字量，该数字量经 DA 模块转换成相应的模拟量电压，去调节变频器的输出电源频率，进而自动调节冷却泵电动机的转速；［148］X010 常闭触点断开，手动调速程序不工作。

图 14-13　变频器启/停/报警及电动机选择程序

e. 手动调速控制。将自动/手动调速切换开关断开，选择手动调速方式，［212］X010 常开触点断开，Y006 线圈失电，Y006 硬触点断开，Y006 端子外接指示灯断电熄灭；［95］X010 常开触点断开，自动调速程序不工作；［148］X010 常闭触点闭合，手动调速程序工作，以手动加速控制为例，每按一次手动加速按钮 SB3，X003 上升沿触点就接通一个扫描周期，ADD 指令就将 D100 中用作调速的数字量增加 40，经 DA 模块转换成模拟量电压，去控制变频器频率提高 0.5Hz。

f. 变频器报警及复位控制。在运行时，如果变频器出现异常情况（如电动机出现短路导致变频器过流），其 A、C 端子内部的触点闭合，PLC 的 X000 端子输入为 ON，程序［204］X000 常开触点闭合，Y004 线圈得电，Y004 端子内部的硬触点闭合，变频器异常报警指示灯 HL1 通电点亮。排除异常情况后，按下变频器报警复位按钮 SB5，PLC 的 X005 端子输入为 ON，程序［206］X005 常开触点闭合，Y001 端子内部的硬触点闭合，变频器的 RES 端子（报警复位）输入为 ON，变频器内部报警复位，A、C 端子内部的触点断开，PLC 的 X000 端子输入变为 OFF，最终使 Y004 端子外接报警指示灯 HL1 断电熄灭。

（4）变频器参数的设置

为了满足控制和运行要求，需要对变频器一些参数进行设置。本例中变频器需设置的参数及参数值见表 14-3。

表 14-3　变频器的有关参数及设置值

参数名称	参数号	设置值
加速时间	Pr. 7	3s
减速时间	Pr. 8	3s
基底频率	Pr. 3	50Hz
上限频率	Pr. 1	50Hz
下限频率	Pr. 2	30Hz
运行模式	Pr. 79	2（外部操作）
0～5V 和 0～10V 调频电压选择	Pr. 73	0（0～10V）

14.3　PLC 以 RS-485 通信方式控制变频器的硬件连接与实例

PLC 以开关量方式控制变频器时，需要占用较多的输出端子去连接变频器相应功能的输入端子，才能对变频器进行正转、反转和停止等控制；PLC 以模拟量方式控制变频器时，需要使用 DA 模块才能对变频器进行频率调速控制。如果 PLC 以 RS-485 通信方式控制变频器，只需一根 RS-485 通信电缆（内含 5 根芯线），直接将各种控制和调频命令送给变频器，变频器根据 PLC 通过 RS-485 通信电缆送来的指令就能执行相应的功能控制。

RS-485 通信是目前工业控制广泛采用的一种通信方式，具有较强的抗干扰能力，其通信距离可达几十米至上千米。采用 RS-485 通信不但可以将两台设备连接起来进行通信，还可以将多台设备（最多可并联 32 台设备）连接起来构成分布式系统，进行相互通信。

14.3.1　变频器和 PLC 的 RS-485 通信口

（1）变频器的 RS-485 通信口

三菱 FR-500 系列变频器有一个用于连接操作面板的 PU 口，该接口可用作 RS-485 通信口，在使用 RS-485 方式与其他设备通信时，需要将操作面板插头（RJ45 插头）从 PU 口拔出，再将 RS4-85 通信电缆的一端插入 PU 口，通信电缆另一端连接 PLC 或其他设备。三菱 FR-500 系列变频器 PU 口外形及各引脚功能说明如图 14-14 所示。

图 14-14　三菱 FR-500 系列变频器 PU 口（可用作 RS-485 通信口）的各引脚功能说明

三菱 FR-500 系列变频器只有一个 RS-485 通信口（PU 口），面板操作和 RS-485 通信不能同时进行，而三菱 FR-700 系列变频器除了有一个 PU 接口外，还单独配备了一个 RS-485 通信口（接线排），专用于进行 RS-485 通信。三菱 FR-700 系列变频器 RS-485 通信口外形及各脚功能说明如图 14-15 所示，通信口的每个功能端子都有 2 个，一个接上一台 RS-485 通信设备，另一个端子接下一台 RS-485 通信设备，若无下一台设备，应将将终端电阻开关拨至"100Ω"侧。

名称	内容
RDA1 (RXD1+)	变频器接收+
RDB1 (RXD1−)	变频器接收−
RDA2 (RXD2+)	变频器接收+ (分支用)
RDB2 (RXD2−)	变频器接收− (分支用)
SDA1 (TXD1+)	变频器发送+
SDB1 (TXD1−)	变频器发送−
SDA2 (TXD2+)	变频器发送+ (分支用)
SDB2 (TXD2−)	变频器发送− (分支用)
P5S (VCC)	5V 容许负载电流100mA
SG (GND)	接地 (和端子SD导通)

图 14-15　三菱 FR-700 系列变频器 RS-485 通信口（接线排）的各引脚功能说明

（2）PLC 的 RS-485 通信口

三菱 FX PLC 一般不带 RS-485 通信口，如果要与变频器进行 RS-485 通信，须给 PLC 安装 FX$_{2N}$-485-BD 通信板。485-BD 通信板的外形和端子如图 14-16（a）所示，通信板的安装方法如图 14-16（b）所示。

14.3.2　变频器与 PLC 的 RS-485 通信连接

（1）单台变频器与 PLC 的 RS-485 通信连接

(a) 外形　　　　　　　　　　　　　(b) 安装方法

图 14-16　485-BD 通信板的外形与安装

单台变频器与 PLC 的 RS-485 通信连接如图 14-17 所示，两者在连接时，一台设备的发送端子（＋/－）应分别与另一台设备的接收端子（＋/－）连接，接收端子（＋/－）应分别与另一台设备的发送端子（＋/－）连接。

图 14-17　变频器与 PLC 的 RS-485 通信连接

（2）多台变频器与 PLC 的 RS-485 通信连接

多台变频器与 PLC 的 RS-485 通信连接如图 14-18 所示，它可以实现一台 PLC 控制多台变频器的运行。

图 14-18　多台变频器与 PLC 的 RS-485 通信连接

14.3.3 RS-485 通信电缆的制作

当三菱 FX_{2N} PLC 与三菱 FR-700 系列变频器的 RS-485 端子排连接进行 RS-485 通信时，需要在 PLC 的 485-BD 通信板与变频器的 RS-485 端子排之间连接 5 根导线，为了便于区分，5 根导线应采用不同的颜色。在实际操作时，一般使用电脑网线作 PLC 与变频器的 RS-485 通信电缆，电脑网线内部含有 8 根不同颜色的芯线，如图 14-19 所示，在用作 RS-485 通信电缆时，使用其中 5 根芯线（余下的 3 根留空不用）。

图 14-19 用电脑网线作 RS-485 通信电缆

当三菱 FX_{2N} PLC 与三菱 FR-700 或 FR-500 系列变频器的 PU 口进行 RS-485 通信时，由于 PU 口无法直接接线，故需要自己制作一个专门的 RS-485 通信电缆。变频器的 PU 口为 8 针接口，8 针排列顺序及功能说明如图 14-20 所示，该接口用于插入 RJ45 接头（又称 RJ45 水晶头），由于电脑网线也是 RJ45 接头，故可以用电脑网线来制作 RS-485 通信电缆。用电脑网线制作 RS-485 通信电缆有两种方法，如图 14-21 所示，一是使用网线钳给网线一端安装一个 RJ45 水晶头（可让网线销售人员帮忙制作），二是使用机制电脑网线制作，这种网线带有两个 RJ45 水晶头，剪掉其中一个 RJ45 水晶头即可。

图 14-20 RS-485 通信电缆各芯线与变频器及 PLC 连接关系

14.3.4 PLC（计算机）与变频器的 RS-485 通信基础知识

（1）RS-485 通信的数据格式

PLC 与变频器进行 RS-485 通信时，PLC 可以往变频器写入（发送）数据，也可以读出（接收）变频器的数据，具体有：

① 写入运行指令（如正转、反转和停止等）；

用网线钳给网线一端装上RJ45水晶头

若用机制网线制作RS-485通信电缆,只要剪掉一个RJ45水晶头即可

图 14-21 用电脑网线制作带 RJ45 接头的 RS-485 通信电缆（两种方法）

② 写入运行频率；

③ 写入参数（设置变频器参数值）；

④ 读出参数；

⑤ 监视变频器的运行参数（如变频器的输出频率/转速、输出电压和输出电流等）；

⑥ 将变频器复位等。

在 PLC 往变频器写入或读出数据时，数据传送都是一段一段的，每段数据须符合一定的数据格式，否则一方无法识别接收另一方传送过来的数据段。PLC 与变频器的 RS-485 通信数据格式主要有 A、A'、B、C、D、E、E'、F 共 8 种格式。

① PLC 往变频器传送数据时采用的数据格式　PLC 往变频器传送数据采用的数据格式有 A、A'、B 三种，如图 14-22 所示。例如，PLC 往变频器写入运行频率时采用格式 A 来传送数据，写入正转控制命令时采用格式 A'，查看（监视）变频器运行参数时采用格式 B。

在编写通信程序时，数据格式中各部分的内容都要用 ASCII 码来表示，有关 ASCII 码知识可查看第 6 章的表 6-7。例如，PLC 以数据格式 A 往 13 号变频器写入频率，在编程时将要发送的数据存放在 D100～D112，其中 D100 存放控制代码 ENQ 的 ASCII 码 H05，D101、D102 分别存放变频器站号 13 的 ASCII 码 H31（1）、H33（3），D103、D104 分别存放写入频率指令代码 HED 的 ASCII 码 H45（E）、H44（D）。

图 14-22 PLC 往变频器传送数据采用的三种数据格式（A、A'、B）

RS-485 通信的数据格式各部分说明如下。

a. 控制代码。每个数据段前面都要有控制代码，控制代码 ENQ 意为通信请求，其他控制代码见表 14-4 所示。

表 14-4 控制代码

信号	ASCII 码	说　　明
STX	H02	数据开始
ETX	H03	数据结束
ENQ	H05	通信请求
ACK	H06	无数据错误
LF	H0A	换行
CR	H0D	回车
NAK	H15	有数据错误

b. 变频器站号。用于指定与 PLC 通信的变频器站号，可指定 0～31，该站号应与变频器设定的站号一致。

c. 指令代码。它是由 PLC 发送给变频器用来指明变频器进行何种操作的代码，例如读出变频器输出频率的指令代码为 H6F，更多的指令代码见表 14-6。

d. 等待时间。用于指定 PLC 传送完数据后到变频器开始返回数据之间的时间间隔，等待时间单位为 10ms，可设范围为 0～15（0～150ms），如果变频器已用参数 Pr.123 设定了等待时间，通信数据中不用指定等待时间，可节省一个字符，如果要在通信数据中使用等待时间，应将变频器的参数 Pr.123 设为 9999。

e. 数据。它是指 PLC 写入变频器的运行和设定数据，如频率和参数等，数据的定义和设定范围由指令代码来确定。

f. 总和校验码。其功能是用来校验本段数据传送过程中是否发生错误。将控制代码与总和校验码之间各项 ASCII 码求和，取和数据（十六进制数）的低 2 位作为总和校验码。总和校验码的求取举例如图 14-23 所示，

g. CR/LF（回车/换行）。当变频器的参数 Pr.124 设为 0 时，不用 CR/LF，可节省一个字符。

图 14-23　总和校验码求取举例

② 变频器往 PLC 传送数据（返回数据）时采用的数据格式　当变频器接收到 PLC 传送过来的数据，一段时间（等待时间）后会返回数据给 PLC。变频器往 PLC 返回数据采用的数据格式主要有 C、D、E、E'，如图 14-24 所示。

如果 PLC 传送的指令是写入数据（如控制变频器正转、反转和写入运行频率），变频器以 C 格式或 D 格式返回数据给 PLC。若变频器发现 PLC 传送过来的数据无错误，会以 C 格式返回数据，若变频器发现传送过来的数据有错误，则以 D 格式返回数据，D 格式数据中含有错误代码，用于告诉 PLC 出现何种错误，三菱 FR-500/700 变频器的错误代码含义见表 14-5。

如果 PLC 传送的指令是读出数据（如读取变频器的输出频率、输出电压），变频器以 E 或 E' 格式返回数据给 PLC，这两种数据格式中都含有 PLC 要从变频器读取的数据，一般情况下变频器采用 E 格式返回数据，只有 PLC 传送个别指令代码时变频器才以 E 格式返回数据，如果 PLC 传送给变频器的数据有错误，变频器也会以 D 格式返回数据。

掌握变频器返回数据格式有利于了解变频器工作情况。例如，在编写 PLC 通信程序时，以 D100～D112 作为存放 PLC 发送数据的单元，以 D200～D210 作为存放变频器返回数据的单元，如果 PLC 要查看变频器的输出频率，它需要使用监视输出频率指令代码 H6F，PLC 传送含该指令代码的数据时要使用格式 B（可查看表 14-6），当 PLC 以格式 B 将 D100～D108 中的数据发送给变频器后，变频器会以 E 格式将频率数据返回给 PLC（若传送数据出错则以 D 格式返回数据），返回数据存放到 PLC 的 D200～D210，由 E 格式可知，频率数据存放在 D203～D206 单元，只要了解这些单元的数据就能知道变频器的输出频率。

(a) PLC写入数据时变频器返回数据采用的数据格式

(b) PLC读取数据时变频器返回数据采用的数据格式

图 14-24　变频器往 PLC 返回数据采用的四种数据格式（C、D、E、E'）

表 14-5　在通信时变频器返回的错误代码含义

错误代码	项目	定义	变频器动作
H0	计算机 NAK 错误	从计算机发送的通信请求数据被检测到的连续错误次数超过允许的再试次数	如果连续错误发生次数超过允许再试次数时将产生（E. PUE）报警并且停止
H1	奇偶校验错误	奇偶校验结果与规定的奇偶校验不相符	
H2	总和校验错误	计算机中的总和校验代码与变频器接收的数据不相符	
H3	协议错误	变频器以错误的协议接收数据,在提供的时间内数据接收没有完成或 CR 和 LF 在参数中没有用作设定	

续表

错误代码	项目	定义	变频器动作
H4	格式错误	停止位长不符合规定	如果连续错误发生次数超过允许再试次数时将产生(E.PUE)报警并且停止
H5	溢出错误	变频器完成前面的数据接收之前,从计算机又发送了新的数据	
H7	字符错误	接收的字符无效(在0~9,A~F的控制代码以外)	不能接收数据但不会带来报警停止
HA	模式错误	试图写入的参数在计算机通信操作模式以外或变频器在运行中	不能接收数据但不会带来报警停止
HB	指令代码错误	规定的指令不存在	
HC	数据范围错误	规定了无效的数据用于参数写入,频率设定,等等	

（2）变频器通信的指令代码、数据位和使用的数据格式

PLC 与变频器进行 RS-485 通信时，变频器进行何种操作是由 PLC 传送过来的变频器可识别的指令代码和有关数据来决定的，PLC 可以给变频器发送指令代码和接收变频器的返回数据，变频器不能往 PLC 发送指令代码，只能接收 PLC 发送过来的指令代码并返回相应数据，同时执行指令代码指定的操作。

要以通信方式控制某个变频器，必须要知道该变频器的指令代码，要让变频器进行某种操作时，只要往变频器发送与该操作对应的指令代码。三菱 FR-500/700 变频器在通信时可使用的指令代码、数据位和数据格式见表 14-6，该表对指令代码后面的数据位使用也作了说明，对于无数据位（B 格式）的指令代码，该表中的数据位是指变频器返回数据的数据位。例如，PLC 要以 RS-485 通信控制变频器正转，它应以 A' 格式发送一段数据给变频器，在该段数据的第 4、5 字符为运行指令代码 HFA，第 7、8 字符为设定正转的数据 H02，变频器接收数据后，若数据无错误，会以 C 格式返回数据给 PLC，若数据有错误，则以 D 格式返回数据给PLC。以 B 格式传送数据时无数据位，表中的数据位是指返回数据的数据位。

表 14-6 三菱 FR-500/700 变频器在通信时可使用的指令代码、数据位和数据格式

编号	项目		指令代码	数据位说明	发送和返回数据格式
1	操作模式	读出	H7B	H0000:通信选项运行 H0001:外部操作 H0002:通信操作(PU接口)	B,E/D
		写入	HFB	H0000:通信选项运行 H0001:外部操作 H0002:通信操作(PU接口)	A,C/D
2	监示	输出频率[速度]	H6F	H0000~HFFF:输出频率(十六进制)最小单位0.01Hz [当Pr.37=1~9998或Pr.144=2~10.102~110用转速(十六进制)表示最小单位1r/min。]	B,E/D
		输出电流	H70	H0000~HFFFF:输出电流(十六进制)最小单位:0.1A	B,E/D
		输出电压	H71	H0000~HFFFF:输出电压(十六进制)最小单位0.1V	B,E/D
		特殊监示	H72	H0000~HFFFF:用指令代码HF3选择监示数据	B,E/D
		特殊监示选择号 读出	H73	H01~H0E 监示数据选择（见下表）	B,E'/D
		特殊监示选择号 写入	HF3		A',C/D

H01~H0E 监示数据选择：

数据	说明	最小单位	数据	说明	最小单位
H01	输出频率	0.01Hz	H09	再生制动	0.1%
H02	输出电流	0.01A	H0A	电子过电流保护负荷率	0.1%
H03	输出电压	0.1V	H0B	输出电流峰值	0.01A
H05	设定频率	0.01Hz	H0C	整流输出电压峰值	0.1V
H06	运行速度	1r/min	H0D	输入功率	0.01kW
H07	电动机转矩	0.1%	H0E	输出电力	0.01kW

编号		项目	指令代码	数据位说明	发送和返回数据格式
2	监示	报警定义	H74～H77	H0000～HFFFF:最近的两次报警记录 读出数据:[例如]H30A0 (前一次报警······THT) (最近一次报警······OPT) b15　　　　　　b8b7　　　　b0 0 0 1 1 0 0 0 0 1 0 1 0 0 0 0 0 前一次报警(H30)　最近一次报警(HA0) 报警代码 <table><tr><td>代码</td><td>说明</td><td>代码</td><td>说明</td><td>代码</td><td>说明</td></tr><tr><td>H00</td><td>没有报警</td><td>H51</td><td>UVT</td><td>HB1</td><td>PUE</td></tr><tr><td>H10</td><td>OC1</td><td>H60</td><td>OLT</td><td>HB2</td><td>RET</td></tr><tr><td>H11</td><td>OC2</td><td>H70</td><td>BE</td><td>HC1</td><td>CTE</td></tr><tr><td>H12</td><td>OC3</td><td>H80</td><td>GF</td><td>HC2</td><td>P24</td></tr><tr><td>H20</td><td>OV1</td><td>H81</td><td>LF</td><td>HD5</td><td>MB1</td></tr><tr><td>H21</td><td>OV2</td><td>H90</td><td>OHT</td><td>HD6</td><td>MB2</td></tr><tr><td>H22</td><td>OV3</td><td>HA0</td><td>OPT</td><td>HD7</td><td>MB3</td></tr><tr><td>H30</td><td>THT</td><td>HA1</td><td>OP1</td><td>HD8</td><td>MB4</td></tr><tr><td>H31</td><td>THM</td><td>HA2</td><td>OP2</td><td>HD9</td><td>MB5</td></tr><tr><td>H40</td><td>FIN</td><td>HA3</td><td>OP3</td><td>HDA</td><td>MB6</td></tr><tr><td>H50</td><td>IPF</td><td>HB0</td><td>PE</td><td>HDB</td><td>MB7</td></tr></table>	B,E/D
3		运行指令	HFA	b7　　　　　　b0 0 1 0 0 1 1 0 0 (对于例1) [例1] H02 ··· 正转 [例2] H00 ··· 停止 b0: —— b1: 正转(STF) b2: 反转(STR) b3: —— b4: —— b5: —— b6: —— b7: ——	A',C/D
4		变频器状态监示	H7A	b7　　　　　　b0 0 0 0 0 0 0 1 0 (对于例1) [例1] H02 ··· 正转运行中 [例2] H80 ··· 因报警停止 输出数据视 Pr.190～Pr.195 设定而设 b0: 变频器正在运行(RUN)* b1: 正转 b2: 反转 b3: 频率达到(SU)* b4: 过负荷(OL)* b5: 瞬时停电(IPF)* b6: 频率检测(FU)* b7: 发生报警*	B,E/D
5		设定频率读出(E²PROM)	H6E	读出设定频率(RAM)或(E²PROM) H0000～H2EE0:最小单位 0.01Hz(十六进制)	B,E/D
		设定频率读出(RAM)	H6D		
		设定频率写入(E²PROM)	HEE	H0000～H9C40:最小单位 0.01Hz(十六进制) (0～400.00Hz) 频繁改变运行频率时,请写入到变频器的 RAM(指令代码:HED)	A,C/D
		设定频率写入(RAM)	HED		
6		变频器复位	HFD	H9696:复位变频器 当变频器在通信开始由计算机复位时,变频器不能 发送回应答数据给计算机	A,C/D
7		报警内容全部清除	HF4	H9696:报警履历的全部清除	A,C/D

续表

编号	项目	指令代码	数据位说明	发送和返回数据格式
8	参数全部清除	HFC	所有参数返回到出厂设定值 根据设定的数据不同有四种清除操作方式： （内表） Pr.数据 \ ： 通信 Pr. / 校准 / 其他 Pr. / HEC HF3 HFF H9696： ○ / × / ○ / ○ H9966： ○ / ○ / ○ / ○ H5A5A： × / × / ○ / ○ H55AA： × / ○ / ○ / ○ 当执行 H9696 或 H9966 时,所有参数被清除,与通信相关的参数设定值也返回到出厂设定值,当重新操作时,需要设定参数	A、C/D
9	用户清除	HFG	H9669:进行用户清除 （内表） 通信 Pr. / 校验 / 其他 Pr. / HEC HF3 HFF ○ / × / ○ / ○	A、C/D
10	参数写入	H80～HE3	参考数据表(附录 1)写入和/或读出要求的参数	A、C/D
11	参数读出	H00～H63	注意有些参数不能进入	B、E/D
12	网络参数 其他设定	读出 H7F	H00～H6C 和 H80～HEC 参数值可以改变 H00～Pr. 0～Pr. 96 值可以进入 H01: Pr. 100～Pr. 158, Pr. 200～Pr. 231 和 Pr. 900～Pr. 905 值可以进入 H02:Pr. 160～Pr. 199 和 Pr. 232～Pr. 287 值可以进入 H03:可读出,写入 Pr. 300～Pr. 342 的内容 H09:Pr. 990 值可以进入	B、E'/D
		写入 HFF		A'、C/D
13	第二参数更改 (代码 FF=1)	读出 H6C	设定编程运行(数据代码 H3D～H5A,HBD～HDA)的参数的情况 H00:运行频率 ⟶ [6 3 3 B] H01:时间　　　　时间(分)　分(秒) H02:回转方向	B、E'/D
		写入 HEC	设定偏差·增益(数据代码 H5E～H6A,HDE～HED)的参数的情况 H00:补偿/增益 H01:模拟 H02:端子的模拟值	A'、C/D

14.3.5 PLC 以 RS-485 通信方式控制变频器正转、反转、加速、减速和停止的实例

（1）硬件线路图

PLC 以 RS-485 通信方式控制变频器正转、反转、加速、减速和停止的硬件线路如图 14-25 所示,当操作 PLC 输入端的正转、反转、手动加速、手动减速或停止按钮时,PLC 内部的相关程序段就会执行,通过 RS-485 通信方式将对应指令代码和数据发送到给变频器,控制变频器正转、反转、加速、减速或停止。

（2）变频器通信设置

变频器与 PLC 通信时,需要设置与通信有关的参数值,有些参数值应与 PLC 保持一

图 14-25　PLC 以 RS-485 通信方式控制变频器正转、反转、加速、减速和停止的硬件线路

致。三菱 FR-500/700 变频器与通信有关的参数及设置值见表 14-7。

表 14-7　三菱 FR-500/700 变频器与通信有关的参数及设置值

参数号	名称	设定值		说　明	本例设置值
Pr.79	操作模式	0～8		0—电源接通时，为外部操作模式。PU 或外部操作可切换，1—PU 操作模式 2—外部操作模式　3—外部/PU 组合操作模式 1　4—外部/PU 组合操作模式 2 5—程序运行模式　6—切换模式　7—外部操作模式(PU 操作互锁) 8—切换到除外部操作模式以外的模式(运行时禁止)	1
Pr.117	站号	0～31		确定从 PU 接口通信的站号 当两台以上变频器接到一台计算机上时，就需要设定变频器站号	0
Pr.118	通信速率	48		4800bit/s(bps)	192
		96		9600bit/s(bps)	
		192		19200bit/s(bps)	
Pr.119	停止位长/字节长	8 位	0	停止位长 1 位	1
			1	停止位长 2 位	
		7 位	10	停止位长 1 位	
			11	停止位长 2 位	
Pr.120	奇偶校验有/无	0		无	2
		1		奇校验	
		2		偶校验	
Pr.121	通信再试次数	0～10		设定发生数据接收错误后允许的再试次数，如果错误连续发生次数超过允许值,变频器将报警停止	9999
		9999 (65535)		如果通信错误发生，变频器没有报警停止，这时变频器可通过输入 MRS 或 RES 信号，变频器(电机)滑行到停止 错误发生时，轻微故障信号(LF)送到集电极开路端子输出。 用 Pr.190～Pr.195 中的任何一个分配给相应的端子(输出端子功能选择)	
Pr.122	通信校验时间间隔	0		不通信	9999
		0.1～999.8		设定通信校验时间[s]间隔	
		9999		如果无通信状态持续时间超过允许时间,变频器进入报警停止状态	
Pr.123	等待时间设定	0～150ms		设定数据传输到变频器和响应时间	20
		9999		用通信数据设定	
Pr.124	CR.LF有/无选择	0		无 CR/LF	0
		1		有 CR	
		2		有 CR/LF	

（3）PLC 程序

PLC 以通信方式控制变频器时，需要给变频器发送指令代码才能控制变频器执行相应的操作，给变频器发送何种指令代码是由 PLC 程序决定的。

PLC 以 RS-485 通信方式控制变频器正转、反转、加速、减速和停止的梯形图程序如图 14-26 所示。M8161 是 RS、ASCI、HEX、CCD 指令的数据处理模式特殊继电器，当 M8161＝ON 时，这些指令只处理存储单元的低 8 位数据（高 8 位忽略），当 M8161＝OFF 时，这些指令将存储单元十六位数据分高 8 位和低 8 位处理。D8120 为通信格式设置特殊存储器，其设置方法见第 6 章的表 6-6。RS 为串行数据传送指令，ASCI 为十六进制数转 ASCII 码指令，HEX 为 ASCII 码转十六进制数指令，CCD 为求总和校验码指令，这些指令的用法在本书的第 6 章都有详细说明。

*反转数据发送及控制

```
     X001    Y000
73 ──┤├──────┤/├─────────────────────────────[RS    D200    K9     D500    K5 ]─
     反转    正转指示
                    将D200～D208作为存放发送数据的单元,将D500～D504作为存放接收数据的单元

                                                           ─[MOV   H5     D200 ]─
                                           往D200单元写入H05(通信请求ENQ的ASCII码)

                                                      ─[ASCI   H0     D201    K2 ]─
                                    将H00(变频器站号00)转换成ASCII码(H30、H30)存入D201、D202

                                                      ─[ASCI   H0FA   D203    K2 ]─
                                    将HFA(运行指令代码)转换成ASCII码(H46、H41)存入D203、D204

                                                      ─[ASCI   H4     D205    K2 ]─
                                    将H04(反转代码)转换成ASCII码(H30、H34)存入D205、D206

                                                      ─[CCD    D201   D100    K6 ]─
                                    将D201～D206中的ASCII码求总和及校验码,总和存入D100,校验码存入D101

                                                      ─[ASCI   D101   D207    K2 ]─
                                    将D101中的校验码转换成ASCII码,再存入D207、D208

                                                              ─[SET   M8122 ]─
                             将M8122置ON,开始数据发送,将D200～D208中的数据发送出去,数    ON-开始发
                             据发送结束后,M8122自动变为OFF                            送数据,O
                                                                                    FF-数据发
                                                                                    送结束

                                                      ─[ZRST   Y000   Y002 ]─
                                                              正转指示 停止指示
                             将Y000～Y002线圈复位,让Y000～Y002端子内部触点断开,停止输出

                                                              ─[SET   Y001 ]─
                                                                      反转指示
                             将Y001线圈置位,Y001端子内部触点闭合,外接指示灯点亮,作出反转指示

                                                      ─[MOV   K2500  D1000 ]─
                             将2500作为反转频率数据写入D1000,频率数据单位为0.01Hz,
                             即让反转初始频率为25Hz
```

*停转数据发送及控制

```
      X002
137 ──┤├──────────────────────────────────────[RS    D200    K9     D500    K5 ]─
      停止
                    将D200～D208作为存放发送数据的单元,将D500～D504作为存放接收数据的单元

                                                           ─[MOV   H5     D200 ]─
                                           往D200单元写入H05(通信请求ENQ的ASCII码)

                                                      ─[ASCI   H0     D201    K2 ]─
                                    将H00(变频器站号00)转换成ASCII码(H30、H30)存入D201、D202

                                                      ─[ASCI   H0FA   D203    K2 ]─
                                    将HFA(运行指令代码)转换成ASCII码(H46、H41)存入D203、D204

                                                      ─[ASCI   H0     D205    K2 ]─
                                    将H00(停转代码)转换成ASCII码(H30、H30)存入D205、D206

                                                      ─[CCD    D201   D100    K6 ]─
                                    将D201～D206中的ASCII码求总和及校验码,总和存入D100,校验码存入D101
```

```
                                          ─[ASCI    D101    D207    K2  ]─
              将D101中的校验码转换成ASCII码,再存入D207、D208

                                          ─[SET             M8122      ]─
              将M8122置ON,开始数据发送,将D200～D208中的数据发送出去,         ON-开始发
              数据发送结束后,M8122自动变为OFF                            送数据,O
                                                                   FF-数据发
                                                                   送结束
                                          ─[ZRST    Y000    Y002      ]─
                                                   正转指示  停止指示
              将Y000～Y002线圈复位,让Y000～Y002端子内部触点断开,停止输出

                                          ─[SET             Y002      ]─
                                                           停止指示
              将Y002线圈置位,Y002端子内部触点闭合,外接指示灯点亮,作出停转指示

*手动调速及发送频率数据
         X003
195     ─┤↑├─                             ─[ADD    D1000   K100    D1000]─
         手动加速        X003触点每闭合一次,将D1000中的数值增加100,频率提升1Hz

         X004
204     ─┤↑├─                             ─[SUB    D1000   K100    D1000]─
         手动减速        X004触点每闭合一次,将D1000中的数值减少100,频率降低1Hz

         M8013  X000   X001   X002
213     ─┤↑├──┤/├──┤/├──┤/├──         ─[RS     D300    K11   D600    K5]─
        1s脉冲半 正转   反转   停止
        秒开半秒          将D300～D310作为存放发送数据的单元,将D600～D604作为存放接收数据的单元
        闭
         M8013
226     ─┤↑├─                             ─[MOV    H5      D300       ]─
        1s脉冲半            往D300单元写入H05(通信请求ENQ的ASCII码)
        秒开半秒
        闭                                 ─[ASCI   H0      D301    K2 ]─
                         将H00(变频器站号00)转换成ASCII码(H30、H30)存入D301、D302

                                          ─[ASCI   H0ED    D303    K2 ]─
                         将HED(设定频率指令代码)转换成ASCII码(H45、H44)存入D303、D304

                                          ─[ASCI   D1000   D305    K4 ]─
                         将D1000中的频率数据转换成ASCII码存入D305～D308

                                          ─[CCD    D301    D150    K8 ]─
                         将D301～D308中的ASCII码求总和及校验码,总和存入D150,校验码存入D151

                                          ─[ASCI   D151    D309    K2 ]─
                         将D151中的校验码转换成ASCII码,再存入D309、D310

                                          ─[SET             M8122      ]─
              将M8122置ON,开始数据发送,将D300～D310中的数据发送出去,         ON-开始发
              数据发送结束后,M8122自动变为OFF                            送数据,O
                                                                   FF-数据发
                                                                   送结束

270                                       ─[END                       ]─
```

图 14-26　PLC 以 RS-485 通信方式控制变频器正转、反转、加速、减速或停止的梯形图程序

附录A 三菱FX系列PLC的特殊软元件（辅助继电器M、数据寄存器D）

附表 1　PLC 状态

元件	说明	适用机型			
		FX₁ₛ	FX₁ₙ	FX₂ₙ	FX₂ₙC
[M]8000 运行监控 a 接点		○	○	○	○
[M]8001 运行监控 b 接点		○	○	○	○
[M]8002 初始脉冲 a 接点		○	○	○	○
[M]8003 初始脉冲 b 接点		○	○	○	○
[M]8004 错误发生	当 M8060～M8067 中任意一个处于 ON 时动作（M8062 除外）	○	○	○	○
[M]8005 电池电压过低	当电池电压异常过低时动作	—	—	○	○
[M]8006 电池电压过低锁存	当电池电压异常过低后锁存状态	—	—	○	○
[M]8007 瞬停检测	即使 M8007 动作、若在 D8008 时间范围内则 PC 继续运行	—	—	○	○
[M]8008 停电检测中	当 M8008ON→OFF 时，M8000 变为 OFF	—	—	○	○
[M]8009 DC24V 失电	当扩展单元、扩展模块出现 DC24V 失电时动作	—	—	○	○
[D]8000 监视定时器	初始值如右列所述（1ms 为单位）当电源 ON 时，由系统 ROM 传送 程序进行更改必须在 END、WDT 指令执行后方才有效	200ms	200ms	200ms	200ms
[D]8001 PC 类型和系统版本号	２４１００BCD转换值 └右述 └版本号V1.00	22	26	24	24

续表

元件	说明	适用机型			
		FX$_{1S}$	FX$_{1N}$	FX$_{2N}$	FX$_{2NC}$
[D]8002 寄存器容量	2…2K 步 4…4K 步 8…8K 步	○	16K 步时在 D8102 中输入存储器 容量[16]		
[D]8003 寄存器类型	保存不同 RAM/EEPROM/内置 EPROM/存储盒和 存储器保护开关的 ON/OFF 状态	○	○	○	○
[D]8004 错误 M 地址号	［ 8 0 6 0 ］ BCD转换值 ↑ 8060～8068(M8004 ON 时)	○	○	○	○
[D]8005 电池电压	［ 3 6 ］ BCD 转换值 (0.1V 单位) 电池电压的当前值(例:3.6V)	—	—	○	○
[D]8006 电池电压过 低检测电平	初始值 3.0V(0.1V 为单位)(当电源 ON 时,由系统 ROM 传送)	—	—	○	○
[D]8007 瞬停检测	保存 M8007 的动作次数。当电源切断时该数值将被 清除	—	—	○	○
[D]8008 停电检测时间	AC 电源型:初始值 10ms 详细情况另行说明				
[D]8009 DC 24V 失电单 元地址号	DC 24V 失电的基本单元、扩展单元中最小输入元件 地址号	—	—	○	○

附表 2　PLC 时钟

元件	说明	适用机型				元件	说明	适用机型			
		FX$_{1S}$	FX$_{1N}$	FX$_{2N}$	FX$_{2NC}$			FX$_{1S}$	FX$_{1N}$	FX$_{2N}$	FX$_{2NC}$
[M]8010						[D]8010 当前扫描值	由第 0 步开始的累计 执行时间(0.1ms 为单位)				
[M]8011 10ms 时钟	以 10ms 的频率周期 振荡	○	○	○	○	[D]8011 最 小扫描时间	扫描时间的最小值 (0.1ms 为单位)	○	显示值中包括当 M8039 驱动时恒 定扫描运行的等 待时间		
[M]8012 100ms 时钟	以 100ms 的频率周 期振荡	○	○	○	○	[D]8012 最 大扫描时间	扫描时间的最大值 (0.1ms 为单位)				
[M]8013 1s 时钟	以 1s 的频率周期 振荡	○	○	○	○	[D]8013 秒	0～59s(实时时钟用)	○	○	○	○
[M]8014 1min 时钟	以 1min 的频率周期 振荡	○	○	○	○	[D]8014 分	0～59min (实时时钟用)	○	○	○	○
[M]8015	时钟停止和预置 实时时钟用	○	○	○	○	[D]8015 时	0～23h (实时时钟用)	○	○	○	○
[M]8016	时间读取显示停止 实时时钟用	○	○	○	○	[D]8016 日	1～31 日 (实时时钟用)	○	○	○	○
[M]8017	±30s 修正 实时时钟用	○	○	○	○	[D]8017 月	1～12 月 (实时时钟用)	○	○	○	○
[M]8018	安装检测 实时时钟用	○(常时 ON)				[D]8018 年	公历两位(0～99) (实时时钟用)	○	○	○	○
[M]8019	实时时钟(RTC)出错 实时时钟用	○	○	○	○	[D]8019 星期	0(日)～6(六) (实时时钟用)	○	○	○	○

附表 3　PLC 标志

元件	说明	适用机型 FX₁S	FX₁N	FX₂N	FX₂NC	元件	说明	适用机型 FX₁S	FX₁N	FX₂N	FX₂NC
[M]8020 零	加减运算结果为 0 时	○	○	○	○	[D]8020 输 入滤波调整	X000～X017 的输入滤波 数值 0～60(初始为 10ms)	○	○	○	○
[M]8021 借位	减法运算结果小于 负的最大值时	○	○	○	○	[D]8021					
[M]8022 进位	加法运算结果发生进位 时,换位结果溢出发生时	○	○	○	○	[D]8022					
[M]8023						[D]8023					
[M]8024	BMOV 方向指定 (FNC 15)	—	—	○	○	[D]8024					
[M]8025	HSC 模式 (FNC53～55)	—	—	○	○	[D]8025					
[M]8026	RAMP 模式 (FNC 67)	—	—	○	○	[D]8026					
[M]8027	PR 模式 (FNC 77)	—	—	○	○	[D]8027					
[M]8028 [FX₁S]	100ms/10ms 定时器切换	○	—	—	—						
[M]8028 [FX₂N, FX₂NC]	在执行 FROM/TO (FNC78,79)指令过程 中中断允许	—	—	○	○	[D]8028	Z0(Z)寄存器的内容 ※3	○	○	○	○
[M]8029 指令执行 完成	当 DSW(FNC72)等 操作完成时动作	○	○	○	○	[D]8029	V0(V)寄存器的内 容　※3	○	○	○	○

附表 4　PLC 方式

元件	说明	适用机型 FX₁S	FX₁N	FX₂N	FX₂NC
M8030 电池 LED 熄灯指令	驱动 M8030 后,即使电池电压过低,PC 面板指示灯也 不会亮灯	—	—	○	○
M8031 非保持存储器全部消除	驱动此 M 时,可以将 Y,M,S,T,C 的 ON/OFF 影像存 储器和 T,C,D 的当前值全部清零	○	○	○	○
M8032 保持存储器全部清除	特殊寄存器和文件寄存器不清除	○	○	○	○
M8033 存储器保持停止	当可编程控制器 RUN-STOP 时,将影像存储器和数据 存储器中的内容保留下来	○	○	○	○
M8034 所有输出禁止	将 PC 的外部输出接点全部置于 OFF 状态	○	○	○	○
M8035 强制运行模式		○	○	○	○
M8036 强制运行指令		○	○	○	○
M8037 ※5 强制停止指令		○	○	○ ※13	○
M8038 参数设定	通信参数设定标志 (简易 PC 间连接设定用)	○	○	○	○
M8039 恒定扫描模式	当 M8039 变为 ON 时,PC 直至 D8039 指定的扫描时间 到达后才执行循环运算	○	○	○	○
[D]8030					
[D]8031					
[D]8032					
[D]8033					

续表

元件	说明	适用机型			
		FX$_{1S}$	FX$_{1N}$	FX$_{2N}$	FX$_{2NC}$
[D]8034					
[D]8035					
[D]8036					
[D]8037					
[D]8038					
[D]8039 恒定扫描时间	初始值 0ms(以 1ms 为单位)(当电源 ON 时,由系统 ROM 传送)能够通过程序进行更改	○	○	○	○

附表5　步进顺控

元件	说明	适用机型			
		FX$_{1S}$	FX$_{1N}$	FX$_{2N}$	FX$_{2NC}$
M8040 转移禁止	M8040 驱动时禁止状态之间的转移	○	○	○	○
M8041 转移开始	自动运行时能够进行初始状态开始的转移	○	○	○	○
M8042 启动脉冲	对应启动输入的脉冲输出	○	○	○	○
M8043 回归完成	在原点回归模式的结束状态时动作	○	○	○	○
M8044 原点条件	检测出机械原点时动作	○	○	○	○
M8045 所有输出复位禁止	在模式切换时,所有输出复位禁止	○	○	○	○
[M]8046 STL 状态动作	M8047 动作中时,当 S0～S899 中有任何元件变为 ON 时动作	○	○	○	○
[M]8047 STL 监控有效	驱动此 M 时,D8040～D8047 有效	○	○	○	○
[M]8048 信号报警器动作	M8049 动作中时,当 S900～S999 中有任何元件变为 ON 时动作	—	—	○	○
[M]8049 信号报警器有效	驱动此 M 时,D8049 的动作有效	—	—	○	○
[D]8040 ON 状态地址号 1		○	○	○	○
[D]8041 ON 状态地址号 2		○	○	○	○
[D]8042 ON 状态地址号 3		○	○	○	○
[D]8043 ON 状态地址号 4	将状态 S0～S899 的动作中的状态最小地址号保存入 D8040 中将紧随其后的 ON 状态地址号保存入 D8041 中 以下依此顺序保存 8 点元件,将其中最大元件保存入 D8047 中	○	○	○	○
[D]8044 ON 状态地址号 5		○	○	○	○
[D]8045 ON 状态地址号 6		○	○	○	○
[D]8046 ON 状态地址号 7		○	○	○	○
[D]8047 ON 状态地址号 8		○	○	○	○
[D]8048					
[D]8049 ON 状态最小地址号	保存处于 ON 状态中报警继电器 S900～S999 的最小地址号	—	—	○	○

附表 6   出错检查

元件	说明	PROG-E LED	可编程控制器状态	适用机型			
				FX$_{1S}$	FX$_{1N}$	FX$_{2N}$	FX$_{2NC}$
[M]8060	I/O 构成错误	OFF	RUN			○	○
[M]8061	PC 硬件错误	闪烁	STOP	○	○	○	○
[M]8062	PC/PP 通信错误	OFF	RUN	○	○	○	○
[M]8063	并联连接出错※6RS-232C 通信错误	OFF	RUN	○	○	○	○
				○	○	○	○
[M]8064	参数错误	闪烁	STOP	○	○	○	○
[M]8065	语法错误	闪烁	STOP	○	○	○	○
[M]8066	回路错误	闪烁	STOP	○	○	○	○
[M]8067	运算错误※6	OFF	RUN	○	○	○	○
[M]8068	运算错误锁存	OFF	RUN	○	○	○	○
[M]8069	I/O 总线检测※7	—	—	—	—	○	○
[M]8109	输出刷新错误	OFF	RUN	—	—	○	○

元件	说明	适用机型			
		FX$_{1S}$	FX$_{1N}$	FX$_{2N}$	FX$_{2NC}$
[D]8060	I/O 构成错误的未安装 I/O 起始地址号※8	—	—	○	○
[D]8061	PC 硬件错误的错误代码序号	○	○	○	○
[D]8062	PC/PP 通信错误的错误代码序号	—	—	○	○
[D]8063	并联连接通信错误的错误代码序号 RS-232C 通信错误的错误代码序号※6	○	○	○	○
		○	○	○	○
[D]8064	参数错误的错误代码序号	○	○	○	○
[D]8065	语法错误的错误代码序号	○	○	○	○
[D]8066	回路错误的错误代码序号	○	○	○	○
[D]8067	运算错误的错误代码序号※6	○	○	○	○
[D]8068	锁存发生运算错误的步序号	○	○	○	○
[D]8069	M8065~M8067 的错误发生的步序号※6	○	○	○	○
[D]8109	发生输出刷新错误的 Y 地址号	—	—	○	○

附录B 三菱FX系列PLC指令系统

分类	FNC No.	指令符号	功能	支持可编程控制器							
				FX$_{1S}$	FX$_{1N}$	FX$_{2N}$	FX$_{3G}$	FX$_{3U}$	FX$_{1NC}$	FX$_{2NC}$	FX$_{3UC}$
程序流程	0	CJ	条件跳转	○	○	○	○	○	○	○	○
	1	CALL	调用子程序	○	○	○	○	○	○	○	○
	2	SRET	子程序返回	○	○	○	○	○	○	○	○
	3	IRET	中断返回	○	○	○	○	○	○	○	○
	4	EI	允许中断	○	○	○	○	○	○	○	○
	5	DI	禁止中断	○	○	○	○	○	○	○	○
	6	FEND	主程序结束	○	○	○	○	○	○	○	○
	7	WDT	看门狗计时器	○	○	○	○	○	○	○	○
	8	FOR	循环范围开始	○	○	○	○	○	○	○	○
	9	NEXT	循环范围结束	○	○	○	○	○	○	○	○
传送·比较	10	CMP	比较	○	○	○	○	○	○	○	○
	11	ZCP	区间比较	○	○	○	○	○	○	○	○
	12	MOV	传送	○	○	○	○	○	○	○	○
	13	SMOV	位传送	—	—	○	○	○	—	○	○
	14	CML	反转传送	—	—	○	○	○	—	○	○
	15	BMOV	批量传送	○	○	○	○	○	○	○	○
	16	FMOV	多点传送	—	—	○	○	○	—	○	○
	17	XCH	交换	—	—	○	○	○	—	○	○
	18	BCD	BCD 转换	○	○	○	○	○	○	○	○
	19	BIN	BIN 转换	○	○	○	○	○	○	○	○
四则运算·逻辑运算	20	ADD	BIN 加法	○	○	○	○	○	○	○	○
	21	SUB	BIN 减法	○	○	○	○	○	○	○	○
	22	MUL	BIN 乘法	○	○	○	○	○	○	○	○
	23	DIV	BIN 除法	○	○	○	○	○	○	○	○
	24	INC	BIN 加一	○	○	○	○	○	○	○	○
	25	DEC	BIN 减一	○	○	○	○	○	○	○	○
	26	WAND	逻辑与	○	○	○	○	○	○	○	○
	27	WOR	逻辑或	○	○	○	○	○	○	○	○
	28	WXOR	逻辑异或	○	○	○	○	○	○	○	○
	29	NEG	补码	—	—	○	○	○	—	○	○
循环与移位	30	ROR	循环右移	—	—	○	○	○	—	○	○
	31	ROL	循环左移	—	—	○	○	○	—	○	○
	32	RCR	带进位循环右移	—	—	○	○	○	—	○	○
	33	RCL	带进位循环左移	—	—	○	○	○	—	○	○

续表

分类	FNC No.	指令符号	功能	支持可编程控制器							
				FX$_{1S}$	FX$_{1N}$	FX$_{2N}$	FX$_{3G}$	FX$_{3U}$	FX$_{1NC}$	FX$_{2NC}$	FX$_{3UC}$
循环与移位	34	SFTR	位右移	○	○	○	○	○	○	○	○
	35	SFTL	位左移	○	○	○	○	○	○	○	○
	36	WSFR	字右移	—	—	○	○	○	—	○	○
	37	WSFL	字左移	—	—	○	○	○	—	○	○
	38	SFWR	偏移写入 [先入先出/先入后出控制用]	○	○	○	○	○	○	○	○
	39	SFRD	偏移读取 [先入先出控制用]	○	○	○	○	○	○	○	○
数据处理	40	ZRST	批量复位	○	○	○	○	○	○	○	○
	41	DECO	译码	○	○	○	○	○	○	○	○
	42	ENCO	编码	○	○	○	○	○	○	○	○
	43	SUM	ON 位数	—	—	○	○	○	—	○	○
	44	BON	ON 位判定	—	—	○	○	○	—	○	○
	45	MEAN	平均值	—	—	○	○	○	—	○	○
	46	ANS	信号器置位	—	—	○	○	○	—	○	○
	47	ANR	信号器复位	—	—	○	○	○	—	○	○
	48	SQR	BIN 开平方	—	—	○	○	○	—	○	○
	49	FLT	BIN 整数→二进制浮点数转换	—	—	○	○	○	—	○	○
高速处理	50	REF	输入输出刷新	○	○	○	○	○	○	○	○
	51	REFF	输入刷新(带滤波器设定)	—	—	○	○	○	—	○	○
	52	MTR	矩阵输入	○	○	○	○	○	○	○	○
	53	HSCS	比较置位(高速计数器用)	○	○	○	○	○	○	○	○
	54	HSCR	比较复位(高速计数器用)	○	○	○	○	○	○	○	○
	55	HSZ	区间比较(高速计数器用)	—	—	○	○	○	—	○	○
	56	SPD	脉冲密度	○	○	○	○	○	○	○	○
	57	PLSY	脉冲输出	○	○	○	○	○	○	○	○
	58	PWM	脉冲宽度调制	○	○	○	○	○	○	○	○
	59	PLSR	带加减速脉冲输出	○	○	○	○	○	○	○	○
方便指令	60	IST	初始化状态	○	○	○	○	○	○	○	○
	61	SER	数据搜索	—	—	○	○	○	—	○	○
	62	ABSD	凸轮控制绝对方式	—	—	○	○	○	—	○	○
	63	INCD	凸轮控制相对方式	○	○	○	○	○	○	○	○
	64	TTMR	示教定时器	—	—	○	—	○	—	○	○
	65	STMR	特殊定时器	—	—	○	○	○	—	○	○
	66	ALT	交替输出	○	○	○	○	○	○	○	○
	67	RAMP	斜坡信号	○	○	○	○	○	○	○	○
	68	ROTC	旋转工作台控制	—	—	○	○	○	—	○	○
	69	SORT	数据排序	—	—	○	○	○	—	○	○
外部设备 I/O	70	TKY	数字键输入	—	—	○	—	○	—	○	○
	71	HKY	十六进制键输入	—	—	○	—	○	—	○	○
	72	DSW	数字开关	○	○	○	○	○	○	○	○
	73	SEGD	7SEG 译码	—	—	○	○	○	—	○	○
	74	SEGL	7SEG 分时显示	○	○	○	○	○	○	○	○
	75	ARWS	箭头开关	—	—	○	○	○	—	○	○
	76	ASC	ASCII 数据输入	—	—	○	○	○	—	○	○
	77	PR	ASCII 打印	—	—	○	○	○	—	○	○
	78	FROM	BFM 读取	—	○	○	○	○	○	○	○
	79	TO	BFM 写入	—	○	○	○	○	○	○	○

续表

分类	FNC No.	指令符号	功能	支持可编程控制器							
				FX₁S	FX₁N	FX₂N	FX₃G	FX₃U	FX₁NC	FX₂NC	FX₃UC
外部设备 SER	80	RS	串行数据传送	○	○	○	○	○	○	○	○
	81	PRUN	八进制位传送	○	○	○	○	○	○	○	○
	82	ASCI	HEX→ASCII 转换	○	○	○	○	○	○	○	○
	83	HEX	ASCII→HEX 转换	○	○	○	○	○	○	○	○
	84	CCD	校验码	○	○	○	○	○	○	○	○
	85	VRRD	电位器读取	○	○	○	* 5	—	○	—	—
	86	VRSC	电位器刻度	○	○	○	* 5	—	○	—	—
	87	RS2	串行数据传送 2	—	—	—	○	○	—	—	○
	88	PID	PID 运算	○	○	○	○	○	○	○	○
	89										
* 1	102	ZPUSH	变址寄存器的批量备份	—	—	—	—	○	—	—	□
	103	ZPOP	变址寄存器的恢复	—	—	—	—	○	—	—	□
浮点数	110	ECMP	二进制浮点数比较	—	—	—	○	○	—	○	○
	111	EZCP	二进制浮点数区间比较	—	—	—	○	○	—	○	○
	112	EMOV	二进制浮点数数据传送	—	—	—	○	○	—	○	○
	116	ESTR	二进制浮点数→字符串转换	—	—	—	—	○	—	—	○
	117	EVAL	字符串→二进制浮点数转换	—	—	—	—	○	—	—	○
	118	EBCD	二进制浮点数→十进制浮点数转换	—	—	—	○	○	—	○	○
	119	EBIN	十进制浮点数→二进制浮点数转换	—	—	—	○	○	—	○	○
	120	EADD	二进制浮点数加法	—	—	—	○	○	—	○	○
	121	ESUB	二进制浮点数减法	—	—	—	○	○	—	○	○
	122	EMUL	二进制浮点数乘法	—	—	—	○	○	—	○	○
	123	EDIV	二进制浮点数除法	—	—	—	○	○	—	○	○
	124	EXP	二进制浮点指数运算	—	—	—	—	○	—	—	○
	125	LOGE	二制浮点数自然对数运算	—	—	—	—	○	—	—	○
	126	LOG10	二进制浮点数常用对数运算	—	—	—	—	○	—	—	○
	127	ESQR	二进制浮点数开平方	—	—	—	○	○	—	○	○
	128	ENEG	二进制浮点数符号反转	—	—	—	—	○	—	—	○
	129	INT	二进制浮点数→BIN 整数转换	—	—	—	○	○	—	○	○
	130	SIN	二进制浮点数 SIN 运算	—	—	—	○	○	—	○	○
	131	COS	二进制浮点数 COS 运算	—	—	—	○	○	—	○	○
	132	TAN	二进制浮点数 TAN 运算	—	—	—	○	○	—	○	○
	133	ASIN	二进制浮点数 SIN-1 运算	—	—	—	—	○	—	—	○
	134	ACOS	二进制浮点数 COS-1 运算	—	—	—	—	○	—	—	○
	135	ATAN	二进制浮点数 TAN-1 运算	—	—	—	—	○	—	—	○
	136	RAD	二进制浮点数 角度→弧度转换	—	—	—	—	○	—	—	○
	137	DEG	二进制浮点数 弧度→角度转换	—	—	—	—	○	—	—	○
数据处理 2	140	WSUM	数据合计值计算	—	—	—	—	○	—	—	□
	141	WTOB	字节(Byte)单位数据分离	—	—	—	—	○	—	—	□
	142	BTOW	字节(Byte)单位数据结合	—	—	—	—	○	—	—	□
	143	UNI	16 位数据的 4 位结合	—	—	—	—	○	—	—	□
	144	DIS	16 位数据的 4 位分离	—	—	—	—	○	—	—	□
	147	SWAP	高低字节转换	—	—	○	○	○	—	○	○
	149	SORT2	数据排序 2	—	—	—	—	○	—	—	□
定位	150	DSZR	带 DOG 搜索原点回归	—	—	—	○	○	—	—	○
	151	DVIT	中断定位	—	—	—	—	○	—	—	○
	152	TBL	通过表格设定方式进行定位	—	—	—	○	□	—	—	□
	155	ABS	读取 ABS 当前值	○	○	◎	○	○	○	◎	○

续表

分类	FNC No.	指令符号	功能	支持可编程控制器							
				FX1S	FX1N	FX2N	FX3G	FX3U	FX1NC	FX2NC	FX3UC
定位	156	ZRN	原点回归	○	○	—	○	○	○	—	○
	157	PLSV	可变速脉冲输出	○	○	—	○	○	○	—	○
	158	DRVI	相对定位	○	○	—	○	○	○	—	○
	159	DRVA	绝对定位	○	○	—	○	○	○	—	○
时钟运算	160	TCMP	时钟数据比较	○	○	○	○	○	○	○	○
	161	TZCP	时钟数据区间比较	○	○	○	○	○	○	○	○
	162	TADD	时钟数据加法	○	○	○	○	○	○	○	○
	163	TSUB	时钟数据减法	○	○	○	○	○	○	○	○
	164	HTOS	时、分、秒数据转换为秒	—	—	—	—	○	—	—	○
	165	STOH	秒数据转换为"时、分、秒"	—	—	—	—	○	—	—	○
	166	TRD	读取时钟数据	○	○	○	○	○	○	○	○
	167	TWR	写入时钟数据	○	○	○	○	○	○	○	○
	169	HOUR	计时表	○	○	◎	○	○	○	◎	○
外部设备	170	GRY	格雷码转换	—	—	○	○	○	—	○	○
	171	GBIN	格雷码逆转换	—	—	○	○	○	—	○	○
	176	RD3A	读取模拟量模块	—	○	◎	○	○	○	◎	○
	177	WR3A	写入模拟量模块	—	○	◎	○	○	○	◎	○
*2	180	EXTR	扩展 ROM 功能	—	—	◎	—	—	—	◎	—
其他指令	182	COMRD	读取软元件的注释数据	—	—	—	—	○	—	—	□
	184	RND	生成随机数	—	—	—	—	○	—	—	○
	186	DUTY	生成定时脉冲	—	—	—	—	○	—	—	□
	188	CRC	CRC 运算	—	—	—	—	○	—	—	○
	189	HCMOV	高速计数器传送	—	—	—	—	○	—	—	○
模块数据处理	192	BK＋	数据块加法	—	—	—	—	○	—	—	□
	193	BK－	数据块减法	—	—	—	—	○	—	—	□
	194	BKCMP＝	数据块比较(S1)＝(S2)	—	—	—	—	○	—	—	□
	195	BKCMP＞	数据块比较(S1)＞(S2)	—	—	—	—	○	—	—	□
	196	BKCMP＜	数据块比较(S1)＜(S2)	—	—	—	—	○	—	—	□
	197	BKCMP＜＞	数据块比较(S1)≠(S2)	—	—	—	—	○	—	—	□
	198	BKCMP＜＝	数据块比较(S1)≤(S2)	—	—	—	—	○	—	—	□
	199	BKCMP＞＝	数据块比较(S1)≥(S2)	—	—	—	—	○	—	—	□
字符串控制	200	STR	BIN→字符串转换	—	—	—	—	○	—	—	□
	201	VAL	字符串→BIN 转换	—	—	—	—	○	—	—	○
	202	＄＋	字符串的结合	—	—	—	—	○	—	—	○
	203	LEN	检测字符串的长度	—	—	—	—	○	—	—	○
	204	RIGHT	从字符串的右侧取出	—	—	—	—	○	—	—	○
字符串控制	205	LEFT	从字符串的左侧取出	—	—	—	—	○	—	—	○
	206	MIDR	从字符串中随意取出	—	—	—	—	○	—	—	○
	207	MIDW	在字符串中随意替换	—	—	—	—	○	—	—	○
	208	INSTR	字符串检索	—	—	—	—	○	—	—	□
	209	＄MOV	字符串传送	—	—	—	—	○	—	—	□
数据处理3	210	FDEL	在数据表中删除数据	—	—	—	—	○	—	—	□
	211	FINS	向数据表中插入数据	—	—	—	—	○	—	—	□
	212	POP	后入数据读取(先入后出控制用)	—	—	—	—	○	—	—	○
	213	SFR	16 位数据 n 位右移(带进位)	—	—	—	—	○	—	—	○
	214	SFL	16 位数据 n 位左移(带进位)	—	—	—	—	○	—	—	○

分类	FNC No.	指令符号	功能	支持可编程控制器							
				FX₁ₛ	FX₁ₙ	FX₂ₙ	FX₃ɢ	FX₃ᵤ	FX₁ₙᴄ	FX₂ₙᴄ	FX₃ᵤᴄ
接点对比	224	LD=	触点型比较 LD(S1)=(S2)	○	○	○	○	○	○	○	○
	225	LD>	触点型比较 LD(S1)>(S2)	○	○	○	○	○	○	○	○
	226	LD<	触点型比较 LD(S1)<(S2)	○	○	○	○	○	○	○	○
	228	LD<>	触点型比较 LD(S1)≠(S2)	○	○	○	○	○	○	○	○
	229	LD<=	触点型比较 LD(S1)≤(S2)	○	○	○	○	○	○	○	○
	230	LD>=	触点型比较 LD(S1)≥(S2)	○	○	○	○	○	○	○	○
	232	AND=	触点型比较 AND(S1)=(S2)	○	○	○	○	○	○	○	○
	233	AND>	触点型比较 AND(S1)>(S2)	○	○	○	○	○	○	○	○
	234	AND<	触点型比较 AND(S1)<(S2)	○	○	○	○	○	○	○	○
	236	AND<>	触点型比较 AND(S1)≠(S2)	○	○	○	○	○	○	○	○
	237	AND<=	触点型比较 AND(S1)≤(S2)	○	○	○	○	○	○	○	○
	238	AND>=	触点型比较 AND(S1)≥(S2)	○	○	○	○	○	○	○	○
	240	OR=	触点型比较 OR(S1)>(S2)	○	○	○	○	○	○	○	○
	241	OR>	触点型比较 OR(S1)>(S2)	○	○	○	○	○	○	○	○
	242	OR<	触点型比较 OR(S1)<(S2)	○	○	○	○	○	○	○	○
	244	OR<>	触点型比较 OR(S1)≠(S2)	○	○	○	○	○	○	○	○
	245	OR<=	触点型比较 OR(S1)≤(S2)	○	○	○	○	○	○	○	○
	246	OR>=	触点型比较 OR(S1)≥(S2)	○	○	○	○	○	○	○	○
数据表处理	256	LIMIT	上下限限位控制	—	—	—	—	○	—	—	○
	257	BAND	死区控制	—	—	—	—	○	—	—	○
	258	ZONE	区域控制	—	—	—	—	○	—	—	○
	259	SCL	定坐标(不同点坐标数据)	—	—	—	—	○	—	—	○
	260	DABIN	十进制 ASCII→BIN 转换	—	—	—	—	○	—	—	□
	261	BINDA	BIN→十进制 ASCII 转换	—	—	—	—	○	—	—	□
	269	SCL2	定坐标2(X/Y坐标数据)	—	—	—	—	○	—	—	◇
变频器通信	270	IVCK	变频器运行监视	—	—	—	＊5	○	—	—	○
	271	IVDR	变频器运行控制	—	—	—	＊5	○	—	—	○
	272	IVRD	变频器参数读取	—	—	—	＊5	○	—	—	○
	273	IVWR	变频器参数写入	—	—	—	＊5	○	—	—	○
	274	IVBWR	变频器参数批量写入	—	—	—	—	○	—	—	○
＊3	278	RBFM	BFM 分割读取	—	—	—	—	○	—	—	□
	279	WBFM	BFM 分割写入	—	—	—	—	○	—	—	□
＊4	280	HSCT	高速计数器表格比较	—	—	—	—	○	—	—	○
扩展文件寄存器	290	LOADR	扩展文件寄存器读取	—	—	—	○	○	—	—	○
	291	SAVER	扩展文件寄存器批量写入	—	—	—	—	○	—	—	○
	292	INITR	扩展寄存器初始化	—	—	—	—	○	—	—	○
	293	LOGR	登录到扩展寄存器	—	—	—	—	○	—	—	○
	294	RWER	扩展文件寄存器删除、写入	—	—	—	○	○	—	—	◇
	295	INITER	扩展文件寄存器初始化	—	—	—	—	○	—	—	◇

◎：3.00 以上版本支持。

◇：FX₃ᵤᴄ-32MT-LT 自 Ver1.30 起支持，其他机型从最初版本开始支持。

□：FX₃ᵤᴄ-32MT-LT 自 Ver2.20 起支持，其他机型从最初版本开始支持。

＊1：数据传送 2。

＊2：扩展功能。

＊3：数据传送 3。

＊4：高速处理 2。

＊5：即将于近期提供支持。

功能	参数号	名称	设定范围	最小设定单位	出厂设定
基本功能	0	转矩提升(注1)	0~30%	0.1%	6%/4%/3%/2%（注8）
	1	上限频率	0~120Hz	0.01Hz	120Hz
	2	下限频率	0~120Hz	0.01Hz	0Hz
	3	基底频率	0~400Hz	0.01Hz	50Hz
	4	多段速度设定(高速)	0~400Hz	0.01Hz	60Hz
	5	多段速度设定(中速)	0~400Hz	0.01Hz	30Hz
	6	多段速度设定(低速)	0~400Hz	0.01Hz	10Hz
	7	加速时间	0~3600s/0~360s	0.1s/0.01s	5s/15s(注5)
	8	减速时间	0~3600s/0~360s	0.1s/0.01s	5s/15s(注5)
	9	电子过电流保护	0~500A	0.01A	额定输出电流
标准运行功能	10	直流制动作频率	0~120Hz,9999	0.01Hz	3Hz
	11	直流制动动作时间	0~10s,8888	0.1s	0.5s
	12	直流制动电压	0~30%	0.1%	4%/2%(注5)
	13	启动频率	0~60Hz	0.01Hz	0.5Hz
	14	适用负荷选择(注1)	0~5	1	0
	15	点动频率	0~400Hz	0.01Hz	5Hz
	16	点动加/减速时间	0~3600s/0~360s	0.1s/0.01s	0.5s
	17	MRS输入选择	0,2	1	0
	18	高速上限频率	120~400Hz	0.01Hz	120Hz
	19	基底频率电压(注1)	0~1000V,8888,9999	0.1V	9999
	20	加/减速参考频率	1~400Hz	0.01Hz	50Hz
	21	加/减速时间单位	0,1	1	0
	22	失速防止动作水平	0~200%,9999	0.1%	150%
	23	倍速时失速防止动作水平补正系数	0~200%,9999	0.1%	9999
	24	多段速度设定(速度4)	0~400Hz,9999	0.01Hz	9999
	25	多段速度设定(速度5)	0~400Hz,9999	0.01Hz	9999
	26	多段速度设定(速度6)	0~400Hz,9999	0.01Hz	9999
	27	多段速度设定(速度7)	0~400Hz,9999	0.01Hz	9999
	28	多段速度输入补偿	0.1	1	0
	29	加/减速曲线	0,1,2,3	1	0
	30	再生制动使用率变更选择	0,1,2	1	0
	31	频率跳变1A	0~400Hz,9999	0.01Hz	9999
	32	频率跳变1B	0~400Hz,9999	0.01Hz	9999

续表

功能	参数号	名称	设定范围	最小设定单位	出厂设定
标准运行功能	33	频率跳变2A	0～400Hz,9999	0.01Hz	9999
	34	频率跳变2B	0～400Hz,9999	0.01Hz	9999
	35	频率跳变3A	0～400Hz,9999	0.01Hz	9999
	36	频率跳变3B	0～400Hz,9999	0.01Hz	9999
	37	旋转速度表示	0,1～9998	1	0
输出端子功能	41	频率到达动作范围	0～100%	0.1%	10%
	42	输出频率检测	0～400Hz	0.01Hz	6Hz
	43	反转时输出频率检测	0～400Hz,9999	0.01Hz	9999
第二功能	44	第二加/减速时间	0～3600s/0～360s	0.1s/0.01s	5s
	45	第二减速时间	0～3600s/0～360s,9999	0.1s/0.01s	9999
	46	第二转矩提升(注1)	0～30%,9999	0.1%	9999
	47	第二U/f(基底频率)(注1)	0～400Hz,9999	0.01Hz	9999
	48	第二失速防止动作电流	0～200%	0.1%	150%
	49	第二失速防止动作频率	0～400Hz,9999	0.01	0
	50	第二输出频率检测	0～400Hz	0.01Hz	30Hz
显示功能	52	DU/PU主显示数据选择	0～20,22,23,24,25,100	1	0
	53	PU水平显示数据选择	0～3,5～14,17,18	1	1
	54	FM端子功能选择	1～3,5～14,17,18,21	1	1
	55	频率监示基准	0～400Hz	0.01Hz	50Hz
	56	电流监示基准	0～500A	0.01A	额定输出电流
自动再启动功能	57	再启动自由运行时间	0,0.1～5s,9999	0.1s	9999
	58	再启动上升时间	0～60s	0.1s	1.0s
附加功能	59	遥控设定功能选择	0,1,2	1	0
运行选择功能	60	智能模式选择	0～8	1	0
	61	智能模式基准电流	0～500A,9999	0.01A	9999
	62	加速时电流基准值	0～200%,9999	0.1%	9999
	63	减速时电流基准值	0～200%,9999	0.1%	9999
	64	提升模式启动频率	0～10Hz,9999	0.01Hz	9999
	65	再试选择	0～5	1	0
	66	失速防止动作降低开始频率	0～400Hz	0.01Hz	50Hz
	67	报警发生时再试次数	0～10,101～110	1	0
	68	再试等待时间	0～10s	0.1s	1s
	69	再试次数显示和消除	0	—	0
	70	特殊再生制动使用率	0～15%0～30%/0%(注9)	0.1%	0%
	71	适用电机	0～8,13～18,20,23,24	1	0
	72	PWM频率选择	0～15	1	2
	73	0～5V/0～10V选择	0～5,10～15	1	1
	74	输入滤波器时间常数	0～8	1	1
	75	复位选择/PU脱离检测/PU停止选择	0～3,14～17	1	14
	76	报警编码输出选择	0,1,2,3	1	0
	77	参数写入禁止选择	0,1,2	1	0
	78	逆转防止选择	0,1,2	1	0
	79	操作模式选择	0～8	1	0
电机参数	80	电机容量	0.4～55kW,9999	0.01kW	9999
	81	电机极数	2,4,6,12,14,16,9999	1	9999
	82	电机励磁电流(注3)	0～****,9999	1	9999

续表

功能	参数号	名称	设定范围	最小设定单位	出厂设定
电机参数	83	电机额定电压	0~1000V	0.1V	400V
	84	电机额定频率	50~120Hz	0.01Hz	50Hz
	89	速度控制增益	0~200.0%	0.1%	100%
	90	电机常数(R1)(注3)	0~****,9999		9999
	91	电机常数(R2)(注3)	0~****,9999		9999
	92	电机常数(L1)(注3)	0~****,9999		9999
	93	电机常数(L2)(注3)	0~****,9999		9999
	94	电机常数(X)	0~****,9999		9999
	95	在线自动调整选择	0,1	1	0
	96	自动调整设定/状态	0,1,101	1	0
U/f 5点可调整特性	100	$U/f1$(第一频率)(注1)	0~400Hz,9999	0.01Hz	9999
	101	$U/f1$(第一频率电压)(注1)	0~1000V	0.1V	0
	102	$U/f2$(第二频率)(注1)	0~400Hz,9999	0.01Hz	9999
	103	$U/f2$(第二频率电压)(注1)	0~1000V	0.1V	0
	104	$U/f3$(第三频率)(注1)	0~400Hz,9999	0.01Hz	9999
	105	$U/f3$(第三频率电压)(注1)	0~1000V	0.1V	0
	106	$U/f4$(第四频率)(注1)	0~400Hz,9999	0.01Hz	9999
	107	$U/f4$(第四频率电压)(注1)	0~1000V	0.1V	0
	108	$U/f5$(第五频率)(注1)	0~400Hz,9999	0.01Hz	9999
	109	$U/f5$(第五频率电压)(注1)	0~1000V	0.1V	0
第三功能	110	第三加/减速时间	0~3600s/0~360s,9999	0.1s/0.1s	9999
	111	第三减速时间	0~3600s/0~360s,9999	0.1s/0.01s	9999
	112	第三转矩提升(注1)	0~30.0%,9999	0.1%	9999
	113	第三U/f(基底频率)(注1)	0~400Hz,9999	0.01Hz	9999
	114	第三失速防止动作电流	0~200%	0.1%	150%
	115	第三失速防止动作频率	0~400Hz	0.01Hz	0
	116	第三输出频率检测	0~400Hz,9999	0.01Hz	9999
通信功能	117	站号	0~31	1	0
	118	通信速率	48,96,192	1	192
	119	停止位长/字长	0,1(数据长8) 10,11(数据长7)	1	1
	120	有/无奇偶校验	0,1,2	1	2
	121	通信再试次数	0~10,9999	1	1
	122	通信校验时间间隔	0,0.1~999.8s,9999	0.1s	0
	123	等待时间设定	0~150ms,9999	1ms	9999
	124	有/无CR,LF选择	0,1,2	1	1
PID控制	128	PID动作选择	10,11,20,21	—	10
	129	PID比例常数	0~1000%,9999	0.1%	100%
	130	PID积分时间	0.1~3600s,9999	0.1s	1s
	131	上限	0~100%,9999	0.1%	9999
	132	下限	0~100%,9999	0.1%	9999
	133	PU操作时的PID目标设定值	0~100%	0.01%	0%
	134	PID微分时间	0.01~10.00s,9999	0.01s	9999
工频切换功能	135	工频电源切换输出端子选择	0.1	1	0
	136	接触器(MC)切换互锁时间	0~100.0s	0.1s	1.0s
	137	启动等待时间	0~100.0s	0.1s	0.5s
	138	报警时的工频电源-变频器切换选择	0,1	1	0
	139	自动变频器-工频电源切换选择	0~60.00Hz,9999	0.01Hz	9999

续表

功能	参数号	名称	设定范围	最小设定单位	出厂设定
齿隙	140	齿隙加速停止频率(注6)	0~400Hz	0.01Hz	1.00Hz
	141	齿隙加速停止时间(注6)	0~360s	0.1s	0.5s
	142	齿隙减速停止频率(注6)	0~400Hz	0.01Hz	1.00Hz
	143	齿隙减速停止时间(注6)	0~360s	0.1s	0.5s
显示	144	速度设定转换	0,2,4,6,8,10,102,104,106,108,110	1	4
附加功能	145	选件(FR-PU04)用的参数			
	148	在0V输入时的失速防止水平	0~200%	0.1%	150%
	149	在10V输入时的失速防止水平	0~200%	0.1%	200%
电流检测	150	输入电流检测水平	0~200%	0.1%	150%
	151	输出电流检测时间	0~10s	0.1s	0
	152	零电流检测水平	0~200.0%	0.1%	5.0%
	153	零电流检测时间	0~1s	0.01s	0.5s
子功能	154	选择失速防止动作时电压下降	0.1	1	1
	155	RT信号执行条件选择	0,10	1	0
	156	失速防止动作选择	0~31,100,101	1	0
	157	OL信号输出延时	0~25s,9999	0.1s	0
	158	AM端子功能选择	1~3,5~14,17,18,21	1	1
附加功能	160	用户参数组读出选择	0,1,10,11	1	0
瞬时停电再启动	162	瞬停再启动动作选择	0,1	1	0
	163	再启动第一缓冲时间	0~20s	0.1s	0s
	164	再启动第一缓冲电压	0~100%	0.1%	0%
	165	再启动失速防止动作水平	0~200%	0.1%	150%
子功能	168	厂家设定用参数,请不要设定			
	169				
初始化监视器	170	电度表清零	0	—	
	171	实际运行时间清零	0	—	0
用户功能	173	用户第一组参数注册	0~999	1	0
	174	用户第一组参数删除	0~999,9999	1	0
	175	用户第二组参数注册	0~999	1	0
	176	用户第二组参数删除	0~999,9999	1	0
端子安排功能	180	RL端子功能选择	0~99,9999	1	0
	181	RM端子功能选择	0~99,9999	1	1
	182	RH端子功能选择	0~99,9999	1	2
	183	RT端子功能选择	0~99,9999	1	3
	184	AU端子功能选择	0~99,9999	1	4
	185	JOG端子功能选择	0~99,9999	1	5
	186	CS端子功能选择	0~99,9999	1	6
	190	RUN端子功能选择	0~199,9999	1	0
	191	SU端子功能选择	0~199,9999	1	1
	192	IPF端子功能选择	0~199,9999	1	2
	193	OL端子功能选择	0~199,9999	1	3
	194	FU端子功能选择	0~199,9999	1	4
	195	A,B,C端子功能选择	0~199,9999	1	99
附加功能	199	用户初始值设定	0~999,9999	1	0
程序运行	200	程序运行分/秒选择	0,2:分钟,秒 1,3:小时,分钟	1	0

续表

功能	参数号	名称	设定范围	最小设定单位	出厂设定
程序运行	201～210	程序设定 1～10	0～2:旋转方向 0～400,9999:频率 0～99.59:时间	1 0.1Hz 分钟或秒	0 9999 0
	211～220	程序设定 11～20	0～20:旋转方向 0～400,9999:频率 0～99.59:时间	1 0.1Hz 分钟或秒	0 9999 0
	221～230	程序设定 21～30	0～2:旋转方向 0～400,999:频率 0～99.59:时间	1 0.1Hz 分钟或秒	0 9999 0
	231	时间设定	0～99.59	—	0
多段速度运行	232	多段速度设定(速度8)	0～400Hz,9999	0.01Hz	9999
	233	多段速度设定(速度9)	0～400Hz,9999	0.01Hz	9999
	234	多段速度设定(速度10)	0～400Hz,9999	0.01Hz	9999
	235	多段速度设定(速度11)	0～400Hz,9999	0.01Hz	9999
	236	多段速度设定(速度12)	0～400Hz,9999	0.01Hz	9999
	237	多段速度设定(速度13)	0～400Hz,9999	0.01Hz	9999
	238	多段速度设定(速度14)	0～400Hz,9999	0.01Hz	9999
	239	多段速度设定(速度15)	0～400Hz,9999	0.01Hz	9999
子功能	240	柔性-PWM 设定	0,1	1	1
	244	冷却风扇动作选择	0,1	1	0
停止选择	250	停止方式选择	0～100s,9999	0.1s	9999
附加功能	251	输出欠相保护选择	0,1	1	1
	252	速度变化偏置	0～200%	0.1%	50%
	253	速度变化增益	0～200%	0.1%	150%
掉电停机方式选择	261	掉电停机方式选择	0,1	1	0
	262	起始减速频率降	0～20Hz	0.01Hz	3Hz
	263	起始减速频率	0～120Hz,9999	0.01Hz	50Hz
	264	掉电减速时间1	0～3600/0～360s	0.1s/0.01s	5s
	265	掉电减速时间2	0～3600/0～360s,9999	0.1s/0.01s	9999
	266	掉电减速时间转换频率	0～400Hz	0.01Hz	50Hz
功能选择	270	挡块定位/负荷转矩高速频率选择	0,1,2,3	1	0
高速频率控制	271	高速设定最大电流	0～200%	0.1%	50%
	272	中速设定最小电流	0～200%	0.1%	100%
	273	电流平均范围	0～400Hz,9999	0.01Hz	9999
	274	电流平均滤波常数	1～4000	1	16
挡块定位	275	挡块定位励磁电流低速倍速	0～1000%,9999	1%	9999(注4)
	276	挡块定位 PWM 载波频率	0～15,9999	1	9999(注4)
顺序制动功能	278	制动开启频率(注2)	0～30Hz	0.01Hz	3Hz
	279	制动开启电流(注2)	0～200%	0.1%	130%
	280	制动开启电流检测时间(注2)	0～2s	0.1s	0.3s
	281	制动操作开始时间(注2)	0～5s	0.1s	0.3s
	282	制动操作频率(注2)	0～30Hz	0.01Hz	6Hz
	283	制动操作停止时间(注2)	0～5s	0.1s	0.3s
	284	减速检测功能选择(注2)	0,1	1	0
	285	超速检测频率(注2)	0～30Hz,9999	0.01Hz	9999
	286	增益偏差	0～100%	0.1%	0%
	287	滤波器偏差时定值	0.00～1.00s	0.01s	0.3s

功能	参数号	名称	设定范围		最小设定单位	出厂设定	
校准功能	900	FM端子校正	—		—	—	
	901	AM端子校正	—		—	—	
	902	频率设定电压偏置	0～10V	0～60Hz	0.01Hz	0V	0Hz
	903	频率设定电压增益	0～10V	1～400Hz	0.01Hz	5V	50Hz
	904	频率设定电流偏置	0～20mA	0～60Hz	0.01Hz	4mA	0Hz
	905	频率设定电流增益	0～20mA	1～400Hz	0.01Hz	20mA	50Hz
附加功能	990	蜂鸣器控制	0.1		1	1	
	991	选件(FR-PU04)用的参数					

注：1. 表示当选择先进磁通矢量控制模式时，忽略该参数设定。

2. 当 Pr.80，81≠9999，Pr.60＝7 或 8 时可以设定。

3. Pr.80，81≠9999，Pr.77＝801 时可以存取。

4. Pr.270＝1 或 3，Pr.80，81≠9999 时可以存取。

5. 此设定由变频器容量决定。

6. Pr.29＝3 时可以存取。

7. 上表中有底纹的参数当 Pr.77 设定为 0（出厂设定）时，即使在运行中也可以改变其设定（注意 Pr.72 和 Pr.240 不能在外部运行模式下改变）。

8. 此设定由变频器容量决定：（0.4K～0.75K)/(1.5K～3.7K)/(5.5K～7.5K)/(11K 以上)。

9. 此设定由变频器容量决定：（0.4K～1.5K)/(2.2K～7.5K)/(11K 以上)。